海岸带空间规划管理的理论与实践

——以厦门市为例

厦门市城市规划设计研究院有限公司
侯　雷　周　培　著

中国建筑工业出版社

审图号：厦 S〔2023〕03 号

图书在版编目（CIP）数据

海岸带空间规划管理的理论与实践：以厦门市为例 / 侯雷，周培著. —北京：中国建筑工业出版社，2023.8
ISBN 978-7-112-28953-0

Ⅰ. ①海… Ⅱ. ①侯… ②周… Ⅲ. ①海岸带—空间规划—研究—厦门 Ⅳ. ① TU984.257.3

中国国家版本馆 CIP 数据核字（2023）第 135226 号

责任编辑：吴宇江　刘颖超
责任校对：芦欣甜

海岸带空间规划管理的理论与实践
——以厦门市为例
厦门市城市规划设计研究院有限公司
侯　雷　周　培　著
*
中国建筑工业出版社出版、发行（北京海淀三里河路 9 号）
各地新华书店、建筑书店经销
北京建筑工业印刷有限公司制版
北京京华铭诚工贸有限公司印刷
*
开本：787 毫米 ×1092 毫米　1/16　印张：15　字数：253 千字
2023 年 10 月第一版　　2023 年 10 月第一次印刷
定价：**138.00** 元
ISBN 978-7-112-28953-0
（41045）

序一

城市规划设计专家侯雷教授级高工嘱我为其新著《海岸带空间规划管理的理论与实践——以厦门市为例》作序。侯雷教授作为我相识20多年的好友，对我自己及所在单位开展厦门海岸带保护研究工作予以了许多支持与帮助，期间我在厦门市城市规划委员会、厦门市人大城建环境资源委员会和厦门市海洋专家组履职参与有关工作时，与侯雷教授的接触就更多了。虽然对于城市规划，我自己不是专业人士，但对厦门海洋城市发展，我与他却有许多共同的认识与愿望。我为他的新著出版感到由衷高兴，也就答应了为他作序，与读者分享一些我的读后感。

侯雷教授现在担任的职务是厦门市城市规划设计院有限公司党委书记、董事长、总经理。他是厦门市由市委组织部组织选拔的第十一批拔尖人才、厦门市政府海洋专家组成员，也是住建部科学技术委员会城市设计专委会委员、中国城市科学研究会城市更新专委会副主任委员。他是2001年，作为厦门市“专项人才”引进厦门的。在20多年来的城市规划设计生涯中，他与他的团队在厦门市跨岛发展、城市历史风貌建筑保护、城市设计、城市更新、城市地下空间利用以及厦门海域、海岛、岸线保护与利用等规划设计中，大显身手，获得了全国优秀规划设计奖（含工程设计）近20项，省级优秀规划设计奖50余项。2005年开始，他带领团队开展海域规划近18年。

侯雷教授这本专著，凝练了他和他的团队20多年来为厦门这座“城在海上，海在城中”的高颜值海上花园城市辛苦努力和积极奉献的心血和智慧成果。是一本理论探索和创新实践相结合的海岸带空间规划与管理经验总结的优秀专著，具有很强的实操借鉴价值。

建立国土空间规划体系是党中央国务院做出的重大决策，是涉及国家生态安全战略格局与推进人与自然和谐发展的战略举措。而对于沿海城市，如何在海岸带空间规划中，坚持陆海统筹，海陆互动，区域协调，合理划分生产、生活、生态空间，实施有效的基于陆海统筹的海岸带国土空间规划管理，都存在诸多新的问题与新的挑战。国内一些沿海城市开展了有益的探索，如深圳、潍坊、青岛等，取得了宝贵经验。但总体而言，包括各地进行的海岸带保护与利用规划在内的涉及海岸带国土空间规划的理念、方法、技术等方面，对陆海结合区域的有机统筹，细部详规方面，都还在不断探索发展中，尚存在比较薄弱的环节。

厦门这座海洋城市正向打造具有特色的国际性海洋城市目标迈进，国土空间规划也正从山顶、陆地到海洋，从流域到河口，从海岛到湾区，以强化陆海统筹、生态优先理念，坚持山水林田湖草沙海系统上综合资源配置和国土空间规划管控，促进经济高质量发展的方向提升。而厦门海岸带区域这片生态类型多样复杂敏感、城市分区功能综合多样、海陆之间相互影响与相互依存关系紧密，开展基于陆海统筹的海岸带空间规划及有效管理探索就显得意义十分深远，现在还缺少相应的规划标准、规范与实践范例，工作难度自然也很大。侯雷教授和他的团队，加强了规划设计人员与海洋科技与管理人员的合作和资源共享，以规划发展时序为脉络，以理念创新为导向，以宏观管控和微观详规相结合为特色，以陆海过度带有机衔接为重点，以海岸带空间规划新技术开发应用为引领，开展了海岸带空间规划的创新性的探索。本书以凝练的文字、丰富的素材，长时间尺度的经验总结与实事求是的问题分析，按基础篇、实践篇、提升篇，全面介绍了厦门海岸带国土空间规划借鉴国内外先进经验而创新、发展、进步的历程。期待本书尽快出版，不仅在海岸带国土空间规划与管理理念、技术、方法上提供行业专家学者借鉴，而且还能作为国内外读者了解美丽厦门城市发展的过去、现在与未来，成为讲好厦门故事的一扇风景如画的窗口，这也是我作为一个厦门这片热土养育的海洋赤子读了这本专著的心愿。

余兴光

2022 年 3 月 15 日

（写于厦门—长汀 D3145 动车上）

序二

首先祝贺厦门市城市规划设计研究院有限公司侯雷、周培撰写的《海岸带空间规划管理的理论与实践——以厦门市为例》正式出版。历史上，由于“海禁”、河口淤积等原因，中国真正紧邻大海的“沿海城市”并不多。厦门就是这为数不多的几个城市之一。特别有意思的是，厦门面积虽小却涵盖了几乎所有的海岸带要素，从海湾到河口，从湿地、沙滩、红树林等自然景观到海堤、大桥、港口等人工工程；各种海岛——从鼓浪屿到大嶝、小嶝，从厦门岛到大兔屿、火烧屿——更是林林总总，各具特色。这些得天独厚的条件，使得厦门城市规划设计研究院当仁不让地成为全国海岸带规划研究的佼佼者。

我在英国读书时住在英国人家里。房东有一本世界地图册，其中 Amoy（厦门的英文）的字体比福州、泉州等规模更大的城市还大，说明在海洋文明的体系中，厦门的地位远超其行政等级和规模等级。这使我突然意识到，农耕文明和海洋文明看待城市的角度是不同的——我们是站在陆地看海洋，他们是站在海洋看陆地。这和当年农耕文明和游牧文明的差异非常类似。两个文明的边界上，往往会产生密集的冲突和交往。城市作为交往和冲突的载体，往往都聚集在文明的交界线上。

在今天，这条文明的交界线就是“海岸带”。站在这条交界线上，城市规划一定会得出比在单一文明时更深的城市理解。从 20 世纪 90 年代初我参加中国城市规划设计研究院厦门设计部算起，到 2015 年离开厦门规划局，我几乎参与了本书中提到的所有涉及海岸带的开发项目。这些项目几乎完全是站在农耕文明的立场处理陆海关系的。现在能代表厦门地标的城市片区，筼筜湖片区、会展北片区、海沧湖片区、环东海域片区，甚至更久远的中山路 - 鹭江道片区，都是在填海的基础上发展而来。

可以说厦门扩张的历程，就是一个向海扩张的历程。不论这样做的功过是非，历史就是这样发展过来的，关键是规划要能解释这一发展的内在逻辑是什么。在我看来，海洋文明和农耕文明的一个关键差异，就是海洋是“无主”的，是所有人都可以自由使用的“公域”，而农耕文明则更加强调产权，强调边界，即使进入海洋，也要画出一个“九段线”。在高速城市化阶段，征地拆迁是最主要的成本支出，相比征拆，大面积填海几乎可以是“无成本”的。

尽管我在规划实践中尽力保护城市原生的海洋特征——例如，利用厦门高落差半日潮的特点保留下海沧湖，利用排水系统保留下翔安南部原生岸线，在三亚总体规划报告中明确反对凤凰岛（白排）填海——但沿着阻力最小的空间方向，不断侵入海域仍然是包括厦门在内几乎所有沿海城市难以抵御的诱惑。这些都给城市周边海域的生态带来了难以挽回的冲击。随着城市化从高速度增长转向高质量发展，海洋生态的修复成为城市海岸带更迫切的目标，我们终于可以从农耕文明的视角转向海洋文明的视角。全新组建的自然资源管理部门，使得海洋这个原本“无主”的“公域”成为全民所有自然资源的重要组成部分。

改革开放 40 余年，中国已经从传统的农耕文明跨入现代海洋文明，作为一个后来者，我们只有对海洋文明有更深刻的理解，才能完成对这一文明的建构和跨越。海岸带作为两个文明最紧密的空间交集，其规划必定要建基于对两种文明的深刻理解之上。从站在陆地看海洋转变为站在海洋看陆地，是城市规划视角的一个伟大转变。本书的出版虽远没有回答这一转变遇到的所有问题，但我希望它是一个开端，新一代的规划师能从这里出发，不断修复、弥补我们这一代规划师在城市大发展阶段留下来的种种遗憾。

是为序。

前言

海岸带是海洋生态系统和陆地生态系统之间的生态交错带，对人类生存繁衍、社会经济发展和生态保护修复起着重要的作用。全球有 20 多亿人居住在沿海地区和海岛，约有 2/3 超过 160 万人口的特大城市分布在海岸带。海岸带的空间规划与管理，对提高国土空间治理水平，加强资源环境保护，促进社会可持续发展，推进生态文明建设有着重要的作用。

国土空间规划体系改革前，海岸带空间的管理面临“九龙治水”的局面，空间范围划定不明晰、管理事权多头交叉、陆海统筹落实不足等。为解决规划类型过多、内容重叠冲突、审批流程复杂、周期过长、地方规划朝令夕改等问题，2019 年《中共中央 国务院关于建立国土空间规划体系并监督实施的若干意见》出台，明确建立全国统一、责权清晰、科学高效的国土空间规划体系。海岸带作为国土空间的重要组成，如何统筹陆地与海洋，充分吸纳二者原有的规划管理经验，构建符合新时期要求的海岸带规划体系，服务于海岸带空间管理，是国土空间规划体系改革的重要内容。

自 2000 年以来，厦门市城市规划设计研究院有限公司（以下简称“我院”）不断探索，聚焦空间管理，以厦门市海岸带为主要对象，辐射福建省其他城市型海岸带，开展了大量的海岸带相关的规划编制与管理服务工作。包括海岸带整体的保护利用规划，岸线、海域、海岛等要素的规划，滨海空间利用管理导则编制，产业规划和景观设计等，内容实质上涵盖了现行国土空间规划体系要求的总体规划、专项规划和详细规划。

本书分基础篇、实践篇和提升篇，共 18 章，主要归纳总结了我院在厦门市海岸带空间规划方面的探索和实践，以期为国土空间规划背景下海岸带空间的管理提供参考。基础篇共 4 章，从相关定义出发，阐释了现行的海岸带管理相关理论，分析了国外典型国家的海岸带空间规划的经验，剖析了我国国土空间规划的发展，对海岸带空间管理的整体情况做出了分析。

实践篇共10章，梳理总结了自2000年以来，我院在海岸带空间规划管理方面的代表性实践内容，是我国对海岸带空间规划的管理思路和技术方法转变提升的缩影，是我院先行探索的主要体现。包括无居民海岛控制性详细规划、无居民海岛旅游开发、岸线利用规划、岸线景观设计、海域整治利用、游艇码头规划布局、滨海公共空间提升、国土空间总体规划层面海岸带空间规划、海岸带保护和利用专项规划。提升篇共4章，主要面向管理需求，基于我院数十年的海岸带空间规划实践，响应国土空间规划改革工作的要求，对海岸带空间规划体系、详细规划编制和用途管制，针对性地进行了思考，从管理实操的角度给出了具体内容，以供广大管理、规划以及相关人员参考。

本书撰写过程中得到了自然资源部海洋第三研究所、福建海洋研究所等机构专家的指导，陆地和海洋领域的专家指导，加深了作者对陆海统筹理解，在此表示感谢。田海燕、施艳琦、邹惠敏、许雪琳等参与了大量的文稿整理和校对、图片收集与处理等工作，在此对所有成员的辛勤工作致以衷心感谢！

本书是作者关于海岸带规划管理方面的探索与总结，旨在通过本书与读者分享海岸带规划管理的理论探索与实践经验。书中内容仅为研究成果的总结，不代表任何官方规划内容。限于作者的知识范围和学术水平，书中难免存在不足之处，敬请读者批评指正。

本书作者

2022年12月

目　录

实 践 篇

提　升　篇

基础篇

海岸带作为海陆交互作用最频繁的地带，在地球系统中具有独特的地位，是人类活动的重要空间载体。海岸带既包含陆地国土，又包含海洋国土，是陆海空间协调发展的重要桥梁。2019年以来，“陆海统筹”成为国土空间规划的重要一维，而海岸带空间规划是实现这一维度的重要环节，科学的理论依据和成熟的实践经验总结是开展海岸带空间规划的重要理论支撑。

国内外学者们围绕海岸带已经开展大量的理论和实践研究，形成了一系列海岸带相关的理论。这些理论与海岸带空间规划之间的联系是支撑我国海岸带空间规划体系构建的重要理论基础。同时，我国的海岸带空间规划起步较晚，是在借鉴国外海岸带规划优秀案例中不断摸索前进，总结国外海岸带空间规划的成熟经验，对构建我国海岸带空间规划体系具有重要的参考价值。

基础篇以海岸带概念的界定为起点，通过探究海岸带在自然生态系统与人类社会经济发展中的作用，提出面向管理的海岸带空间规划研究的重要性和必要性。在阐述海岸带综合管理、“陆海统筹”、基于生态系统的海岸带管理等相关理论的基础上，梳理美国、日本、新加坡等国际海岸带规划体系与审批流程等方面的成熟经验，总结国际经验对我国海岸带空间规划体系构建的启示。在梳理我国空间规划发展概况的基础上，提出我国海岸带空间规划体系构建的难点，为后续海岸带空间规划实践的总结及体系的构建提供理论支撑。

第1章

导　论

1.1　海岸带概念

1.1.1　海岸带概念与范围

海岸带的概念有广义和狭义之分。广义的海岸带是以海岸线为基准分别向海洋和陆地两侧延伸扩展的狭长带状区域，涵盖河口三角洲、沿海平原、浅海大陆架一直延伸到陆架边缘地带；狭义的海岸带是海洋向陆地的中间过渡带，包括潮上带、潮间带和水下岸坡三部分（图1-1）。

图1-1　海岸带示意图

目前沿海各国和地区关于海岸带的概念尚未达成统一，主要根据各国和地区海岸带地理条件的实际情况或研究需求而界定。各沿海国家及组织机构根据相关法律、法规、需求及用途提出了多个互补的海岸带概念定义。根据沿海的自然要素来划定，如伊朗和荷兰等；根据沿海区域土地的功能来划定，如南非和澳大利亚等（表 1-1）。

国际上典型的海岸带定义　　表 1-1

机构 / 国家	海岸带的定义
国际科学理事会	沿海平原地区、过渡带、浅海大陆架至大陆边缘地带
伊朗	港口和海事组织将海岸带定义为：与海岸线接壤的陆地和海域。其中“海岸”是指从内陆海岸线延伸到地形特征发生第一次重大变化的地带
荷兰	海岸带交互作用国际项目将海岸带定义为：包括河流流域和集水区、河口和沿海海域以及延伸到大陆架——陆海界面周围的区域，延伸到大陆架海洋和陆地交互影响的向陆和向海界限范围
南非	《海岸带综合管理法》中将海岸带范围划定为沿海公共财产区、保护区、通道土地、水域、保护区、特殊管理区域和管理线在内的区域
澳大利亚	《海岸带管理法》则将海岸带定义为：沿海湿地和雨林区、脆弱区、环境区和沿海使用区共同组成的土地区域

国际上关于海岸带范围的划定尚未达成一致标准，即使在同一个国家也会根据各地沿海自然条件的差异来划定海岸带空间范围。如美国五大湖地区的海岸带向海一侧的范围为美国的国土边界，其他州则是向海 3km；《千年生态系统评估报告》中海岸带的范围为向陆延伸 100km 范围的低地，向海延伸至平均海深 50m 与潮流线以上 50m 之间的区域。

我国目前尚未颁布国家层面的海岸带法律和法规，部分省市在涉及海岸带保护与管理的条例和规划中提出了海岸带概念和范围界定标准。《福建省海岸带保护与利用管理条例》中对海岸带的定义为“海洋与陆地交汇地带，包括海岸线向陆域侧延伸至临海乡镇、街道行政区划范围内的滨海陆地和向海域侧延伸至领海基线的近岸海域。”《广东省海岸带综合保护与利用总体规划》中对海岸带的定义为“涵盖广东沿海县级行政区的陆域行政管辖范围及领海外部界线以内的省管辖海域范围，并将佛山部分地区和东沙群岛纳入。”《三亚市海岸带保护规定》中将海岸带定义为“海洋与陆地交汇地带，包括海岸线向陆地侧延伸的滨海陆地与向海洋侧延伸的近岸海域。”《滨州市海岸带生态保护与利用条例》中对海岸带的定义为“海洋与陆地的交汇地带，包括海岸线向海洋一侧延伸的近岸海域和向陆地一侧延伸的滨海陆地。”

在我国部分重大项目中，海岸带的空间范围根据任务、目标的不同而略有差异。我国近海海洋综合调查和评价（908 专项）的海岸带调查技术规程中，将海岸带范围划定为自海岸线向陆延伸 1km，向海延伸至海图上 0m 等深线。《海岸带规划编制技术指南》中对海岸带的定义是海洋与陆地交汇地带，包括海岸线向陆域侧延伸的滨海陆地和向海洋侧延伸的近岸海域。全国海岸带和海涂资源综合调查项目中将海岸带范围划定为向陆域方向扩展 10km 范围，向海方向至水深 10～15m。

1.1.2 海岸带类型与城市型海岸带

海岸带从多个角度划分出多种类型。根据海岸动态可分为堆积海岸和侵蚀性海岸；根据地质构造划分为上升海岸、下降海岸和中性海岸；根据板块运动理论可以分为板块前缘碰撞海岸、板块后缘拖曳海岸和陆缘海海岸；根据近代作用于海岸的地质过程可以分为原生海岸和次生海岸；根据海岸组成物质的性质，可分为基岩海岸、砂砾质海岸、平原海岸、红树林海岸和珊瑚礁海岸等，部分海岸带类型的示意图见图 1-2。

海岸带地区作为社会经济的先行地带，人类活动频繁，呈现出高度城市化。如新加坡所有的国土距离海洋不超过 15km，整个国家均位于海岸带范围，城镇化率 100%。我国的香港特别行政区是由香港岛、九龙半岛及附近的 230 多个小岛组成，整个区域都划分为海岸带，1990 年香港的城镇化率就达到了 100%，实现海岸带地区的完全城市化。深圳毗邻香港，是我国沿海经济发展的排头兵，其城镇化率也达到 99.54%，接近完全城市化。厦门市作为我国典型的海湾型城市，素有“城在海上，海在城中”的美称，2021 年城镇化率为 89.4%，显著高于我国内陆城市。

目前国内外对于城市型海岸带尚无明确的定义。根据《城市规划基本术语标准》GB/T 50280—1998，城市是以非农业生产和非农业人口聚集为主要特征的居民点。根据 2020 年我国城镇化率的统计，全国城镇化率最高的 40 个城市中，沿海城市占了 40%，其中城镇化率最低的沿海城市也可达 70.3%，高于我国平均水平。尽管我国沿海尚有部分地区的城镇化率低于全国平均水平，但在“海洋强国”战略及“全球海洋中心城市”建设的驱动下，高度城市化是未来沿海城市发展的必然趋势。结合海岸带的概念，编者将这种沿岸经济发达、人口密集、城镇化率高，建成区逐步向海域扩张的海岸带区域定义为城市型海岸带（图 1-3）。

基岩海岸

生物海岸

砂质海岸

淤泥质海岸

图 1-2　部分海岸带类型[①]

图 1-3　城市型海岸带示例

① 本图中“生物海岸”与“淤泥质海岸”由中国地质科学院水文地质环境地质研究所曹胜伟友情提供。

1.2 海岸带的作用

1.2.1 全球物质能量循环的重要环节

海岸带是海洋生态系统和陆地生态系统之间的生态交错带，是一个开放的自然－社会－经济复合生态系统，具有调蓄洪水、护岸护堤、抵御风暴潮灾害等生态服务功能。海岸带在人类认识地球系统的历史中具有独特的价值，是地球系统中唯一的固态、液态和气态三相交互的区域，也是最有生机的部分之一，在全球物质能量循环中起到了一个横截面的作用（图 1-4）。

陆地生态系统向海洋输送地表物质必须经过海岸带。地球系统通过外力作用和水循环过程，将陆地搬运的物质堆积于海岸带地区。堆积物在近海水动力的分选作用下进行过滤和沉淀。如黄河每年有数亿吨泥沙进入近海区，改变了黄河入海口径流量和输沙量的关系，对渤海和南黄海的陆架、海岸带的形态演变起着举足轻重的作用。同时，海洋的物质和能量也要通过海岸带运送到陆地，但由于海底地势和下垫面的阻碍，物质通量较陆地

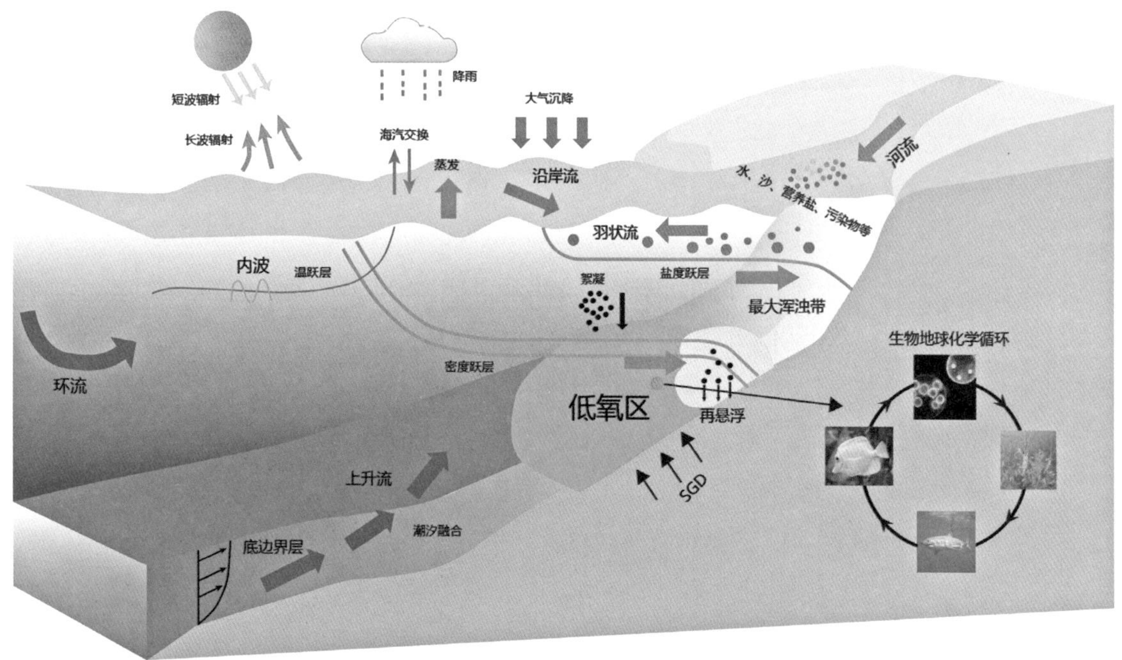

图 1-4 海岸带的生物地球化学循环示意图

输送的少。这两条不同的地球物质与能量输送的路径，造就了海相和陆相沉积物的组成和结构的差异。此外，海洋作为地球上最大的气候调节器，水汽输送经过海岸带后，其温度、湿度和气压等均发生显著的变化，改变了大气降水和风力，对全球气候的演变具有重要价值。

1.2.2 自然资源的富集区

海岸带是地球上资源种类的富集区，因纬度和地理特性，具有强大的温、湿、压的调节作用，为沿海地区带来丰富的光照资源和降水资源，具有先天自然条件的优越性。沿海地区暖湿的气候状况，使其土地资源类型丰富，有耕地、林地、果园、草地、灌丛、滩涂和围填海洼地等。多样的土地资源，一方面使沿海地区农作物生长的物候条件优于内陆；另一方面，陆域的营养物质在海岸带沉淀淤积，成为营养富集地，为鱼虾贝藻的栖息和繁殖提供场所，有约 40% 的物种在沿海地区栖息和繁殖。

海岸带还拥有丰富的生物资源。人类社会 1/4 的初级生产力及 3/4 的海洋水产蛋白来自海岸带。除此之外，海岸带还蕴藏着丰富的矿产和清洁能源。海水中含有 80 多种化学元素，可提炼出镁、铝、硼、碘、溴等金属及非金属材料 60 多种。世界多个沿海国家近岸海底已开采煤铁矿藏，日本海底煤矿开采量占其总产量的 30%。我国大陆架浅海区广泛分布有铜、煤、硫、磷、石灰石等矿产资源。海岸带还蕴藏着大量的清洁能源，我国大陆沿海的潮汐能总蕴藏达到 1.9 亿 kW，可利用的年发电量为 618 亿 kW・h。沿海风能资源丰富，是不可多得的可再生清洁能源，按照目前的开发技术水平，我国可利用风能产生的电力资源可供 20 万个 1000kW 的风机，具有巨大的储量。海岸带作为这些矿产资源和清洁能源开发的依托场所，是人类社会经济建设的黄金地带。

1.2.3 人类活动的集中带

海岸带地区肥沃的土地资源、平坦的地形优势及丰富的自然资源，成为全球人类活动的集中带。目前全球有 20 多亿人居住在沿海地区和海岛，约有 2/3 超过 160 万人口的特大城市分布在海岸带。如太平洋沿岸的美国加利福尼亚州，是美国最发达的州之一，拥有 4000 万人口。被誉为“亚洲四小龙”之一的新加坡，由 64 个岛组成，整个国家分布在海岸带。我国 12 个沿海省、直辖市和自治区（不包括台湾地区），面积仅约占全国陆域总面积的 14%，却集中了全国 50% 的大城市、40% 的中小城市，人口比例约占全国总人口的 50%。海岸带成为全球人口密度最大的区域。

1.2.4 工业发展的前沿阵地

海岸带由于海陆衔接的特殊地理条件，成为内陆和外界疏通的门户，原料和商品均通过陆地和海洋集聚在此，形成了雄厚的工业基础。工业革命以来，沿海地区利用廉价的海运优势，大量引入原料和资源发展沿海工业，同时把本地的初级产品和工业品通过海运进行大规模的国际贸易运转，海岸带成为工业技术与产品的聚集地，吸引了大量的人口、资金、技术、信息等在此汇集。随着全球经济一体化和全球化的大生产，海岸带临港工业持续高速发展。临港工业和海运物流的发展依托于海港建设、大型船舶运输，并通过跨国公司的运作，形成了现代意义的全球化大生产模式。海岸带承担着交通运输、海上贸易、旅游娱乐及军事安全等多种功能的开发利用的责任，成为国家工业振兴的先行地带。

1.3 面向管理的海岸带空间规划

海岸带地区的多重优势使其逐渐成为国土空间开发保护的关键区域，海岸带的空间利用在人类社会经济发展中的地位也随之提升。在国土空间规划体系不断改革与深入的背景下，海岸带空间规划成为落实“陆海统筹”理念的重要环节。如何从服务规划管理角度出发，对海岸带空间规划的体系进行统筹设计，以及针对管控方式提出规划运行制度的优化策略，是国土空间规划服务海岸带空间合理开发利用的关键问题。

1.3.1 海岸带空间规划的重要性

海岸带既包含陆地国土，又包含海洋国土，是陆海相交的生态敏感带和脆弱带，是国土空间规划体系的重要环节。2019 年 5 月《中共中央 国务院关于建立国土空间规划体系并监督实施的若干意见》及2019年8月自然资源部发布的《国土空间规划“一张图”建设指南（试行）》都明确指出要强化国土空间规划对海岸带等涉海专项规划的指导、约束作用。在国土空间规划体系下整合、叠加各类专项规划成果，形成覆盖全国、动态更新、权威统一的全国国土空间规划“一张图”，并将坚持“陆海统筹”、区域协同作为建立国土空间规划体系的总体要求和各级规划编制的重要原则。

2021年，为切实发挥海岸带专项规划对国土空间总体规划的辅助支撑作用，自然资源部办公厅印发通知，部署开展省级海岸带综合保护与利用规划编制，并同步发布《省级海岸带综合保护与利用规划编制指南（试行）》，要求加快推进省级海岸带有关工作，指出有条件的市县可编制相应层级海岸带规划，因地制宜细化规划内容，提高规划的针对性和可操作性，这意味着海岸带空间规划是国土空间规划体系不可或缺的一部分。

编制海岸带国土空间规划，落实陆海统筹发展，成为构建国土空间规划体系中的重要内容，对海岸带社会经济发展具有以下几方面的意义。

（1）解决“人－地－海”矛盾的重要途径

海岸带作为海陆生态系统相互胁迫、嵌套耦合的复杂区域，是经济发展的黄金地带，也是生态环境敏感脆弱区。据数据统计，2010—2020年，我国海湾的面积呈明显萎缩态势，其中以渤海湾的海湾面积萎缩幅度最大且速度最快。一方面，由于沿海经济的持续增温，用地矛盾只能通过围垦或填海来解决，特别是沿海大型经济区域的建设，直接导致天然滨海湿地大量丧失。另一方面，海岸工程的实施也对滨海湿地造成干扰。如海岸工程建筑显著地影响滨海湿地的沉积特征、地貌形态、水文动态、生态结构等方面，致使滨海内湾水动力条件改变，纳潮量减小，造成海湾和河口处泥沙淤积，海湾面积减小，增加了滨海湿地生态环境的脆弱性。推进海岸带空间规划，可有效统筹陆海空间规划，解决陆海长期“二元分治”的问题。同时，可通过优化海岸带开发布局，协调匹配海陆主体功能定位、空间格局划定、实施开发强度管控和管制原则等途径，实现沿海土地的高效集约利用。在生态文明建设和海洋强国战略实施背景下，实施海岸带空间规划与管理成为解决“人－地－海”三者之间矛盾的重要途径。

2010—2020年，我国85个海湾的岸线结构变化显著，岸线总长度、自然岸线长度和自然岸线保有率总体呈现下降趋势，海湾岸线的开发利用程度总体呈上升趋势，多数海湾的岸线呈中等开发等级，渤海湾海岸带开发利用程度最大，东海海湾的岸线开发利用势头也持续强劲。资料表明全国自然岸线保有率从2010年的35.1%下降到2020年的26.7%，其中人工岸线占比前三的人为活动分别为养殖围堤、港口码头和建设围堤。

资料来源：徐鹤，张玉新，侯西勇，等. 2010—2020年中国沿海主要海湾形态变化特征［J］. 自然资源学报，2022，37（4）：15.

（2）集约有序用海的重要约束条件

一直以来，我国的海岸带规划以保护和发展性规划为主，仅从宏观层面根据用海功能进行功能分区，而对于海岸带的具体利用尚未做详细的规划引导，导致近海空间开发利用与生态保护的冲突凸显。沿海地区还存在未批准先建、未围先填、未批准擅自改变海域用途等违法用海行为，但后期被审查发现后导致项目建设搁置或暂停，从而导致海岸带空间高强度开发伴随着低效利用。

据媒体报道，福建省2012—2016年查处违法围填海案件共195宗，主要违法行为是未批先填或边批边填。2017年自然资源部公布了8起违法围填海案件，涉及填海面积为691ha^2；2018年海南省违规违法填海案件立案34件。尽管2018年国务院发布了《国务院关于加强滨海湿地保护严格管控围填海的通知》要求加快处理围填海历史遗留问题，促进海洋资源严格保护、有效修复和集约利用，但是由于利益的驱使，2020年自然资源部依然发现涉嫌违法填海12处。2020年自然资源部查处涉嫌违法填海12处，海岸带空间低效利用的事件频发。因此，海岸带空间规划可提高沿海空间审批管理的精细度，有效指导海岸带空间的保护、用途管制实施及各项开发建设活动。同时，通过海岸带空间规划的约束作用，强化科学围填沿海湿地，能有效解决海岸带空间利用中的生态冲突和低效、无序利用等问题。

据媒体报道，海南省的清澜半岛属于麒麟菜省级海洋保护区，由于该保护区未明确保护区的核心区、缓冲区、试验区，一直难以实施有效管理。2009—2012 年间，该保护区内共批准东郊椰林海上休闲中心、南海度假村、青澜港 5000 吨级航道扩建填海造地项目共 3 个填海项目，上述填海项目在 2018 年 12 月底前需配合《海南省麒麟菜自然保护区总体规划（2021—2035 年）》实行暂停建设和暂停营业。

资料来源：中经城事，海岸线遭侵蚀，海南多房产项目被“双暂停”，2018-02-11.

（3）完善国土空间规划体系的必要内容

在我国空间规划的理论和实践中，已经开展了大量的有关陆地和海洋的规划实践。而目前我国关于海岸带空间规划存在陆域规划与海域规划脱节的状态，既缺少有针对性的理论基础，也鲜有适用性很强的实践经验。由于我国海岸带规划管理起步较晚，国家层面的海岸带规划管理法律与法规尚未出台。沿海省市结合自身经济社会发展和生态管控需要，颁布了部分地方性的海岸带管理法规来规范海岸带空间利用。

2007 年山东省率先颁布了《山东省海岸带规划》，这是我国第一个海岸带专项规划。2013 年辽宁省颁布了《辽宁海岸带保护与利用规划》，将我国海岸带规划向空间利用方向推进了一步。随后，福建省 2016 年颁布了《福建省海岸带保护与利用规划（2016—2020 年）》，广东省 2017 年颁布了《广东省海岸带综合保护与利用总体规划》，深圳市 2018 年颁布了《深圳市海岸带综合保护与利用规划（2018—2035 年）》等。

这些省市级的海岸带保护和利用规划在海岸带自然资源的刚性管控和城乡产业发展引导方面发挥了积极的作用。然而，这些规划并未将海洋和陆地及其过渡地带进行有机联系和整合，陆域与海域“二元分治”问题依然存在，致使海岸带统筹开发缺乏针对性指导。在这样的情况下，现有的国土空间规划体系难以有效解决海岸带所面临的陆源环境污染和生态人为破坏等问题。因此，生态文明新时代的海岸带空间规划以统筹海陆功能布局与生态保护为原则，致力于推进陆地国土空间与海洋国土空间的统一性，促进全域海岸带空间的统筹协调开发保护和利用，是完善国土空间规划体系的必要内容。

1.3.2 面向管理的海岸带空间规划的必要性

（1）推进海岸带综合管理的有力工具

海岸带地区作为沿海经济发展的先行地和聚集地，其可持续发展关键在于解决人类的无限需求与资源的有限供应之间存在矛盾，实施海岸带综合管理是解决这一矛盾的有效工具。而通过海岸带空间规划实现区域高效集约管理则是海岸带综合管理关键环节。海岸带综合管理核心功能是协调不同主体间利益的决策型管理工具，必须在管理过程中强调各主体的参与，解决利益分配以及管辖权属等问题，这一过程往往需要通过具有法定意义的海岸带空间规划才得以完成。在海岸带空间规划过程中以规模控制、功能布局、利益协调和空间管制的引导作用作为海岸带综合管理的关键抓手。其中，底线管控和空间结构是管理基础，生态保护红线、实施区域空间管制是管理手段，优化产业结构和功能布局是管理核心；利益主体和规划层级之间的协调机制则是管理的关键，也是海岸带空间规划落实的重要保障。

（2）助力海岸带国土空间的高效管理

我国海岸带空间规划由陆海分管时代逐步迈入由自然资源部统一管理的时代。依据《中共中央 国务院关于建立国土空间规划体系并监督实施的若干意见》确定的“五级三类”国土空间规划体系，海洋功能区划、海岛保护规划和海域使用规划等传统海洋空间规划不再单独编制，保留海岸带规划作为对海岸带地区空间开发保护利用的专项规划。中共中央办公厅、国务院办公厅印发《关于统筹推进自然资源资产产权制度改革的指导意见》指出：“编制实施国土空间规划，对国土空间实施统一管控，强化山水林田湖草整体保护。加强陆海统筹，以海岸线为基础，统筹编制海岸带开发保护规划，强化用途管制。”这进一步明确了海岸带空间规划在强化国土空间用途管制中的重要作用。

由于我国长期的陆海“二元分治”管理状态，陆地与海洋领域的规划与管理机制缺乏统筹协调，难以实现陆海资源的统筹管理。从规划管控的角度看，陆域规划侧重于事先布局，形成了从总体规划到管控规划再到城市设计的完整规划管控体系，达到了精细化管理。而海洋空间规划偏重于行业规范管理，对实际的实施过程关注较少。实施内容主要包括功能和管理要求上的指导作用，没有具体规定，也没有形成系统的制度指引和规范标准。海岸带作为陆地系统与海洋系统连接、交叉和复合的地理单元，加强海岸带空间规划的推进，对海岸带国土空间的高效管理具有重要的指导意义。

（3）强化陆海统筹管理

海洋经济由高速发展向高质量发展迈进，这对我国海岸带地区的陆海统筹管理提出了更高的要求。实施海岸带空间规划的重要内容之一在于强化陆海统筹管理，相较于综合管理侧重保护生态，陆海统筹重点关注海陆的协同发展，通过科学合理的海陆统一规划推进海岸带地区的效益最大化与社会可持续发展，对于海岸带自然—经济—社会的协调具有重要的理论指导意义。生态文明新时代的海岸带空间规划以统筹海陆功能布局与生态保护为原则，以陆地国土空间与海洋国土空间的统一性为原则，促进全域海岸带空间的统筹协调开发保护和利用。

第2章 海岸带空间规划管理相关理论

2.1 海岸带综合管理

2.1.1 海岸带综合管理（ICZM）发展历程

20 世纪初，沿海各国在海岸带管理中采用部门割据的传统管理模式。这种管理模式将人类社会的经济需求和生态保护对立起来，管理目标单一，各相关部门之间也缺乏沟通和协调，呈现“多头管理”的局面。为改变这一局面，出现了海岸带综合管理（ICZM 或 ICM）。ICZM 是通过综合、统筹的思想和行为来有效管理海岸带资源，实现海岸带生态可持续发展的一种决策型管理手段。

ICZM 的理念正式起步于 20 世纪 60 年代，以建立美国旧金山湾自然保护和发展委员会为标志，分为萌芽期、发展期和成熟期三个阶段。萌芽期始于 1972 年美国颁布的《海岸带管理法》，此法的颁布标志着 ICZM 作为一种正式的行政管理手段在海岸带管理中得以实施。此时海岸带管理的主要目的是规范海岸带的开发活动，防止海岸带生态环境的退化。ICZM 在美国经过几年的实践后，海岸带环境得到了极大的改善，从而掀起了全球各国对 ICZM 的研究和应用。1992 年联合国环境与发展会议（UDCED）首次正式将“海岸带综合管理”列为海岸带发展的重要议题。1993 年世界海岸带大会提出“海岸带综合管理是实现沿海国家可持续发展的一项重要手段”，并专门编写了《海岸带综合管理指南》《制定和实施海岸带综合管理规划的安排》《海岸带脆弱性分析的研究》等重要文件，标志着 ICZM 研究和发展驶入了高速发展期。2001 年美国国家海洋和大气管理局（NOAA）的 Heinz Center 首次完成国家海岸带管理效果测度指标体系，并于 2003 年发布了《海岸带管理法案：开发一种效果评估指标体系框架》的报告。该报告提出了一种“基于产出模式”的效果评价指标框架，定量地评估了海岸带管理的效果，这一报告的发布标志着 ICZM 从定性评价走向了定量评价，迈入了成熟阶段。

2.1.2 沿海各国 ICZM 模式差异

全球多个国家实践了 ICZM，因其侧重点不同，长、短期目标的差异，产生了多种类型的 ICZM 管理模式。东盟沿海各国的 ICZM 采用自上而下的管理模式；新西兰采用集中协调的管理模式；美国则通过分散管理的模式来协调海岸带各管理部门之间的利益。

自上而下和集中管理的模式能够最大限度地利用海岸的资源，实现利益相关者的利益最大化，但是由于海岸带跨行政区的复杂性，致使海岸带管理中忽视了地方政策。如日本的 ICZM 模式符合联邦国家的政治特点，有效地发挥了地区管理海岸带的特性，同时内阁可以进行一定的干预和约束，但是当内阁和地方产生利益矛盾时，地方政府的政策可能会与内阁相悖。而美国分散管理模式可以因地制宜地制定本地区个性化的海岸带管理制度，但受到地方财政的制约，地方政府可能会因利益而忽视 ICZM 的实施。

2.1.3 我国海岸带综合管理的发展

我国的 ICZM 实践起步于 1994 年，由联合国开发计划署与中国政府合作在厦门建立了全国首家海岸带综合管理试验区，并分别于 1994—1998 年、2001—2005 年开展了两期 ICZM 的实践和探索。通过 10 年的实践，厦门的海洋经济增速显著，昔日的渔网、鱼塘遍布，脏乱的海湾环境得到了彻底的改善。20 世纪 70 年代初，因在筼筜港西侧入海口建设一道 1.7km 西堤，导致其水体交换动力缺失，加之城市污水大量直接入湖，周边生态环境呈现恶化之势，造成了西侧入海口的海水污染。借助 ICZM 的推动，厦门开展了“综合治理筼筜湖”专题，在多方协调和努力下，如今的筼筜湖成为“美丽厦门”建设的“城市会客厅”（图 2-1）。

治理前

治理后

图 2-1　厦门市筼筜湖综合治理前后的对比图[①]

厦门 ICZM 是侧重于解决海洋管理问题的管理模式，这种模式对厦门海岸带的可持续发展具有两方面重要意义：一方面是通过提高海洋管理能力，加强海洋管理力度，解决了城市建设中面临的海洋方面的难题；另一方面则是在确定了海洋资源持续利用的规划或目标后，按照“以海定陆”的思路，促进陆域管理向更高层次的发展，从而实现陆海统筹的海岸带综合管理目标。

案例：

厦门 ICZM 实践采用的是综合与协调管理的机制。由市政府成立海洋管理办公室，主要职责为协调各部门，并下设秘书处、综合管理处、监察处及监察大队四个机构，负责厦门海域功能区划的管理和协调工作。机构主要职责包括海域使用管理规定的实施和协调工作；厦门海洋类型保护区的规划、建设和管理工作；协调解决厦门市岛屿规划、开发、保护及管理方面的有关问题；参与制定厦门涉海管理有关法规和规章；督促各海洋行政管理部门履行各自职责；办理市政府交办的其他涉海事务。厦门 ICZM 在科学支撑体系建设上是由 10 多位专家组成的厦门市海洋专家组，对厦门有关海洋规划、开发建设和管理方面的工作进行咨询和调研。同时，完

① 图片来源：http://www.taihainet.com/news/xmnews/shms/2007-04-16/115503.html；http://www.taihainet.com/news/xmnews/ldjj/2020-08-27/2420337.html

善地方性海洋法律框架和执法机制，并加强了综合执法能力。通过市政府的高度协调，组织联合执法，达到海岸带综合管理的目的。

资料来源：洪华生，薛雄志. 厦门海岸带综合管理十年回眸［M］. 厦门，厦门大学出版社，2006.

2.2 “陆海统筹”理念

2.2.1 “陆海统筹”的概念

“陆海统筹”最初被称为“海陆统筹”，是由我国海洋经济学家张海峰于2004年在中国首届工业节能大会高层论坛上提出的理念，他认为全面协调我国的可持续发展，必须重视海洋的地位。2003年十六届三中全会在“五个统筹”的基础上，加上“海陆统筹”了。张海峰先后发表了“再论海陆统筹兴海强国”与“抓住机遇，加快我国海陆产业结构大调整——三论海陆统筹兴海强国”两篇文章，再次阐述了“海陆统筹”在我国海洋开发中的重要意义。2005年全国政协会议提案中提出“海陆统筹”是科学发展观的题中之意。2010年11月，我国首次从国家战略高度提出“陆海统筹”，并将其编入了国家“十二五”规划建议。

作为国家顶层发展战略，“陆海统筹”代表着一种战略思维，即统一、综合指导与规划我国沿海陆域及海洋系统的经济发展和资源开发利用、生态环境治理和保护、生态安全和评价等政策。从区域发展角度看，“陆海统筹”较为全面地综合了区域陆地和海洋的经济、资源、生态环境等特点，以便充分发挥陆海互动作用，有效推动区域社会经济的持续、高效、稳定发展。“陆海统筹”的基本内涵为统一协调海洋与陆域系统以及其包括的社会、经济、生态、文化等子系统的关系，并以陆海系统的自然环境承载力为基础，促进区域社会经济发展中陆海生态环境的协调互动，实施一体化的规划决策，高效推动陆海经济发展和有效提高陆海生态环境质量。

2.2.2 国土空间规划下“陆海统筹”理念的发展

2010年《全国国土规划纲要（2011—2030年）》提出了“陆海统筹”的设想，这是“陆海统筹”理念首次出现在我国空间规划领域。2012年3月国家批复了《全国海洋功能区划（2011—2020年）》，该区划从海洋空间开发保护的视角提出要“根据陆地空间与海洋空间的关联性，以及海洋系统的特殊性，统筹协调陆地与海洋的开发利用和环境保护。”2012年10月人民日报发表“坚持陆海统筹，科学开发利用蓝色国土经济”一文，就当前海洋经济发展和蓝色国土空间开发方面存在的矛盾进行了深刻的剖析，在此基础上提出了“陆海统筹”规划管理的意义和方向。2012年11月党的十八大报告提出把海域与陆域一起纳入“优化国土空间开发格局”。

在2019年国土空间规划体系改革背景下，为解决陆海空间规划、开发保护等冲突，“陆海统筹”被赋予更多、更具体的任务和内容。国土空间规划体系下的“陆海统筹”的主要内容包括：统筹陆海自然保护地等生态重要和敏感地区，构建连续、完整的生态屏障、廊道和网络，实现流域上下游综合治理，建立河口、海湾和滨海湿地等典型海岸带生态系统的协同保护机制；统筹陆海生态、生产、生活功能空间，注重城乡融合、产城融合，集约节约用地用海，促进形成高质量发展的国土空间布局。2019年11月国务院印发的《关于在国土空间规划中统筹划定落实三条控制线的指导意见》再次提出要坚持“陆海统筹”理念，沿海各地正在开展的国土空间规划编制中，“陆海统筹”理念也受到前所未有的重视。

2.2.3 国土空间规划中实践“陆海统筹”的难点

尽管“陆海统筹”理念已经深入国土空间规划，但在具体的实践中依然存在一定的障碍。一方面是陆地规划与海洋规划各自独立，依赖不同的法规与政策，不利于统筹规划。陆地和海洋是两个维度的系统，无法拉到同一框架下统一进行评价。虽然目前国土空间规划已经意识到“陆海统筹”的重要性，但是实际规划依然是以“陆”定“海”，而不是以“海”定“陆”。目前在国土空间规划编制中实现“陆海统筹”仍然停留在理论研究阶段，实践案例较少，未形成具体的规划方法、导则与规范。另一方面的障碍是现阶段我国陆海利用方式还存在很大差异，实现陆海全资源统筹下的功能协调发展，仍需对规划管理制度及法律机制进行深入探索和推进。因此，海岸带作为落实“陆海统筹”的关键带，急需构建海岸带空间规划体系，以促进海陆一体化的海岸带空间的开发和利用，切实实现国土空间规划的“陆海统筹”目标。

2.3 基于生态系统的海岸带管理

2.3.1 基于生态系统管理的概念

基于生态系统管理（Ecosystem Based Management，EBM），又称生态系统方法，20 世界 90 年代起源于自然资源管理和利用过程。1995 年美国生态学会生态系统管理特别委员会对 EBM 概念的阐述是：EBM 是根据相关政策、协议以及已有的实践活动进行的具有明确目标驱动的管理活动，并在充分了解各种生态必要的相互作用及过程的基础上，通过监测和研究手段来进行可适性管理，以维护生态系统的结构和功能。联合国生物多样性公约整合了生态、社会和治理目标，将 EBM 描述为：综合管理土地、水域和生物资源，公平促进其保护与可持续利用的战略。我国海洋学者孟庆伟将 EBM 定义为：EBM 的海洋管理是一种跨学科的管理方法，该方法以科学理解生态系统的关联性、完整性和生物多样性为基础，结合生态系统的动态特征，以海洋生态系统为管理对象，以达到海域资源的可持续利用为目标，EBM 的海洋管理是社会、经济和生态效益三者耦合以期达到利益最大化的管理体系。

EBM 的内涵及原则主要包括：（1）EBM 是对特定生态系统单元的管理，生态系统单元的划分必须与管理时间和空间相匹配；（2）应用 EBM 要考虑生态系统自身的特点和不确定性，在复杂生态系统区域要应用预警原则；（3）应用 EBM 要意识到生态系统的多变性及管理效果的滞后效应，从而制定长期管理目标；（4）EBM 的主要目标之一是保护生态系统的结构和功能；（5）采用自上而下的分散模式实施 EBM；（6）实施 EBM 鼓励跨学科合作及公众参与，实施范围更广泛；（7）在采用 EBM 管理时要尽量平衡资源分配带来的各种社会利益之争。

2.3.2 EBM 在海洋和海岸带管理中的发展与实践

2002 年美国海洋政策委员会在综合各种国家海洋管理政策方案的基础上，提出了以生态系统为基础，改善区域海洋管理的政策理念。2002 年亚太经合组织（APEC）海洋相关部长级会议上，各国部长就生态系统管理在海洋管理中的积极作用也达成共识，在《首尔宣言》中呼吁用基于生态系统的方法管理国家和地区的相关海洋事务。2002 年 5 月，欧盟在欧洲实施海岸带综合管理的建议中提出：用基于生态系统的方法保护海洋环境，保护其整体性和功能，可持续地管理海岸带地区的海洋和陆地自然资源。2003 年，世界自然保护联盟（IUCN）第五届世界公园大会呼吁海洋保护区建设中采取以生态系统为基础的管理途径。2005 年 3 月，美国 204 位著名学术和政策方面的专家又共同发表了“关于海洋生态系统管理的科学共识声明”，指出用基于生态系统的方法来管理海洋是目前解决美国海洋和海岸带生态系统危机的最佳办法。2006 年联合国秘书长安南在第 61 届联合国大会“海洋和海洋法”的报告中指出 EBM 是海洋和沿海地区综合管理的一种发展，更强调生态系统的影响。总体而言，EBM 在海洋及海岸带的应用是一种考虑包括人类在内的整个生态系统的综合管理途径，为解决沿海跨行政区域、跨部门的资源与环境问题提供了一种机制，被认为是海洋管理新模式，是开展海洋政策的最佳选择。

沿海各国均开展了 EBM 在海洋及海岸带管理中的实践应用，如美国、澳大利亚、日本、加拿大等国家。美国 EBM 在湾区实践的典型案例是切萨皮克湾综合治理案例。澳大利亚 1998 年颁布的《澳大利亚海洋政策》是全球第一个针对海洋环境保护和管理制定国家级综合规划的国家，是 EBM 理念在区域海洋规划领域的首次应用。日本将 EBM 应用在海岸带管理上也具有诸多创新之处。

切萨皮克湾（Chesapeake Bay）是美国最大的海湾，跨越美国东海岸的马里兰州和弗吉尼亚州。海湾长 314km，最宽处 56km，面积为 16.6 万 km^2。切萨皮克湾是美国重要的经济发展和旅游热点地区。然而，从 20 世纪中期开始，切萨皮克湾的水质开始恶化，鱼类产量不断下降，出现了富营养化、夏季缺氧情况加剧、有毒污染、水生植物减少，动物繁衍和生境破坏等生态环境问题。从 1983 年开始，针对切萨皮克湾一系列生态环境问题，多个涉海部门联合签署了切萨皮克湾综合整治的协议，开始了长达 30 多年的综合整治修复。期间不断制订新的协议、设定新的目标来指导修复工作，经过多年整治修复，切萨皮克湾局部得到了改善。

切萨皮克湾（Chesapeake Bay）湾景图

图片来源：https://www.chesapeakebay.net/

我国 EBM 在湾区的实践开始于《渤海碧海行动计划》，该计划是我国第一个 EBM 在区域海洋治理的应用。2000 年由原国家环境保护局牵头，联合相关的部委、环渤海三省一市及海军部门制定，目标是通过 15 年的治理，解决渤海面临的一系列生态环境问题。厦门作为我国首家 ICZM 试验区，EBM 的理论和原则在西海域综合整治得以体现，并在社会、经济、环境效益方面均取得了较好成绩，形成了一套可供借鉴的经验。

《渤海碧海行动计划》2001—2005 年为第一期，行动任务是开展对重点陆域油类污染源（石油开采、炼化企业等）的监控，对航运船舶及港口、渔船渔港、军舰军港的污物排放的全面治理；进行受损生态系统保护与重点海域的生态修复的试验、示范工程的研究。强化海岸带管理，控制非污染损害。2006—2010 年为第二期，主要行动任务是实施海洋环境容量总量控制，加强沿海地区生态示范区和自然保护区建设。

2.4 海洋空间规划

2.4.1 海洋空间规划的起源

海洋空间规划（Marine Spatial Planning，MSP）起源于澳大利亚，目标在于海洋资源的可持续发展。欧盟 2002 年发布的《海岸带综合管理建议书》中提及 MSP 的重要性。MSP 本来是用于对海域空间进行分区监管，2006 年联合国教科文组织第一次将 MSP 手段用于海域生态系统管理，使用 MSP 结合不同空间区划技术和工具，对海域环境和发展进行空间功能区划定位。在过去的 30 年中，各国政府在应用 MSP 方面取得了重大进展，中国、德国、荷兰、比利时和英国均实践了 MSP 在海域空间规划的应用，目前全球已有超过 75 个国家开展了 MSP 探索，占到全球沿海国家的一半。

2.4.2 海洋空间规划实践进展

MSP 的早期实践集中在对海洋空间的合理分区。1958 年，第一届联合国海洋会议通过领海和毗邻区公约，按照领海、毗邻区对海洋空间进行了划分。随着基于生态系统的 MSP 的推广，MSP 的实践重点转移至 MSP 中利益相关者的参与及 MSP 的监测和评估方面。墨西哥沙漠和海洋跨文化中心在墨西哥索诺拉开展了沿海和海洋空间规划实践流程探索。他们建立了一个由非营利组织、渔民、利益相关者组成的多层治理结构，使利益相关者参与沿海走廊的决策和空间规划，目的在于提高渔民生计和保护生态系统服务。葡萄牙生物多样性和遗传资源研究中心 2008 年讨论了启动葡萄牙海洋空间计划的法律、方法和政治的框架，表明 MSP 对现有工具的适应是可能和可取的。联合国教科文组织分析了比利时的 MSP 经验，表明 MSP 对海洋使用管理采取空间方法是可行的，同时 MSP 的法律基础将为基于生态系统的海洋利用管理提供更具战略性和综合性的框架。我国的 MSP 实践起步于 20 世纪 80 年代，在不断探索吸收国际海洋规划的理论经验的基础上，2002 年 9 月我国第一部全国性海洋功能区划《全国海洋功能区划》正式发布，作为我国 MSP 重要实践成果之一。尽管 MSP 被广泛应用，但 MSP 的开发和实施仍然面临着政治、制度、社会、经济、科学和环境等方面的若干概念和实践的挑战。

海岸带空间规划的国际经验与启示

海岸带空间规划具有多学科交叉的综合性及多部门管理的复杂性特征，是海岸带管理研究中的热点和难点。20 世纪 70 年代以前，海岸带管理只涉及一个狭小的地带，包括前滩、近岸和近海，彼时人类对海岸带空间管理的重点在人工构筑物的管理上。美国的《海岸带管理法》颁布后，人类对近海设施及多用途的人工岛屿的持续关注，致使海岸带被看作与沿海城市、海港和工业区融为一体的空间。1982 年《联合国海洋法公约》《21 世纪议程》中针对海洋设置了专门章程，这标志着人类对海洋、海岸带的重视程度的加深。随着互联网的发展，不同地区海岸带管理者通过不断深化交流海岸带规划和管理的经验和方案，扩展了海岸带空间规划研究。

3.1 日本海岸带空间规划

3.1.1 海岸带定义

日本《海岸法》中对海岸带最小范围划定为陆地涨潮和落潮（指定日所属年春分日涨潮时）水位为界限，向两侧延伸不得超过 50m。如果由于地形、地质、潮位和潮流等原因有必要且不可避免，海岸带范围则可以超过 50m（图 3-1）。

图 3-1 日本北海道涵管湾[①]

3.1.2 海岸带空间规划和保护

日本的国土空间规划是由国土交通部门制定，由内阁决议通过，分为两级。第一级为全国计划，第二级为区域计划。其中，全国计划分为国土形成规划和国土利用计划。国土形成规划是根据国家空间规划法（1950 年第 205 号法案）于 2015 年 8 月由内阁颁布，目的是应对人口快速下降、巨大灾害胁迫等国家土地形势的重大变化，作为一项全国性战略规划，国土利用计划依据《国土利用规划法》（1974）编制，是“国土形成规划”的实现手段，全国土地按照国土利用目的划分的各类别的规模目标及各地区利用土地的概况分为全国层面、都道府县层面和市町村层面的三级体系。国土形成规划相当于国土空间概念规划，国土利用计划相当于土地利用规划。

日本国土利用计划中海洋和海岸带区域利用的核心原则是保护，包括海洋资源的高效开发利用、陆域入海通道沿线的自然环境的保护、偏远岛屿的保护和开发以及沿海的综合管理。针对海洋和海岸带的保护利用，日本的农林水产部与国土交通部根据《海岸法》修订了《海岸保全基本方针》，各级行政区的主管人员则以该方针为依据，制定各级地方的海岸保护基本计划，并以此为依据对海岸带实施分区管理。《海岸保全基本方针》中将海

① 本图片由日本名古屋大学姜自如友情提供。

岸带分为保全区、一般公共区和其他海岸。对于海岸保全区，根据用海方式细分为港湾区、渔港区和临港区，各部门在三个区的管辖范围划分十分明确。农林水产厅的相关部门管理渔港区，而国土交通部下属的河川局与港湾局则分别管理港湾区和临港区。《海岸法》对海岸保全区和一般公共区具有约束作用，而《港湾法》和《渔业管理法》等相关法规则对其他海岸带区域具有管控权。

日本各都道府县的海岸保护和利用是通过海岸保全基本计划来实现的。以《大阪湾沿岸海岸保全基本规划》（2016）为例。该计划根据大阪湾的自然特性（环境与海岸）、社会特性（土地利益），综合考虑海域特点和沿岸利用情况，以维护海岸安全为第一要务，将大阪的海岸分为环境保全与公共利用区、环境创造与公共利用区、环境创造与都市基础建设 3 个区。3 个分区的功能不同，沿岸的保护与建设方向也具有差异（表 3-1）。在 3 个功能分区的基础上，海岸保全计划又将大阪湾沿岸的市町村划分为 21 个区段，并根据各区段海岸的自然特征和社会特征制定更加详细的开发利用方针。

大阪湾沿岸海岸开发利用分区表[①] 表 3-1

区域特征名称	构成	沿岸基本建设方针
环境保护亲近区	环境保护、公共利用	保护珍贵的自然资源，创造亲近大海的体验、观察自然和学习机会
环境创造享受区	环境创造、公共利用	考虑自然环境的同时，利用地域特性恢复与创造环境，打造海岸的休闲娱乐功能
环境创造活化区	环境创造、都市基础建设	城市、产业与港口的功能聚集区，在创造自然环境与景观的同时，协调好基础设施利用和公共利用的关系，以建设海岸带的魅力为目标

3.1.3 海域及海岸带空间利用的审批流程

日本海岸带空间利用审批是以各湾区海岸带保全基本计划为依据，由国土交通部港湾局和环境部地球环境局共同监管，再由经营者、相关机构、港湾管理者和项目所在地居民四方面共同参与，在项目审议会的协助下完成空间选址。其中，建设项目的环境影响评价由经营者完成，相

① 资料来源：《大阪湾沿岸海岸保全基本计划》（2016）。

关机构的主要职责是组织各种审议会，监督和协助项目的选址，港湾局则主管项目空间选址的流程。日本海岸带建设项目审批过程中的一大特点是当地居民在项目选址到公开征集意见之前均有参与。以日本湾区风力发电项目的空间选址流程为例来说明日本海域及海岸带空间利用的审批流程（图 3-2）。

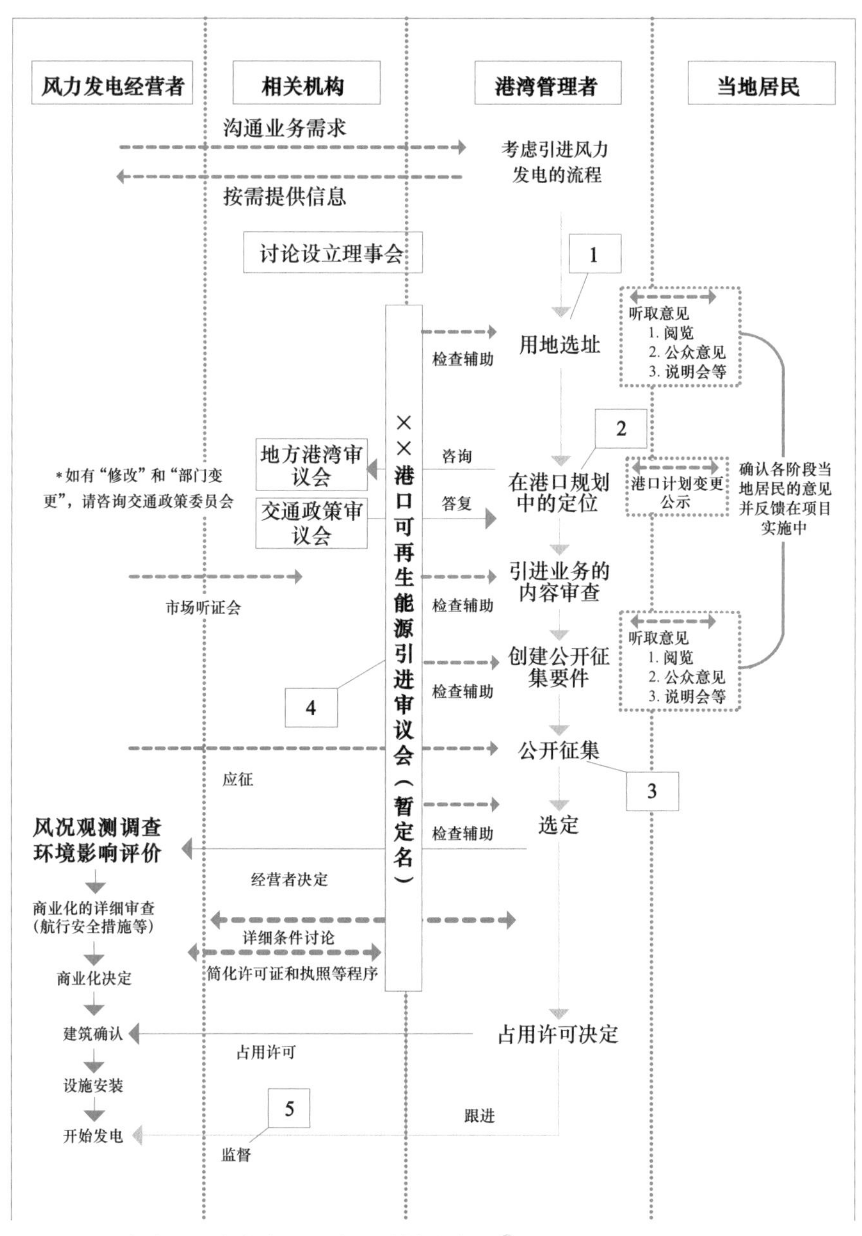

图 3-2　日本湾区风力发电项目空间选址的流程①

① 资料来源：Ports and HarboursBureau, MLIT and Global Environment Bureau, MOE, 2012.

图 3-2 中注释 1～5 的表示含义为：

1. 如有必要，港口管理者会考虑港口的管理和运营，例如船舶航行的安全性，以及与风力发电的共存性，然后设置合适的风力发电场地。

2. 由各湾区的海岸带保全基本计划来确定风电项目正确的选址位置。

3. 风电企业工作人员由湾区管理者公开招聘决定。

4. 港口管理者设立的"可再生能源已经审查委员会（暂定名称）"将会对 1～3 项提供建议和支持。

5. 风电项目开始后，港口管理者依然会对项目负有监督职责。

3.2 新加坡海岸带空间规划

3.2.1 海岸带定义

新加坡是一个海岛国家，是由一个主要的菱形岛屿和 50 多个小型近海岛屿组成，无论是陆地还是海洋均面积有限，其绝大多数陆域面积为填海造地形成。新加坡的法律中对于海岸带没有明确的定义，由于新加坡全域陆域距离海洋不超过 15km，所以新加坡整体被视为海岸带地区（图 3-3）。

图 3-3　新加坡滨海湾金沙花园

3.2.2 海岸带空间规划体系

新加坡城邦有明确的沿海边界，没有腹地，其土地开发是由集中的土地利用规划系统和高度偏向经济的政策预先确定的。新加坡的土地空间规划是以 1998 年 1 月颁布的《规划法》为法律依据，由新加坡市区重建局（URA）主导国土空间规划。规划分为概念规划和土地总体规划两种。概念规划是对未来 40～50 年的发展规划，涵盖战略性土地使用和交通，以确保有足够的可用土地来满足长期人口和经济增长的需求。土地总体规划是对未来 10～15 年发展的法定土地使用规划，将概念规划的广泛长期战略转化为指导土地和房地产开发的详细计划。土地总体规划明确新加坡海岸带可用土地的使用范围和使用密度，每 5 年审查一次，土地总体规划要考虑公众展览的相关反馈。土地总体规划之下，各区域根据总体规划再制定适合区域发展的土地使用详细规划，是一个由土地总体规划到土地详细规划的二级空间规划体系。

3.2.3 海域及海岸带空间利用的审批流程

新加坡海事及港务管理局（MPA）成立了由多部门组成的海洋项目专项委员会（COMET），凡涉海项目、提案的实施都必须征得其同意和批准，从而保证海洋发展项目不会妨碍船只在航道、船坞、码头内的航行安全。同时，落实土地总体规划之前，开发项目需要经过环境影响评价过程来确定和减轻任何对环境的潜在影响，解决项目开发对交通、公共卫生、遗产和环境的潜在影响。特别是靠近敏感自然区域的开发项目将受到更严格的审查，需要进行更详细的环境影响评价，以确定潜在影响的程度，以及确保解决措施的严谨性，再允许项目进行。

在新加坡必须由海洋项目委员会审批的项目包括：① 码头、防波堤、船台、干船坞、船坞、坡道、固定平台、外滩、护岸、挡土墙、防波堤和排水口 / 进水口结构的建造、安装、扩建、增建和改建；② 浮桥、浮船坞、浮餐厅和住宿驳船的安装；③ 海洋娱乐设施；④ 养鱼场；⑤ 影响滨海地区的住宅和其他设施 / 结构；⑥ 填海工程；⑦ 海底管道和电缆；⑧ 疏浚和倾倒工程；⑨ 海洋土壤调查；⑩ 拆除前滨 / 海洋结构及在海上倾倒场倾倒疏浚材料。

3.3 美国海岸带空间规划

3.3.1 海岸带定义

美国《海岸带管理法》（1972）中定义“海岸带”是指相互影响大、靠近若干沿海州海岸线的沿海水域和邻近的岸线，包含岛屿、潮间带、盐沼区、湿地和海滩。由于美国各州都有独立的宪法和法律，所以各州的“海岸带”定义也略有不同。如五大湖地区，海岸带是指延伸至美国和加拿大之间的国际边界，在其他地区延伸至向海 3km；《北马里亚纳群岛联邦公约》（48U.S.C.1681 号）规定，海岸带是从海岸线向内陆延伸，仅达到控制对沿海水域有直接和重大影响的海岸所必需的程度，并控制那些可能受到海平面上升影响或易受海平面上升影响的地理区域（图 3-4）。

图 3-4　美国西雅图港湾

3.3.2 海岸带空间规划体系

美国《海岸带管理法》（CZMA）规定了各州对沿海地区的管理和开发的责任，包括保护和维持沿海用途和资源。海岸带空间规划是由联邦和州合作参与而制定，这种模式可以最大限度地减少规划过程中出现的联邦与州之间的利益冲突，保障规划目标的一致性。在空间上采取“大海洋生态系统”的分区管理方式，划分出 9 个规划分区（包括五大湖区），每个规划分区由联邦、州和部落等一起抽调人力组合成规划机构或直接向社会购买相关空间规划，是一个分散协作的规划体系，且已在 1994 年《俄勒冈州领海（管辖领海）规划》中得以实践。

3.3.3 审批流程

美国的海岸带管理项目是下达各州，并依靠州政府的权力和机构来实现国家《海岸带管理法》设置的标准及目标。CZMA 授权沿海各州在三项不同措施（或者管理技术）中选择一或两项，联邦政府的职责是统帅和保证项目建设能够达到海岸带管理的四项管理政策和九项基本标准（图 3-5），另一个职责则是提供财力援助。

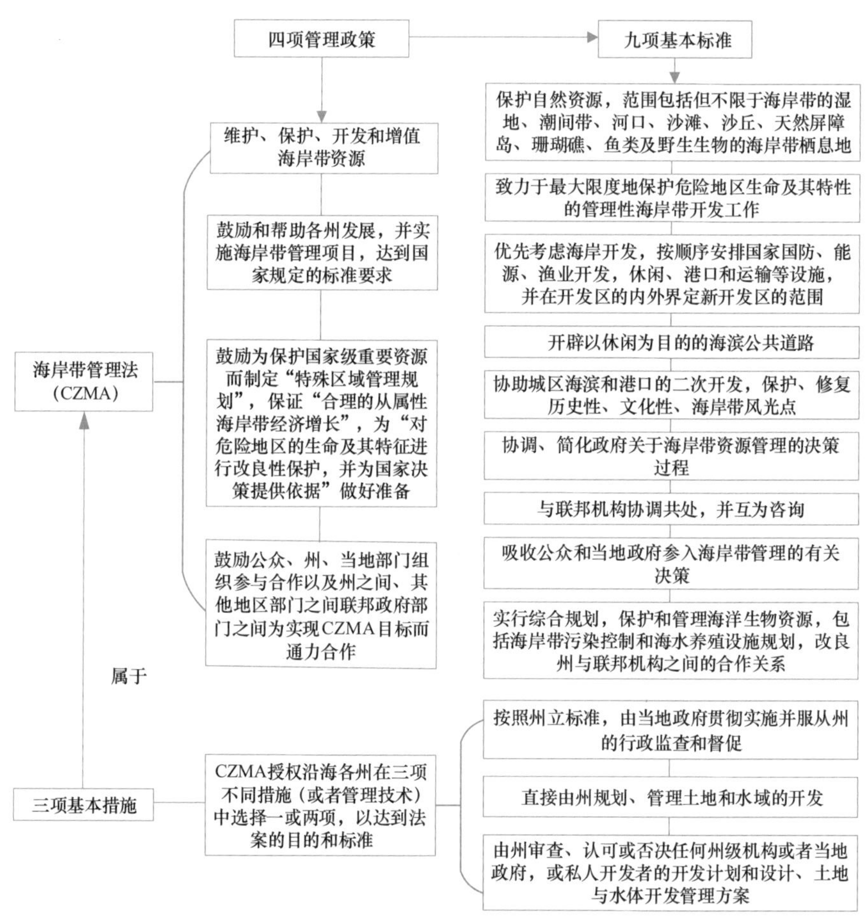

图 3-5 美国《海岸带管理法》中对海岸带管理项目的要求

3.4 韩国海岸带空间规划

3.4.1 海岸带定义

《韩国水面及海岸管理法纲要》规定海岸带是以海岸线为基准的海部分和背后陆地的一部分为对象的区域。对于河口部、三角洲水产资源及生态系统保护区等，需要考虑地形条件和环境影响，范围按不同等级差别来规定（图 3-6）。

图 3-6 韩国济州岛海湾图

3.4.2 海洋空间规划编制过程及审批权限

根据韩国《海洋空间规划与管理法》，海洋空间规划分为“海洋空间基本规划”与“海洋空间管理规划”两类。两类规划的编制部门略有差异。海洋水产部组织编制海洋空间基本规划；海洋水产部或沿海地方政府组织编制海洋空间管理规划。海洋空间基本规划的编制内容包括以下几方面：海洋空间规划的基本政策方向，海洋空间管理规划的基本方向，海洋空间信息的收集、保存与应用，海洋空间特性评价，支撑海洋空间管理的科研与国际合作以及总统令规定的其他事项。海洋空间管理规划编制内容包括以下几方面：本地区管理规划的范围，本地区海域管理的政策方向，本地区海洋空间特性及利用现状，海洋空间的保护与开发利用需求，本地区海洋空间结构和功能设置海洋用途区（功能区）的划分与管理事项以及总统令规定的其他事项。韩国海洋空间基本规划与海洋空间管理规划的编制过程如图 3-7 所示。

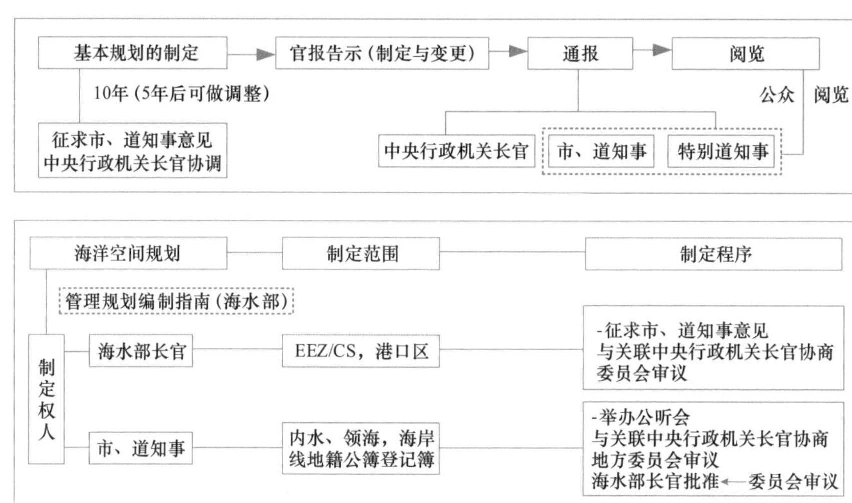

图 3-7　韩国“海洋空间基本规划”与“海洋空间管理规划”的编制过程

韩国的海洋空间利用是由中央行政机关负责人或地方行政首脑将审批、制定或修改下列任何海洋空间利用及发展规划或指定、变更海洋空间任意区域。根据总统令的规定，负责人或者首脑在更改海洋空间利用规划时应事先与海洋和水产大臣协商或获得海洋和水产大臣的批准（以下称为“海洋空间适宜性协商等”）。这些海洋空间利用和发展规划包括以下几类：

1. 海洋旅游综合体开发规划；
2. 海洋空间石油（包括天然沥青和可燃气体）开采方案；
3. 海洋空间矿产、骨料等开采方案；
4. 港口、渔港建设规划；
5. 海洋空间水资源开发规划；
6. 海洋能源发展规划；
7. 渔场开发计划；
8. 其他海洋资源利用开发计划。

3.5 荷兰海岸带空间规划

3.5.1 海岸带定义

荷兰是全球著名的围填海国家，也是国际公认的陆海统筹空间规划和利用的典范。荷兰的海岸带极具特殊性，总线长 350km，其中 290km 是由沙丘和海滩平地组成，剩余的 60km 则处于堤坝、水坝和风暴潮屏障的保护中。荷兰沙丘海岸带的宽度极窄且变化较大，从不足 10m 到几千米。目前荷兰一半以上的海岸带线面临侵蚀，由于其海岸带条件的特殊性，荷兰的海岸带即是沙滩能覆盖到的全部区域（图 3-8）。

图 3-8 荷兰席凡宁根（Scheveningen）海滩[①]

3.5.2 海岸带空间规划流程

2005 年荷兰住房、空间规划和环境部联合发布《国家空间规划政策文件》，首次将陆地和海洋在空间规划中合为一体，构建了全球首个陆海统一规划体系。2008 年荷兰开始实施《土地利用规划法》（修订版），将应用范围扩展到北海和专属经济区，实践国土空间利用陆海统一的规划管

① 本图片由荷兰马斯特里赫特大学徐艺丹友情提供。

理。荷兰的空间规划是在《空间规划法》保障下的国家—省级—市级 3 级规划体系，国家空间规划包含长期发展的指导原则与空间框架，具有重要地位。

荷兰 3 级空间规划体系具有自上而下的高度管制性，每级体系的管理权责清晰。国家级空间规划侧重战略性，主要解决核心战略问题，并在陆域空间规划中明确了海岸带管理区的范围，统筹海域和陆地国土，高度重视陆海功能的衔接；省级空间规划衔接国家级空间规划和市级空间规划，主要关注景观管理、城市化和保护绿色空间等省级利益；市级政府在国家和省级规划的指导下编制结构规划和土地利用规划。此外，荷兰不存在全国统一的土地分类标准，市镇可以根据海岸带区域每一块土地具体的使用情况拟定土地用途和应遵守的规则，同时附加如体量、高度及建筑密度等具体控制内容。荷兰的海岸带空间规划在保障沿岸安全的情况下还需保障岸线利用的多样性和可持续性，发展多种沿海休闲娱乐产业。

3.5.3 海岸带空间规划的管理模式

红线、绿线和平衡区的“两线一区”的空间管理模式是荷兰处理保护和发展矛盾的有效手段之一。为了保护生态空间和农业用地的数量与质量，荷兰在区域规划中通过红线、绿线予以规范，所有省级空间规划必须明确划定红线和绿线边界，其中红线内的城市应紧凑发展，新建建筑必须在红线内；而绿线围绕乡村划定，禁止在绿线内进行开发；红线、绿线之间的平衡区则允许以改善性质为目的的小规模村庄开发。荷兰海岸带空间规划管理采用集中式的管理方式。国家海洋管理局负责全国海洋政策、规划和计划的制定。其中，部长委员会是国家海洋问题的最高决策机构，下设议会委员会和非政府的咨询委员会，由所有涉海部门高级官员组成的部门间委员会听命于部长委员会。同时，海洋行政管理分为中央和地方政府两级，中央政府负责管理低潮线向海一侧 1km 以外的海域，保护海岸线位置；地方政府负责管理 1km 以内的海域，制定地区发展计划，综合协调各领域的政策管理事务。各级政府事权划分明晰，“政府间管理协议”规定中央政府有划分三级政府事权的决定权，并负责保证地方政府的事权和财权相匹配；国家划定城市发展边界（红线范围），省政府承担限制建设区（绿线范围）的责任。此外，由省级政府在中央政策指导下确定首要保护的国家生态保护区域、保护边界等，并将这些保护区和保护边界的划定应用于市级土地利用规划中。

3.5.4 海岸带开发利用的审批流程

荷兰国家及海洋空间规划评估覆盖了规划编制和运行的全过程，设立了严格的“事前”“事中”和“事后”规划评估及反馈机制，并形成了良好的动态循环。其中，“事前”开展预评估和战略环境影响评价，“事中”进行定期的过程监测和实施评估，“事后”推进项目实施后评估。以《国家基础设施与空间规划政策战略》为例，荷兰环境评估署（PBL）和相关咨询公司对其草案开展预评估和战略环评，决策部门根据动态反馈对文件进行调整并最终形成正式文件，在战略执行过程中 PBL 等机构将继续对其进行定期监测和评估。同时，监测和评估也是荷兰空间规划管理的重要内容。例如，当评估海洋开发利用等许可活动存在潜在影响时，监测可以填补知识空白或减少不确定性，继而支持决策部门实行适应性管理。

3.6 国际经验对我国海岸带空间规划的启示

结合日本、美国、新加坡、荷兰这些典型沿海国家的海岸带空间规划体系、规划事权分配、审批流程、管理模式等方面的有益实践经验，立足我国“五级三类”的国土空间规划体系，在坚持“陆海统筹”重要原则之下，对我国面向管理的海岸带空间规划具有一些启示。

1. 加快海岸带空间范围的法定界定

日本在《海岸法》中按照涨潮和落潮的水位线严格地界定了海岸带的范围；美国颁布了《海岸管理法》，各州也根据自己的情况定义了海岸带的空间范围。我国的部分省市在其海岸带保护规划中定义过海岸带的范围，学者们在海岸带相关研究中也根据研究目标划定了海岸带的范围。如我国的近海海洋综合调查和评价（908 专项）、全国海岸带和海涂资源综合调查、《省级海岸带综合保护与利用规划编制指南（试行）》等均提出了海岸带的空间范围，其中以沿海市县级行政区作为研究范围的最为普遍。然而，这些分门别类的海岸带空间范围均是为了规划、研究和调查的便利性，尚未达成全国统一的划定标准。从海岸带管理角度出发，海岸带空间范围含糊不清且变化多样，将造成涉海相关管理部门管辖范围冲突，部门职责重叠或出现“空白”管理地带。同时，各省市海岸带开发利用的权属定义混乱，导致各部门在海岸带空间利用中相互扯皮，降低了海岸带管理的效率。因此，参考日本和美国的做法，应尽快通过立法的手段划定海岸带空间范围，明确海岸带管理界限，有助于海岸带空间的高效管理。

2. 构建基于“陆海统筹”原则的海岸带空间规划体系

荷兰作为全球“陆海统筹”的成功典范，其在国家空间规划中对海域和陆地国土进行了高度统筹，且非常重视陆海功能的衔接，构建了陆海统一的规划体系，对我国的海岸带空间规划具有一定的借鉴价值。尽管国土空间规划体系已经融合了之前的海洋主体功能区划和海洋功能区划，提出海岸带编制专项规划，然而由于海陆长期“二元分治”的模式，海岸带空间专项规划与“五级三类”国土空间体系尚未实现统筹、协调与融合。同时，海岸带空间规划尚在起步阶段，仅部分省市编制了海岸带综合保护利用规划，而市县级由于缺乏海岸带详细规划来与省级综合保护利用规划形成有机联系和有效传导，并且海岸带规划实施监管和评估环节不被重视，导致海岸带空间规划不能有效应用于沿海开发利用各个环节。

因此，在国土空间规划体系构建的新形势下，借鉴荷兰的陆海统筹规划模式，将陆海全要素融汇贯穿于沿海地区“双评价”“三区三线”“两空间一红线”等评价与划定过程，保障海岸带空间规划与生态红线，生态安全底线一致性和协调性。同时，应尽快建立与“五级三类”国土规划体系融合衔接的海岸带多层级规划体系。如国家级编制总体规划，省级编制综合保护规划、市县级编制详细规划，形成自上而下、各有重点的海岸带空间规划体系，实现对海岸带地区的综合管控。

3. 明确海岸带空间规划的事权分配

日本海岸带空间审批权限由港湾局和地球环境局共同监管，在建设项目选址中各部门职责明确，且有民众深度参与，各方面职责分配清晰；新加坡建立了专门的海洋项目委员会来审批涉海项目；美国则明确规定了联邦政府和州政府在海岸带规划中的责任是统帅和保证并提供财力援助；而荷兰在其国土空间规划中采用自上而下的高度管制的 3 级规划体系，各级的侧重点和权责也都分配清晰。从此可以得出清晰明确的权责分配是海岸带空间规划有效落实的基础。

2018 年 3 月国务院机构改革后组建自然资源部，并将多项规划的管理职责，资源调查和确权登记的管理职责进行了整合，解决了长期以来国家层面规划职能分散问题。然而，由于我国海岸带空间规划体系尚未建立，且海岸带空间规划的综合性及其涉及的利益主体权利较复杂，中央与地方层面规划部门传导关系也较模糊，导致权责不明确。

2019 年《中共中央 国务院关于建立国土空间规划体系并监督实施的若干意见》提出了“谁组织编制、谁负责实施”“谁审批、谁监管”等原则，“分级建立国土空间规划审查备案制度”“精简规划审批内容，管什么就批什么”等具体的要求。因此，为保障海岸带空间规划的落地和高效传导，在建立海岸带空间体系的同时应明确国家级、省级和市县级在海岸带空间规划审批的事权。国家层面需审查统筹管控的内容，主要起到战略性控制的作用，核心职能是搭建起全国海岸带地区保护、利用和修复的框架；省级政府应肩负上下位规划衔接的职责，侧重控制性审查，重点传导国家对省级海岸带“三区三线”“两空间内部一红线”等管控要求，监督市级规划对管控要求的分解落实情况；市级（设区市）海岸带规划主要职责应是根据本市实际情况对省级海岸带空间规划的细化和落实。此外，对于有条件的沿海县级，应编制详细规划，侧重对本县沿海产业空间布局的优化。

第4章 我国国土空间规划发展概况

海岸带空间规划是实现国土空间规划“陆海统筹”的重要环节，是陆域空间规划与海域空间规划在海岸带地区的扩展延伸与交叉融合。本章通过梳理陆域、海域空间规划发展概况与体系，以及海岸带空间规划的国内进展，辨析我国国土空间规划发展中存在的问题，对海岸带空间规划体系的构建具有重要的借鉴意义。

4.1 陆域空间规划

4.1.1 陆域空间规划发展概况

空间规划是在特定时间和范围内，根据国民经济和社会发展的总体方向与目标要求，按规定程序制定的有关国土空间合理布局和开发利用方向的战略性政策。空间规划的特点是有明确的空间范围和时间节点，规划内容涉及多个方面，包括资源综合利用、生产力总体布局、国土综合整治、环境综合保护等。规划目的是优化空间开发格局、规范空间开发秩序、提升空间开发效率、实施空间开发管制。随着社会经济发展需求的增加，空间规划成为政府实现改善生活质量、管理资源和保护环境、合理利用土地、平衡地区间经济社会发展等广泛目标的基本工具，在国民生产和生活中体现出日益重要的地位和作用。

我国近代最早的空间规划是城市规划，源于工业革命以来对大城市发展带来的“城市病”的治理，自20世纪20年代从西方借鉴而来。其中，最早编制的城市规划有4个：苏州《工务计划》、南京《首都计划》、《大上海都市计划》、《天津特别市物质建设方案》。新中国成立初期，国家提出了以国民经济与城市规划统领城市建设的政策方针。1956年7月，原国家基本建设委员会颁布《城市规划编制暂行办法》，是我国最早的城市空间规划法定文件，至此拉开了我国空间规划的序幕。我国空间规划发展过程由于经济、体制、管理等原因，中间虽有起落甚至中断，但不断完善并延续至今，是一个从无到有、由“多”合“一”，从点到面、由“单一”到“综合”的过程，也是一个吸收借鉴国外经验、结合自身特点逐步发展、改革、创新的过程，至今可分为5个历史发展阶段。

1. 1980年代—1990年代初：空间规划体系的初步构建探索

1978年改革开放后，中央领导人出访西欧，肯定了西欧国家对国土整治工作的重视，中央决定学习西欧国家的国土整治工作经验，开展国土规划整治工作。先后于1982—1984年在京津唐、湖北宜昌等多个地区开展了地区性国土规划的试点工作。随后，参照日本的经验，于1985—1987年间编制了我国首个《全国国土总体规划纲要》。该纲要从宏观层面将全国划分为东、中、西三大经济带，将沿海和沿长江作为一级“T字形”开发轴线，把沿海的长三角、珠三角、京津唐、辽中南、山东半岛、闽东南地区，以及长江中游的武汉周围、上游的重庆—宜昌一带均列为开发的重点地区。这种划分格局，不仅影响了1980年代的整个国家总体空间开发格局，至今仍具有重要的现实意义。在此背景下，到1993年底，全国完成了所有省级、67%市级及30%县级相应的国土规划，同时还编制长江、黄河、松花江、珠江等流域整治规划，在全国范围内掀起了国土规划的高潮。

1980—1990年间，除了宏观层面的国土规划和区域规划工作，土地利用规划和城市规划也随之发展。尽管1986年颁布的《土地管理法》中提出“使用土地的单位和个人必须严格按照土地利用总体规划确定的用途使用土地。”，但是1987年开始编制的土地利用规划因没有法规来清晰界定与其他规划之间的法律关系，因而当时的土地利用规划并没有起到有效的约束、管控作用。而城市规划的编制与实施过程中，要求必须与国家宏观的指导计划密切结合，使计划项目做到布局合理，保证主观能力与客观需求的平衡。这个时期的空间规划尚属计划经济体制下的产物，具有很强的自上而下的特征。空间规划的管理部门层级相对清晰、易于协调，初步构建了我国“国家层面的全国国土规划→地区性国土规划→地方城市总体规划”的空间规划体系。此时空间规划的主要任务是配合国家社会经济计划所确定的发展目标，进行全国性的经济区划和落实重点项目建设的空间。

此阶段的空间规划类型分为六种：全国性的国土整治和国土综合开发规划；跨省、直辖市、自治区的大区级的国土规划；以省、直辖市、自治区为单位的区域发展规划；省以下的地区（包括各类省内经济区）的区域规划；城市、镇总体规划；县乡农村规划，各类空间规划及其对应的行政管理机构如表 4-1 所示。在这个阶段，空间规划的管理由于利益目标的不同，出现了不同层次上的规划管理部门之间、部门规划与综合规划管理部门之间的利益矛盾，导致了空间规划管理的混乱。不同层次的空间规划与相应的管理部门之间结构对应关系如图 4-1 所示。

中国空间规划与管理体系初步结构[①] 表 4-1

<table>
<tr><th>空间规划层次</th><th>规划管理层次</th><th>地域类型</th><th>空间规划类型</th><th>经济发展计划</th><th colspan="4">部门规划</th></tr>
<tr><td>全国规划</td><td>国家计委</td><td>城镇乡村</td><td>全国城镇体系规划</td><td rowspan="3">国家与地方计委
五年计划
长远规划</td><td>社会部门</td><td>产业部门</td><td>基础设施</td><td>资源管理</td></tr>
<tr><td>区域规划</td><td>省（自治区）</td><td>城镇乡村</td><td>省域城镇体系规划</td><td colspan="4" rowspan="2">自上而下的部门规划</td></tr>
<tr><td>地方规划</td><td>地方</td><td>城镇乡村</td><td>城市总体规划、乡村规划</td></tr>
<tr><td colspan="3">主要内容</td><td>经济、社会、产业、基础设施，资源环境，人类活动</td><td>生产布局发展</td><td>科研
教育
文化
体育卫生</td><td>制造业、建筑业、商服业等</td><td>铁路、公路、机场、港口等</td><td>土地矿产、风景资源、文物古迹、水资源等</td></tr>
<tr><td colspan="3">规划重点</td><td>城市结构、规模、空间形态、用地布局和发展战略</td><td>发展速度和指标</td><td>提高设施水平，增加服务人口数量</td><td>增加收益</td><td>满足需求</td><td>资源保护
与
开发管理</td></tr>
</table>

① 建设部规划司《中外城市化比较研究》，1996.

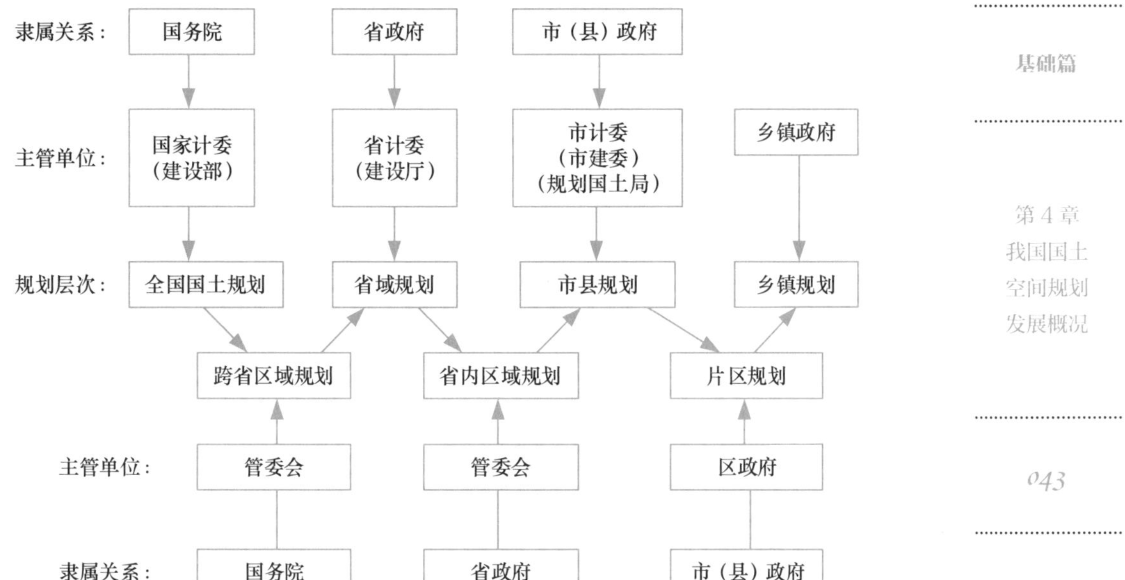

图 4-1 空间规划与管理部门对应关系图[1]

2. 1990 年代中期—2000 年代初：城市规划为主体的空间规划

随着我国社会主义市场经济体制的建立和不断完善，“规划”一词逐渐取代了“计划”一词在空间规划体系中的频率。全球化、市场化、分权化极大地改变了中央—地方政府间传统的治理结构，在此背景下，我国建立了以城市为主体的空间规划体系，成为适应市场化和全球化环境、服务城市增长的重要治理工具。1989 年七届全国人大常委会第十一次会议审议通过颁布《中华人民共和国城市规划法》。这是新中国成立以来第一部关于城市规划、建设和发展全局的基本大法，它以法律形式确定城市规划的地位与作用，宣告城市规划的编制和实施受到法律的保障和规范，城市规划的严肃性、权威性、科学性和约束力得到了进一步的提升，标志着我国的空间规划进入城市规划为主体的发展阶段。与此同时，1991 年原国土资源部规划司与国家发展和改革委员会地区经济司合并为原国家计划委员会国土地区司后，工作重心转移到地区经济发展规划，至 1996 年国土规划工作已完全停顿。在此背景下，省域城镇体系规划、城市群规划等事实上扮演了区域规划的职能。同时，在该版《城市规划法》中，我国首创将城镇体系规划纳入城市规划编制环节。原建设部组织编制的“全国城镇体系规划”，

① 资料来源：周建明，罗希．中国空间规划体系的实效评价与发展对策研究［J］．规划师，1998（04）：109-112．

用于指导全国城镇的发展和跨区域的协调，城镇作为社会经济发展的主要空间载体，全国城镇体系的规划成为国家层面的空间规划。然而，在这种为城市规划服务的城镇体系规划中，城镇体系只具有陪衬性质，其规划内容往往缺乏深度和精度。

在《城市规划法》颁布之后，原建设部先后颁布了《建设项目选址规划管理办法》《城市总体规划审查工作规则》《关于统一实行建设用地规划许可证和建设工程规划许可证的通知》《关于抓紧划定城市规划区和实行统一的"二证"的通知》等18项部门规章，基本上建立了城市规划法规体系。形成了一套由区域规划、城市总体规划、分区规划、控制性详细规划、修建性详细规划构建起来的法定空间规划体系（图4-2），表明以城市为中心的系统完整的空间规划体系初步形成。

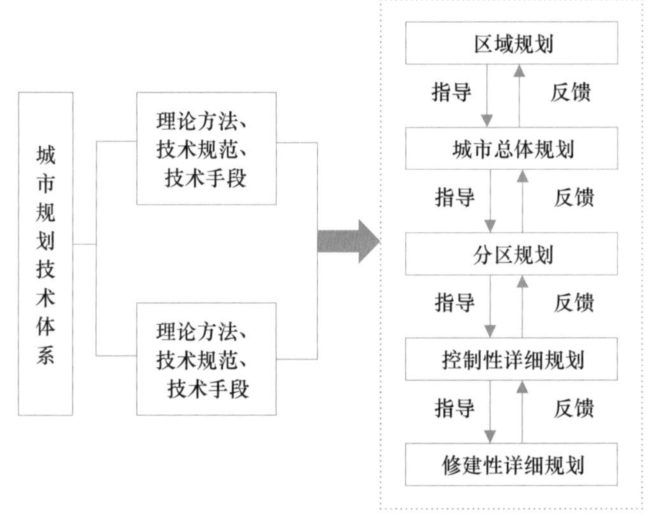

图4-2　城市规划法规体系[①]

1989—1992年原建设部城市规划司先后出版了《城市规划法解说》《城市规划管理》《城市规划实施管理》《城市规划依法行政导论》《城市规划法律法规选编》系列图书，奠定了城市规划管理理论、"一书两证"制度和各项建设项目的规划管理审批程序，推进城市规划依法行政。1991年原建设部颁布《城市规划编制办法》将详细规划划分为控制性详细规划和修建性详细规划。控制性详细规划的出台，及时适应了从1992年起全国各地房地

① 王丹．中国城市规划技术体系形成与发展研究［D］．长春：东北师范大学，2003.（原图有改动）

产开发热潮、国有土地出让转让、大办开发区、新区开发和旧城改造的客观需要，为科学编制详细规划，在城市规划实施管理中提供城市规划设计条件创造了有力依据和支撑。1990—2000 年间，原建设部先后颁发了《城市用地分类与规划建设国家技术标准》《城市排水工程规范》等 15 项城市规划国家技术标准和技术规范，彻底改变了我国城市规划缺乏技术性国家标准和规范的局面，城市规划在这一阶段成为空间规划的主体。

3. 2000 年中期—2012 年：多规冲突的混乱时代

十四届五中全会提出我国由计划经济转为市场经济，但到 2000 年中期城市发展和建设中的资源配置仍主要由政府控制。银行贷款是城市建设资金筹集的主要渠道，贷款以城市政府的财政收入作为担保外，城市的建设用地也作为担保之一。在这种模式下土地的经营成为政府为城市建设提供资金的重要途径。在此背景下，土地已成为政府经营城市和发展城市的重要资本，出现了农村土地大面积转为城市建设用地以扩大政府的国有土地资产的现象。造就了这一时期城市规划的一大特点就是“以地方目标为导向”，此时的法定规划已经满足不了部分经济发达的地方发展需求。为突破城市总体规划的束缚、谋求城市扩展空间，广州、南京等沿海发达城市开展了面向县市域的总体发展战略规划、概念规划，描绘起地方全域发展宏图。城市规划不仅为了开发和建设城市，而且成为面向全域的城市发展的蓝图。

2003 年由原国家计划委员会主编的《规划体制改革的理论探索》中首次提出“国民经济和社会发展五年计划纲要”要大力充实空间规划的内容，并将国家层面的五年计划定位为“国家总体规划”。2005 年，十六届五中全会“关于制定国民经济与社会发展第十一个五年规划的建议”，首次将“五年计划”改为了“五年规划”，并增加了“培育新城市群”等空间规划的内容。在此背景下，空间规划逐步演变成“三级三类”的空间规划体系（图 4-3）。第一级规划为国土规划或空间规划，二者在范围、广度或者等级上属于最高级别的规划，是各类规划的统称。第二级规划为土地利用总体规划、城市总体规划和区域规划，第三级是专项规划。“三类”分别是土地利用规划、区域规划和城市规划。由于这三类规划编制和审批分属不同的机构部门，且在土地利用中有空间重合之处，实践中出现协调度较差的情况。

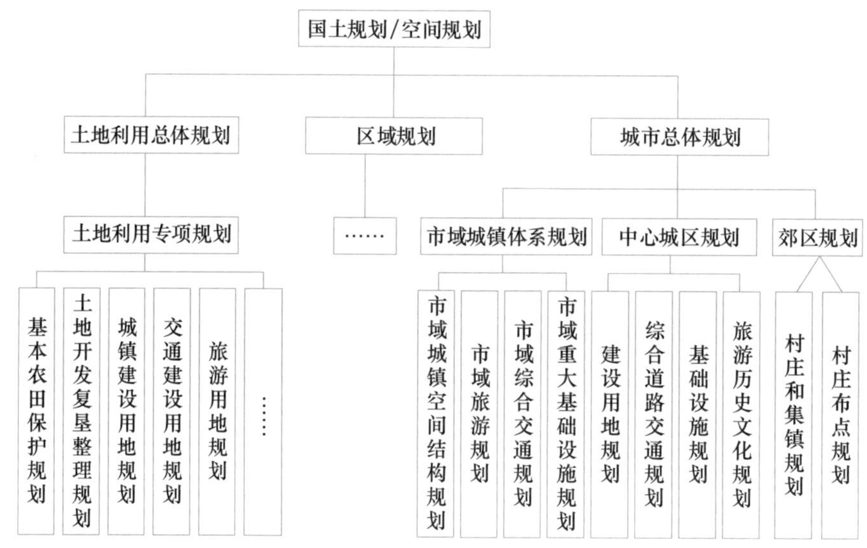

图 4-3 “三级三类”空间规划体系示意图[①]

2008 年国务院发布《全国土地利用规划总体纲要（2006—2020 年）》。同年国家环境保护部成立。尽管《宪法》《土地管理法》《城乡规划法》《环境保护法》等法律法规都有衔接要求，但管理部门的细分导致法定规划的空间规划权威性不足，模糊的衔接要求致使执行过程中出现了有法不依、执法不严等情况。各规划部门针对不同问题制定了诸多规划，逐步形成了两大规划系统和九大规划系列，被称为“2 + 9”模式，进入“多规”并存阶段。其中，“2”即空间规划系统和发展规划系统，“9”是指城乡建设、国土资源、生态环境、区域开发、基础建设、功能园区、经济社会、社会发展、经济发展等方面的规划（表 4-2）。这个时期的空间规划体系的特点是包罗万象，面面俱到，但也因此存在各规划之间协调不够的现象。表现为两大规划系统之间、各个规划系列之间、某些规划系列内部、不同规划之间的衔接不足，比如城乡规划以发展的角度利用土地与土地利用总体规划的保护土地资源的立场相矛盾。各种规划不断扩张的背后，实则是各部门对空间规划权力与权限的争夺。尽管针对这些规划之间的冲突，国内也开展了“两规协调”“三规协调”甚至“多规协调”的实践，依然只能缓解问题，但不能从根本上解决问题，直至“多规合一”的倡议和探索。

① 吴延辉．中国当代空间规划体系形成、矛盾与改革［D］．杭州：浙江大学，2006．

“2 + 9”模式空间规划体系概况[①] 表 4-2

规划系统	规划系列	规划构成	主管部门
空间规划系统	城乡建设规划系列	城市战略规划、城镇体系规划、城镇总体规划、控制性详细规划、建设性详细规划、城镇专项规划、城镇体系规划、村庄规划等	建设部门
	国土资源规划系列	国土规划、土地利用规划、矿产资源规划、林地保护利用规划、草原保护建设利用规划、水资源规划等	国土、林业、农业、水利等部门
	生态环境规划系列	环境保护规划、生态功能区划、环境功能区划、生态示范区规划、大气污染防治规划、水污染防治规划、地质灾害防治规划等	环保、林业、水利、国土等部门
	区域开发规划系列	区域规划、主题功能规划	发展改革部门
	基础设施规划系列	公路网规划、铁路网规划、机场规划、港口规划、航道规划、水利设施规划、油气管道规划等	交通、水利、电力、能源等部门
	功能园区规划系列	风景名胜区规划、自然保护区规划、农业园区规划、工业园区规划、经济开发区规划、地质公园规划、森林公园规划、湿地公园规划、饮用水源保护区规划等	环保、林业、农业、工业、水利、国土等部门
发展规划系统	经济社会规划系列	国民经济和社会发展长期规划、国民经济和社会发展五年规划、国民经济和社会发展年度计划	发展改革部门
	经济发展规划系列	工业、农业、商业、旅游、服务业、房地产业、生物医药产业、节能环保产业等	农业、工业、商业、旅游、建设、卫生、环保等部门
	社会发展规划系列	科技、教育、文化、医疗、卫生、体育、养老等方面的发展规划	科技、教育、文化、卫生、体育等部门

4．2013—2017 年：“多规合一”的探索阶段

随着经济和城镇化的加快推进，城乡二元分割、资源环境破坏和空间重叠冲突等方面问题日益凸显，国家多个部门和省市纷纷采取措施，探索改进和制定各类空间规划作为调控手段，统筹全域保护和开发。区域规划、国土规划得以重启，还催生了诸多新型空间发展类规划，如主体功能区划、海洋功能区划，涵盖林地、湿地、草原、海岛等资源规划。针对各类空间规划在市县域层面日益凸显的空间矛盾，2014 年国家发展改革委、国土资源部、环境保护部、住房和城乡建设部等部委联合在厦门等 28 个市县开展“多规合一”试点工作。同期，苏州、宁波、安溪等 6 个市县经国家发改委

① 王向东，龚健．“多规合一”视角下的中国规划体系重构［J］．城市规划学刊，2016（02）：88-95．

批准开展了“三规合一”试点工作，但由于缺乏体制保障，这一时期的试点效果不尽如人意。

2015年，海南省获批中央深化改革领导小组省域“多规合一”改革试点，从海南省总体规划到海南各市县总体规划，海南全面开展“多规合一”规划，并首次探索了空间规划体系和管理机制的改革创新。2016年2月《关于进一步加强城市规划建设管理工作的若干意见》要求加强城市总体规划与土地利用总体规划衔接，推进“两图合一”。为协调城乡规划和土地利用规划在图斑上的矛盾，解决项目落地困难等实际问题，上海、武汉、广州等地相继采取制度创新或机构整合等方式，自发开展了“两规合一”“三规合一”的探索。这一阶段的空间规划发展总体呈现全域化、综合化、多样化的特点，各类空间规划的“规划边界”逐渐模糊。然而，由于缺乏顶层设计、政府事权划分不清，加剧了空间规划编制事权的争夺。各部门都把“空间协调发展和治理”列为各自的规划目标，但是在规划期限、规划内容、技术标准、实施手段方面各搞一套，自成体系。2017年1月中共中央办公厅、国务院办公厅印发《省级空间规划试点方案》，提出遵循顶层设计统筹、坚守国家环境安全控制线、利于空间规划推广的原则，基于主体功能区规划统筹“三区三线”编制省级空间规划，促进“多规合一”。试点方案的颁布正式拉开了各省市“多规合一”空间规划的序幕。这一阶段空间规划的问题在于各部委大多基于各自的政策制定技术指引推进试点工作。然而，受部门思维局限，对“多规合一”的理解不尽相同，形成了多种改革方案。“政出多门”无法从根本上解决规划重叠冲突的问题，难以形成可实施的“多规合一”。

厦门作为我国首批28个“多规合一”空间规划的试点城市，“厦门样本”的成功在我国的空间规划历史上留下“浓墨重彩的一笔”。2015年，厦门市在第一阶段“多规合一”的“一张图”划定生态控制线和城市开发边界等一级空间管制线的基础上，开展了《厦门市全域空间规划一张蓝图》规划编制工作，按照“生态控制线”“城市开发边界”“海域”“全域承载力”四大系统对全域空间规划体系进行梳理，统筹空间管制权责边界，衔接管理主体和管理职责，对全市各部门各类涉及空间的专项规划进行整理与修编，进一步划定二级空间管制线，使空间管制边界与管理边界相对接。2018年，厦门市围绕“一张蓝图”构建，不断完善空间规划体系，构建了“战略规划—近期建设规划—年度空间实施规划”的实施体系。“厦门样本”

的“多规合一”空间规划体系（图 4-4）以城乡规划为主扩展为全域全要素空间规划。然而，作为“多规合一”的样本，厦门“全域空间一张图”由于缺乏相关法规制度保障，实践中难以作为审批依据，可操作性也存在一定的局限性。

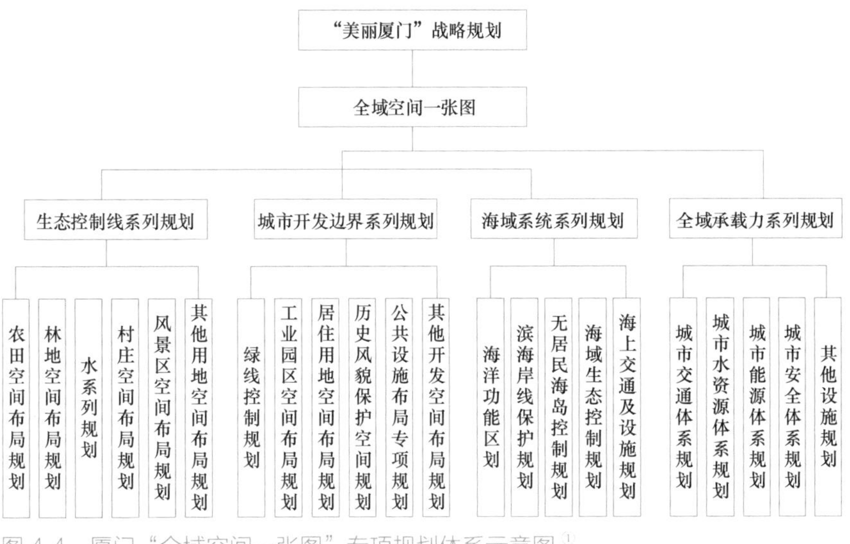

图 4-4　厦门“全域空间一张图”专项规划体系示意图[1]

5. 2018 年至今：“空间规划体系”的重构

我国的空间规划体系在国务院机构改革之前经历了从“一规”（国家经济与社会发展计划）为主，到“三规”（国民经济和社会发展规划、城乡规划、土地利用规划）鼎立，再到“多规”冲突的演变过程，呈现出纵横交错的结构性矛盾。2018 年 3 月，为解决自然资源使用缺乏统筹、多种空间规划并存等问题，统一合理行使全民所有自然资源资产所有者职责，促进国土资源可持续发展和生态环境建设，全国人民代表大会通过决议将原国土资源部、国家发展和改革委员会部分、住房和城乡建设部部分、水利部部分部门、原农业部、原国家林业局、原国家海洋局、原国家测绘地理信息局的职责整合，组建自然资源部，统一行使对所有国土空间的用途管制，着力解决各空间规划重叠冲突等问题，为重构国家空间规划体系奠定了基础，结束了空间规划编制“九龙治水”的乱局。

2019 年 5 月自然资源部办公厅正式印发《中共中央 国务院关于建立国土空间规划体系并监督实施的若干意见》，标志着我国国土空间规划体

① 邓伟骥，陈志诚. 厦门国土空间规划体系构建实践与思考［J］. 规划师，2020，36（18）：45-51.

系改革重构的确立。为规范全国国土空间规划编制工作，提高规划的科学性，自然资源部陆续印发规划编制指南，正式明确“五级三类”的国土空间规划体系。“五级”是国土空间规划的管理体系，分为国家级、省级、市级、县级和乡镇级。“三类”则分为总体规划、详细规划、相关的专项规划。“五级三类”空间体系是以空间总体规划为纲领，以详细规划为结构支持，以各专项计划为具体手段的统一规划体系（图 4-5）。

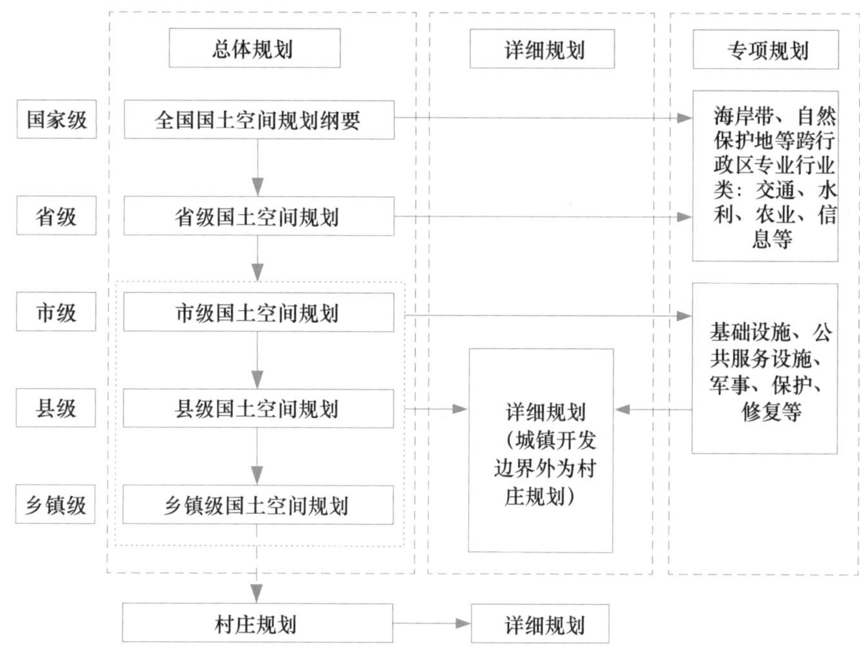

图 4-5 “五级三类”国土空间规划体系[①]

在“五级”规划体系中，国家级规划的目标是贯彻国家重大战略和落实大方针，提出长时间范围内国土开发的战略目标和重点区域规划，对约束性目标具有制定和分解规划的作用，确定国土空间开发利用政治保护的重点地区和重大项目，提出空间开发的政策指南和空间治理的总体原则。省级规划是国家发展战略和主体功能区划战略在空间上的重要载体，统筹一定时期内省域空间发展与保护格局。市级规划是结合本市实际情况，落实国家级、省级的空间战略要求，具有空间引导功能和承上启下的控制作用。县级规划除了落实上位规划的战略要求和约束性指标外，以落实空间结构布局，突出生态空间修复和全域整治，实现乡村发展和活力激发，体

① 党安荣，田颖，甄茂成，吴冠秋. 中国国土空间规划的理论框架与技术体系［J］. 科技导报，2020，38（13）：47-56.

现产业对接和联动开发为主要目标。乡镇级规划则是乡村建设规划许可的法定依据，要体现落实性、实时性和管控性，落实土地用途和全域管控；在此基础上结合实际情况，在乡（镇）域范围内，以一个村或者几个行政村为单元编制“多规合一”的实用性村庄规划。同时，小区域可以将市县级规划与乡镇规划合并编制，乡镇也可以以几个乡镇为单元合并进行编制。“三类”规划中，总体规划是综合性规划，是对一定区域范围内，如行政区全域范围涉及的国土空间保护、开发、利用、修复做全局性的安排；详细规划是实施性规划，是对具体地块用途和开发强度等做出的实施性安排；专项规划是专门性规划，特别是针对特定的区域或者流域，为体现特定功能对空间开发保护利用做出的专门性安排。

“五级三类”的空间规划体系在原有的主体功能区规划、土地利用规划、城乡规划等空间规划的基础上，继承三种规划的优势，兼顾宏观、微观、自然、人文、管控、发展、技术、政策、空间和经济等多方面因素，既强调统一性也考虑到地方间的差异性，涉及内容和技术之丰富前所未有，且有别于国外空间规划体系。国土空间规划体系按照《中共中央 国务院关于建立国土空间规划体系并监督实施的若干意见》的要求成为“能用、好用、管用”的规划，也体现了生态文明时代对空间供给侧重结构性改革的要求。

4.1.2 陆域空间规划的事权划分

我国空间规划体系的特点是多种类和多层次。陆域空间规划起步之初是由1981年刚成立的原国家土地管理局，1982年国家基本建设委员会与原国家计划委员会合并后，原国家土地管理局划转到原国家计划委员会管理，主要工作为探索宏观层面的国土规划、区域规划工作，并由计划部门牵头编制，将国民经济发展计划通过国土规划、区域规划予以空间体现。此时的空间规划体系是从国家到地方的自上而下的管理模式，管理部门层级相对清晰，然而这个阶段的空间规划由于受中央政府的集中控制，省级及以下的行政机构只是被动地参与，没有决策权，因而难于有效地在地方落地实施。

随着城市规划成为空间规划的主体，1988年原建设部城市规划司提出以《城市规划法》为中心，建立健全包括法律、行政法规、部门规章和地方法规、地方政府规章等在内的城市规划法规体系。随着国土资源有偿使用制度逐步推广，城市发展活力和地方发展动力增强，土地资源管理逐步从城乡建设部分出。1998 年成立了原国土资源部，工作重点是管理土地、矿产、地下水和海洋地质等国土资源，承担起以国土空间开发、利用、治理、保护的综合协调为中心任务的国土规划。

为遏制土地浪费，2008 年国务院发布《全国土地利用规划总体纲要（2006—2020）》，同时原环境保护部从城乡建设保护部的分离，出现了住建部门编制的城乡规划、原国土部门编制的土地利用规划及原环保部门推出的生态环境规划、生态红线规划等多种空间规划，各种规划之间对象交叉错位，层次不齐，技术规范与标准相互冲突。此外，依托当时的行政建制体系，空间规划在纵向上涉及从中央到地方等各行政层级，其间也出现了诸多矛盾。如空间规划与政府事权层级衔接性不够、规划层次与规划事权主体的契合度不足、政府相关部门规划事权界定不清晰、各类空间规划事权边界存在交叉重叠等问题。

2019 年我国正式明确“五级三类”的国土空间规划体，根据《中共中央 国务院关于建立国土空间规划体系并监督实施的若干意见》，全国国土空间规划由自然资源部会同相关部门组织编制，由党中央、国务院审定后印发；省级国土空间规划由省级人民政府组织编制，经同级人大常委会审议后报国务院审批；市级国土空间规划由市人民政府组织编制，经同级人大常委会审议后，由省级人民政府报国务院审批；其他市、县及乡镇国土空间规划的审批内容和程序由省级人民政府具体规定。海岸带、自然保护地等专项规划及跨行政区域或流域的国土空间规划，由所在区域或上一级自然资源主管部门牵头组织编制，报同级人民政府审批。各级各类规划事权分配逐步清晰明确，对陆域国土空间规划体系的完善与发展提供重要的保障。

4.2 海洋空间规划与管理

4.2.1 海洋空间规划发展概况

海洋空间规划是国土空间规划体系的重要组成部分，是治理海洋的重要理念和工具。由于海洋资源具有流动性、立体性的特点，且动态变化强，相比陆地的空间规划缺乏明确边界，区域差异性也不显著，因而海洋的空间规划在空间尺度、类型、管控要求等方面与陆域显著不同。长期在“重陆轻海”的传统观念束缚下，我国海洋空间规划起步较晚，海洋空间规划体系的发展进程滞后于陆域空间规划发展进程，经历了从无到有，从陆域附属到自身独立的复杂变革，呈现出两大趋势：从注重海洋空间利用到利用与保护并重；从只关注海域到关注海域、海岸、海岸带的全域涉及空间。

1. 海洋功能区划

海洋功能区划是我国最早的海洋空间规划实践之一，有效补充了我国海洋空间规划的空白。20 世纪 80 年代中期，原国家海洋局开启全国海洋功能区划事宜，于 1989 年在渤海首次开展了小比例尺海洋功能区划的试点工作，1990 年初在全国各海区普遍推广海洋功能区划工作，1994 年完成了全国 3663 个海洋功能区的划分，实现了我国海洋空间规划领域的首次全国范围的实践。1995 年，原国家海洋局继续在胶州湾、庙岛列岛、大连湾和钦州湾试点大比例尺的海洋功能区划，2002 年全面完成全国大比例尺的海洋功能区划工作。海洋功能区划重点解决的是资源的使用方式，相当于土地供应与应用区划的概念，提供海域使用类型，满足不同类型的用海需求。从 1989 年试点开始到 2019 年，全国已经开展了 3 轮海洋功能区划编制工作，建立了国家、省、市（县）三级规划体系，分类标准包括农渔业、港口航运、工业与城镇用海、矿产与能源、旅游休闲娱乐、海洋保护、特殊利用、保留区 8 个一级类和 22 个二级类。海洋功能区划是《中华人民共和国海域使用管理法》和《中华人民共和国海洋环境保护法》共同确定的我国海洋管理的一项法定的基本制度，是我国海洋空间开发、控制和综合管理的约束性文件，也是我国全面实施海洋综合管理的坚实基础，对国家海洋事业具有历史性的贡献。

2. 海洋主体功能区划

随着我国海洋经济的发展，为适应海洋空间使用形势不断发展变化，国家提出了海洋主体功能区划，作为海洋空间规划的顶层规划。2006 年《国民经济和社会发展第十一个五年规划纲要》提出推进形成主体功能区。国家发展和改革委员会在“关于编制全国主体功能区规划的意见”中提出了要坚持“陆海统筹”的原则，强化海洋意识，拓展发展空间，把握陆地和海洋系统的独立性与统一性，把陆地的国土空间开发与海洋国土的空间开发结合起来，确定海洋主体功能区，与陆地国土空间开发方向相协调。

海域资源环境的承载能力是海洋主体功能区划分的主要依据，是进行海域管理的重要指标，属于政策范畴，是宏观管理的依据。2015 年国务院印发了《全国海洋主体功能区规划》，规划年限 5 年，分为国家级和省级两级规划体系。2017 年底，辽宁、天津、山东、广东等海洋主体功能区规划已发布实施，其他沿海地区海洋主体功能区规划编制审查基本完成。海洋主体功能区划重点解决海洋资源的统筹及协调发展，相当于土地利用规划的概念，聚焦于海洋空间如何使用、使用期限和强度等问题，将海域划分为优化开发区、重点开发区、限制开发区和禁止开发区，通过优化、限制、禁止等措施，增强了海域项目审批的约束性，以真正达到优化海洋空间开发秩序的目的。

3. 涉海专项规划

在海洋功能区划和海洋主体功能区划之外，我国的海洋空间规划体系中还有海岛保护规划、港口发展规划、海洋生态环境保护等各类海洋专项规划。2012 年由原国家海洋局公布实施了《全国海岛保护规划》，该规划是根据《中华人民共和国海岛保护法》等法律法规、全国海洋功能区划等相关规划制定的，目的是保护海岛及其周围海域生态系统，合理开发利用海岛资源，规划将我国海岛分为黄渤海区、东海区、南海区和港澳台区等四个一级区进行保护。浙江、福建、江苏、辽宁、山东、广西、海南等沿海地区也制定了省级海岛保护规划。2015 年，交通运输部印发了《全国沿海邮轮港口布局规划方案》，借鉴国际邮轮运输发展经验，结合我国邮轮运输市场发展特点和趋势，将邮轮港口分为访问港、始发港和邮轮母港三种类型，其中始发港作为未来的发展主体成为规划重点。2018 年原国家海洋局印发《全国海洋生态环境保护规划（2017 年—2020 年）》提出推进海洋环境治理修复，空间上划定海洋生态修复和综合治理分重点区域，推动海洋生态环境质量趋向好转。

4.2.2 海洋空间规划体系及运行

我国的海洋空间规划体系经过 20 多年的发展形成了一个纵向上分为国家级、省级、市县级三级层次，横向上由海洋主体功能区划、海洋功能区划及各海洋专项规划并行的网状规划体系（图 4-6）。其中，海洋主体功能区划具有顶层设计的作用，统筹和指导海洋功能区划和各级专项规划，而海洋功能区划对各级专项规划也具有控制和规范作用，初步形成了现阶段我国海洋空间规划的“三横三纵”的交织体系。

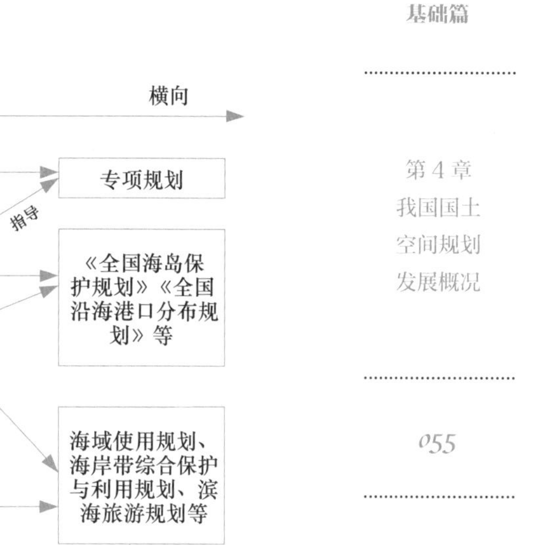
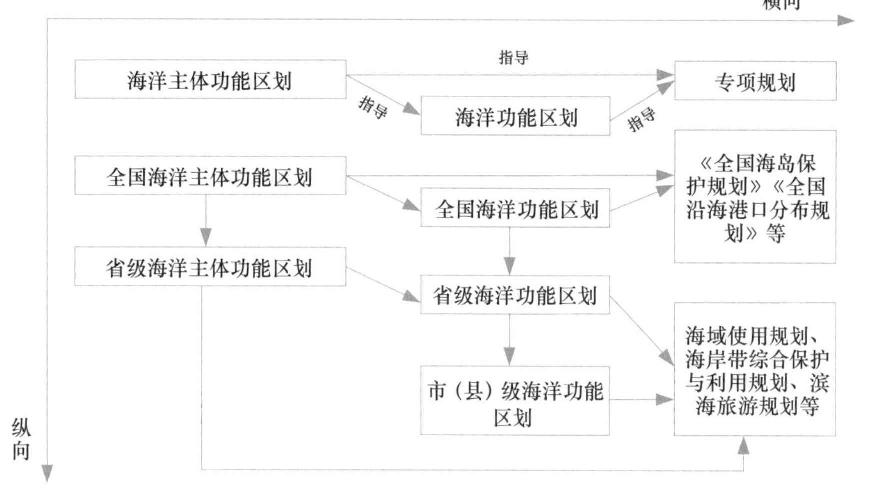

图 4-6　现阶段海洋空间规划体系

海洋功能区划作为海洋领域法定的唯一空间规划，与土地利用总体规划等共同构成了我国的国土空间规划体系。沿海土地利用总体规划业务范围的主体不在海上，依据海洋的某些功能规划其设想，仅涉及一部分海洋的规划利用。土地利用总体规划与海洋功能区划在滨海区域是“相衔接”的关系。而开展海岸带空间规划工作是正确协调处理海洋功能区划与土地利用总体规划之间的联系，促进海陆国土空间统筹发展的关键节点和重要手段。

海洋功能区划是先于海洋主体功能区划提出的顶层规划，二者尽管在海洋空间规划的作用和定位不同，但由于规划对象均是海域，致使海域空间利用不可避免地出现“多功能并存”的矛盾，导致海洋空间规划体系并不能很顺畅有效地运行。如海洋主体功能区划和海洋功能区划规划中均划定了禁止开发的区域，禁止开发区又存在不同程度的重叠。重叠之地是各部门必争之地，重叠的缝隙也会成为各部门管理的空白之地，易形成“三不管地带”。

4.2.3　海域空间管理与事权划分

我国海域以海洋主体功能区划和海洋功能区划作为主要海洋空间开发

利用的审批依据。《中华人民共和国海域使用管理法》中明确海洋功能区划实行分级审批。全国海洋功能区划报国务院批准。沿海省、自治区、直辖市海洋功能区划经该省、自治区、直辖市人民政府审核同意后，报国务院批准。沿海市、县海洋功能区划，经该市、县人民政府审核同意后，报所在的省、自治区、直辖市人民政府批准，报国务院海洋行政主管部门备案。但实际实践中仍以省级海洋功能区划为主，海洋空间利用一直处于“省管”状态（表 4-3），市县级并未发挥对海洋功能区划的落实与管理，而项目用海审批采用的是海域使用论证制度。

项目用海审批权限　　表 4-3

用海方式	国务院	省人民政府	设区市人民政府	县级人民政府
填海	$50ha^2$ 以上	$50ha^2$ 以下	—	—
围海	$100ha^2$ 以上	60～$100ha^2$	30～$60ha^2$	不足 $30ha^2$
不改变海域自然属性的用海	$700ha^2$ 以上	—	300～$700ha^2$	$300ha^2$ 以下
其他	国家重大建设项目用海、国务院规定的其他项目用海	1. 跨行政区域由共同上一级地方人民政府审批； 2. 同一项目用海包含多个海域使用类型，由对应类型有审批权的最高一级人民政府审批		
来源	《中华人民共和国海域使用管理法》	《福建省海域使用管理条例》		

海域使用论证制度

海域使用论证是我国海域使用管理的重要制度之一，在国际广泛采用的用海许可证制度的基础上，我国创新性地颁布了海域使用论证制度，作为审批项目用海的科学依据。《中华人民共和国海域使用管理法》明确规定，海域使用申请必须提交海域使用论证材料。

海域使用论证制度是我国用海管理的重要内容，但存在：论证阶段过于靠后，程序合理性待提升；与环境影响评价制度在适用范围和工作技术等方面有雷同；市场化配置方式出让用海项目具体建设内容和用海工程方案不明确，论证对象可能不明晰；立体用海考虑不足，不足以支撑精细化管理等不足。

海域使用论证制度应结合国土空间规划体系的建立和完善，优化论证程序，精简整合论证内容，优化提升论证技术，从最初的海域使用权界定划分向海域资源承载下的综合开发与精细化管理转变。

《海洋功能区划技术导则》中明确海洋功能区划范围为我国的内海、领海、海岛和专属经济区以及相邻的依托陆域，而陆域土地利用规划和城市利用规划同样对《海洋功能区划技术导则》中的陆域进行了功能定位，出现海陆规划范围的重叠。海陆管理范围划分不清晰导致海岸带空间规划的不协调，带来陆海相邻区域功能定位冲突，如海洋主体功能区划为禁止开发区和限制开发区，而毗邻的陆地主体功能区规划为重点开发区和优化开发区等。

我国涉海管理体系也十分复杂，涉海管理部门众多且交错重叠，在我国 2018 年机构重组之前一直是“五龙闹海”的局面。如海洋投资审批、核准及备案由发展改革部门负责；原环境保护部门负责指导、协调和监督海洋环境保护工作，并负责管理海岸工程环境审批；原海洋部门承担海域使用审批、海岛使用审批、海洋工程环境审批和大多数海洋空间规划编制与实施；交通部门核准与通航安全有关的岸线使用和水上水下施工作业等。涉及海洋空间事权的行政管理部门之间存在明显交叉，各部门职责不清晰，管理上权责又存在交叉现象，易发生推卸责任现象。再者，由于“多规”管控导致规划空间重叠，规划内容交错，出现了审批部门众多，而审批效率低的问题，下级地方政府对于如何落实上位规划也无所适从。

2018 年组建自然资源部后，不再保留国家海洋局，而将其与水利部、原农业部等其他有关部门的职责进行了整合，海洋行政作为陆域行政管理向海的延伸，纳入同一个部门中，打破了陆海分治的状态。如海洋环境保护问题交由生态环境部解决，岛屿开发与保护问题交由自然资源部处理，争议海岛的主权问题交由外交部和纳入武警的海警局处理等，“五龙闹海”的局面有所缓解。然而，在国土空间规划体系下，由于陆海长期的“二元分治”，陆域与海域空间规划尚未顺利实现融合与衔接，用海项目审批一直依赖于海域使用论证制度，论证的空间范围又远大于项目用海范围，且论证指标粗犷，降低海域项目审批效率，难以实现海域的精细化管理。

4.3 海岸带空间规划进展

4.3.1 海岸带空间规划的发展进程

我国的海岸带空间规划起步滞后于世界沿海先进国家，至今尚未出台国家层面的海岸带空间总体规划，仅沿海各省、市根据其社会经济的发展需求开展部分海岸带空间相关规划的实践工作。在省级层面，山东省于2004年率先开展《山东省海岸带规划》编制工作；辽宁省于2013年正式出台《辽宁海岸带保护和利用规划》，是我国首个有关海岸带保护与利用的规划。随后，福建省于2016年颁布了《福建省海岸带保护与利用规划（2016—2020年）》，同年广东省人民政府和原国家海洋局联合印发实施的《广东省海岸带综合保护与利用总体规划》是广东省海岸带综合保护和利用的总体性、基础性、约束性规划，也是全国首个省级海岸带综合保护与利用总体规划。山东省是2018年自然资源部组建后的首轮海岸带规划省级试点之一，同年启动了《山东省海岸带综合保护与利用总体规划》编制工作，这项规划编制以陆海统筹为纲，以海岸带综合管理为本，谋划山东省海岸带保护与利用空间格局。目前我国省级层面的海岸带空间规划是具有约束性的综合布局规划，以海岸带资源环境承载力为基础，以优先保护海岸带生态环境为原则，综合划定海岸带空间的“三区三线”基础空间格局，逐步实现陆海统筹发展。

在市级层面，沿海的几个城市包括深圳、潍坊、青岛、厦门等开展了对海岸带空间规划的探索性实践（表4-4）。2012年，深圳在全国率先实现规划、国土、海洋管理三合一，建立了“陆海统筹”的体制机制平台。基于对海岸带空间重要性和问题的充分认识，2018年编制完成《深圳市海岸带综合保护与利用规划（2018—2035）》。2015年青岛市在《山东省海岸带规划》《山东半岛蓝色经济区发展规划》《青岛市海洋功能区划》等上位规划的基础上，发布了《青岛市海域和海岸带保护利用规划》。2018年《山东省潍坊市海岸带规划》获得潍坊市人民政府批复，该规划在兼顾陆海统筹和城乡统筹的理念下，构建潍坊市的空间布局结构、滨海生态格局、产业布局框架、生活空间布局及公共服务体系。2021年青岛市升级原有海域和海岸带空间规划，编制了《青岛市海岸带及海域空间专项规划（2021—2035年）》并通过专家评审，规划统筹布局海域功能分区，科学划定海洋“两空间内部一红线”，对统筹海岸带资源集约节约利用、生态保护修复、产业布局优化、人居环境品质提升等开发保护活动，推动海岸带地区高质量发展具有重要的指导意义。

厦门作为城市总体规划编制改革的15个试点城市之一，率先进行了基于“陆海统筹”的海岸带空间保护与利用的专项规划，在坚持城乡规划学科公共政策视角的基础上，考虑海洋的客观规律，对城市发展的空间需求与海岸带空间的合理利用进行探索。市级海岸带空间规划主要是传导、落实、细化省级海岸带空间规划，以海岸带生态保护优先的原则，聚焦海岸带发展定位、空间规划、资源利用、安全防灾的充分衔接，目的在于优化海岸带产业布局，提高沿海人居环境，保障沿海人民群众生命财产的安全。

我国部分省、市海岸带空间规划简介　　　　表 4-4

序号	规划名称	发布时间	规划目标及主要内容
1	辽宁海岸带保护和利用规划	2013 年	打造布局有序的空间结构。形成以海岸线为轴，成片保护、集中开发、疏密有致的战略格局。建设分工合理的功能区。形成定位明确、优势互补的重点建设和重点保护功能区，实现生产空间高效集约、生活空间适度宜居、生态空间山清水秀。形成实力雄厚的人口产业聚集带。营造和谐舒适的人居环境
2	福建省海岸带保护与利用规划（2016—2020年）	2016 年	区域综合实力大幅提升。区域经济保持快于全省平均增长势头。国土空间开发格局进一步优化。生产、生活、生态空间用途管制得到落实，经济、人口布局向均衡方向发展，陆海空间开发强度、城市空间规模得到有效控制，形成以海岸线为轴，成片保护、集中开发、疏密有致的战略格局。一批实力雄厚的产业集聚区形成。一批初具特色的现代化滨海城镇建成。可持续发展能力不断提升。系统完整的生态文明制度体系基本建成
3	广东省海岸带综合保护与利用总体规划	2017 年	以海岸线为轴，构建“一线管控、两域对接、三生协调、生态优先、多规融合、湾区发展”的海岸带保护与利用总体格局，逐步实现陆海统筹
4	青岛市海域和海岸带保护利用规划	2015 年	构建保护利用空间格局。坚持在保护中发展，在发展中保护，构建海域和海岸带保护利用空间体系。形成国际一流的生态功能区。重点保护胶州湾、崂山滨海区等代表性生态功能空间。优化近岸城市功能，积极发展现代服务业，逐步转移城市岸段第二产业。建设海陆统筹产业板块。发展海域空间立体利用模式。 完善重大工程设施。依托陆域设施，建设海（岛）上交通、能源、水源等基础设施，完善监测、防灾、污染防治以及海岛保护利用工程，形成陆海一体化保护利用工程体系
5	深圳市海岸带综合保护与利用规划（2018—2035）	2018 年	依托深圳自身资源禀赋和发展优势，对标全球海洋中心城市，从“绿色生态、构建全域生态系统；活力共享、塑造多彩滨海生活；功能提升、优化海岸带产业布局；区域合作，推进湾区一体发展”等四个方面推进创建“世界级绿色•活力海岸带”。从空间上，建构“一带、三区、多单元”海岸带空间结构。以海岸带作为陆海空间耦合的重要发展轴带，开拓城市发展新格局

续表

序号	规划名称	发布时间	规划目标及主要内容
6	山东省潍坊市海岸带规划	2018 年	潍坊海岸带发展目标为面向全国的产业动能引领新基地、面向环渤海的综合交通新枢纽、面向山东半岛城市群的突破发展新引擎、潍坊城市新区。发展路径与模式包括强化海洋功能，植入特色内涵；实施统筹发展，塑造一体格局；转换新旧动能，提质增效创新；约束生态底线，合理利用资源。在此基础上，潍坊海岸带整体将构筑“一体两翼，一带两廊”的空间布局结构，并构建主次有序、中心突出的海岸带空间形态和丰富优美的滨海城市轮廓线

尽管国内沿海省市在海岸带空间规划上做了部分探索性实践，但是这些规划依然以宏观的发展性规划为主，鲜有海岸带空间详细利用规划，无法满足海岸带空间利用的精细化管理的需求。一方面原因是海陆空间规划衔接不协调。海岸带规划基本是参照原来海洋与陆地分区进行划分，海洋功能区划将海域分为 8 个一级类，《土地利用现状分类》GB/T 21010—2017 将土地分为 12 个一级类，仅就功能和利用分类而言，土地和海域存在不协调因素，无法合在一张图上。另一方面原因是海岸带规划管理的松散。在国务院机构改革之前，海岸带规划管理一直没有形成统一的管理部门，如陆域的土地利用总体规划在原国土资源部门，海域的海洋功能区划归原国家海洋局管理，渔业发展规划归原农业部，港口发展规划归交通运输部等，涉海的各种空间和产业发展规划归属于不同部门管理，而各类空间规划之间又有一定的交叉性，致使部门间的“责任边界”和“权益边界”互相重合。而对海岸带丰富资源的利用致使同一级政府部门都想要确立自己的“权益边界”，使得各自权益最大化，又想将各自所要担负的责任最小化，造成管理不协调的局面。

此外，海洋功能区划技术方法体系和陆地国土空间规划技术方法体系，都是针对单一区域特征进行研究，而海岸带国土空间规划范围在海陆相交地带具有综合性的特点，现行规划技术方法体系已不再适用，包括分区方法、规划范围等都有了一定变化。因此，坚持“陆海统筹”规划是海岸带国土空间规划的实现路径。尽快推进海岸带国土空间体系的构建，既是解决海岸带规划问题的必由之路，也是国土空间规划体系发展完善的重要内容。

4.3.2 海岸带空间规划技术方法进展

海岸带空间规划的技术方法是土地利用规划技术方法在海岸带领域的延伸和扩展。包括评价单元的划分、“双评价”及土地利用评价等研究。

1. 海岸带单元划定

我国陆域空间规划一般以行政界线作为规划单元划分的依据，但由于海岸带生态系统特殊的自然条件，以行政边界作为规划单元的划分依据会割裂海岸带的整体性和系统性，因而科学地划分海岸带基本统筹单元是合理规划海洋带空间的第一步。我国部分省市在其海岸带保护规划中依据本地海岸带地理环境特色提出了海岸带单元划分的标准。如青岛市在海岸带规划编制中提出以海洋环境容量为基础，将海域空间划分为城市面源污染防治单元、城市污染重点防治单元、农村面源污染防治单元和生态修复保育单元等；广东省将湾区作为统筹发展单元，全省海岸带划分为“六湾区一半岛”，并提出制定统一的海岸线利用规划；深圳市结合海岸带发展阶段、陆海现状、陆海管理机制与行政区划将全市海岸带地区划分为 15 个湾区单元进行法定规划编制探索；厦门大学提出以海湾作为“陆海统筹”空间规划的基本单元；广州市城乡规划设计院在惠州市惠东县海岸带单元规划实践中，在框定陆海交互影响的核心纵深范围后，以岬湾为标志对范围进行垂直于岸线方向的分割细化。

除此之外，部分研究机构根据湾区自然类型，结合自然生态保护区及陆海规划功能分区划定海岸带功能单元，并在此基础上结合自然系统和人文系统，细化出海域子单元和陆域子单元；也有根据海岸带的岸线形态、沿海保护目标等划定出海岸带生态保护单元。总体而言，目前海岸带单元划分技术以湾区划分为主流，但由于海湾一般会出现跨市县行政区的现象，在这种情况下，以湾区划分的方法在市县级层面的海岸带空间规划中显得比较粗泛，不能满足市县级层面对海岸带空间的精细化管理需求，因此海岸带单元划定技术方法依然需要继续探索和改进。

2. 海岸带“双评价”

海岸带资源环境承载能力和国土空间开发适宜性评价（“双评价”）是推进海岸带国土空间陆海统筹战略目标的科学基础。资源环境承载能力评价以构建指标体系为主流。南京大学基于环境损益分析构建一套海岸带“潜力—限制”评价指标体系，综合运用多要素乘积及空间叠置等方法，对海南岛海岸带地区的国土空间开发建设适宜性进行集成评价。厦门大学以加权线性组合方法构建模型，采用层次分析法建立海岛旅游地国土空间开发适宜性评价体系。国家海洋监测中心以渤海为例，通过无居民海岛开发强度和生态状况的组合关系，构建指标体系对渤海地区 21 个县（区、市）无居民海岛资源环境承载力现状进行了评价。天津市海洋地质勘查中心采用指标评价体系评估了天津市海岸带资源环境承载力。福建师范大学同样采用指标体系对福建省海岸带资源环境承载力状况进行了评价和分析。

自然资源部 2020 年印发了《资源环境承载能力和国土空间开发适宜性评价指南（试行）》，其中对海岸带资源环境承载力和国土空间适宜性评价的技术方法提出了指导。由于其是国家层面的指标评价体系，评价指标较粗放，且缺乏针对性，在指导市县级海岸带“双评价”工作中无法有的放矢，特别是海域双评价。海岸带“双评价”工作是编制海岸带国土空间规划的基础性工作，也是确定科学用海用地重要参考依据，因而需加强海岸带“双评价”技术方法的更新，深化技术方法对海岸带空间规划实践的指导。

案例：

《厦门市海岸带资源环境承载能力与国土空间开发适宜性分析》①

（1）评价方法

依据《资源环境承载能力和国土空间开发适宜性评价指南》（2020 年 1 月）、结合《海洋资源环境承载能力监测预警指标体系和技术方法》《海洋主体功能区区划技术规程》等构建资源环境承载能力和国土空间开发适宜性的评价指标体系，分别开展厦门海岸带总体评价和分海域评价。

（2）技术路线

厦门市海岸带的“双评价”技术路线如图 4-7 所示。在资料查询、指标选定、数据收集的基础上进行生态、海域资源、环境、灾害等要素的单项评价分析。通过单项评价后进行集成评价，确定资源环境承载能力与国

① 案例来源：“厦门市海岸带保护与利用规划”项目，厦门市城市规划设计研究院有限公司主持。

土空间开发适宜性。最后选取特定指标要素，评价各分海域主体功能的海域空间开发适宜性，并对问题和风险进行识别。

图4-7 厦门市“双评价”技术路线图

（3）评价指标体系构建

综合考虑可持续发展、社会环境学及系统论等理论，结合厦门湾地区的区域特点，从以下几个方面进行指标的选取，即：海洋资源承载能力、海洋环境承载能力、海洋生态承载能力、海洋灾害风险承载能力、海岛资源环境承载能力、海洋空间开发强度、社会发展状况、经济发展水平、区位优势（表4-5）。

双评价指标体系一览表 表 4-5

目标层	准则层	指标层	评价因子
资源环境承载能力	海洋资源承载能力	海洋空间资源	采用可利用岸线比重、可利用滩涂资源比重表征
		港航资源	用深水岸线资源表征
		滨海旅游资源	用景观密度表征
	海洋环境承载能力	海水环境质量	2013—2017 年水质达标率
		海洋沉积物质量	2013—2017 年沉积物达标率
		海洋生物质量	2013—2017 年生物质量达标率
	海洋生态承载能力	鱼卵仔鱼状况	2013—2017 年鱼卵仔鱼密度
		海洋生物多样性	浮游植物多样性指数、浮游动物及浮游幼虫多样性指数、潮下带底栖生物多样性指数、潮间带底栖生物多样性指数 5 年变化情况
		典型生境最大受损率	红树林植被面积变化情况、文昌鱼和中华白海豚的数量 5 年变化情况
	海洋灾害风险承载能力	海洋灾害风险	赤潮 5 年平均频次及风险程度、台风 5 年频次及风险程度
	海岛资源环境承载能力	无居民海岛生态状况	无居民海岛植被覆盖变化率（2014—2019 年）
国土空间开发适宜性	海洋空间开发强度	岸线开发强度	岸线人工化指数
		海域开发强度	填海强度
		无居民海岛开发强度	无居民海岛人工岸线比例
	社会发展状况	陆域开发密度	人口密度、城镇化水平
		入海陆源污染物管治能力	由工业废水达标排放率和新增工业废水处理能力来表示
		海洋科技创新能力	从事海洋科技活动人数、海洋科研机构科技经费凑集额、海洋科研机构科技课题数、海洋科研机构发表科技论文数、海洋科研机构专利授权数
	经济发展水平	海洋经济发展水平	5 年 GOP 情况、5 年 GOP 的增长速率、5 年 GOP 占 GDP 比例
	区位优势	海上交通优势度	港口吞吐量、泊位密度

（4）评价指标体系计算结果

通过厦门市海岸带资源环境承载能力评价指标体系与厦门市海岸带国土空间适宜性评价指标体系的计算结果显示：厦门地区资源环境承载能力与空间开发适宜性集成结果依据“短板效应”集成，指标中任意一个超载，确定为承载类型，任意一个临界超载，确定为临界超载；其余为不承载类型（表 4-6）。

厦门海洋“双评价”综合承载类型基础评价结果　　表 4-6

区域	资源环境承载能力				国土空间适宜性				综合评价
	海洋空间资源承载能力	海洋生态环境承载能力	海洋灾害风险承载能力	海岛资源环境承载能力	海洋空间开发强度	社会发展状况	经济发展状况	区域优势	
厦门市	可载	可载	可载	可载	适宜	适宜	适宜	适宜	可载

根据厦门市海岸带保护与利用规划的需要，可开展海洋开发利用功能指向的评价，结合区域实际情况，选择港口建设、休闲旅游区、工业与城镇区等主要利用形式，确定海洋开发利用适宜性等级。将厦门海域划分为九龙河口区、西海域、马銮湾、同安湾、大嶝海域及东南部海域，对分区域进行适宜性评价。评价要素包括港口物流适宜性（采用岸线资源利用如港口岸线比例、深水岸线比例等条件表征对港口建设的支撑能力）、滨海旅游适宜性（由近海海域海水水质、生活生态岸线以及滨海景观价值来表示）、临空产业建设适宜性（由临空产业岸线比例以及区位交通优势度表征）。

通过港口物流适宜性评价分析得到九龙江口区和西海域适宜港口岸线的建设和运营，同安湾及大嶝海域具有部分区域适合港口物流的建设。马銮湾和东南部海域水深条件的限制不适合港口建设（表 4-7）。

港口物流适宜性分析　　表 4-7

区划单元	指标		
	港口岸线比例（%）	水深	综合得分
九龙江河口区	1	1	2
西海域	0.8	0.8	1.6
马銮湾	0	0	0
同安湾	0.4	0.4	0.8
大嶝海域	0.4	0.6	1
东部和南部海域	0	0	0

通过滨海旅游适宜性分析结果（表 4-8）可知，西海域以及东部和南部海域具有优异的滨海旅游的优势，适宜旅游发展。同安湾具有环东海域国

际旅游中心，具有较好的旅游适宜性；马銮湾和大嶝海域经过围填海建立的人工岸线具备一定的旅游优势。九龙江河口区滨海旅游适宜性较差。

滨海旅游适宜性分析　表 4-8

区划单元	指标			
	生活生态岸线赋值	近海海域海水水质	滨海景观价值	综合评价
九龙江河口区	0.4	0.2	0.2	0.8
西海域	0.6	0.2	5.3	6.1
马銮湾	1	0.2	0.4	1.6
同安湾	0.6	0.2	1.5	2.3
大嶝海域	0.4	0.8	0.8	2
东部和南部海域	1	0.6	1.6	3.2

通过对临空产业建设适宜性分析，西海域、同安湾和大嶝海域适合临空产业的建设，东南部海域、马銮湾海域以及九龙江河口区海域部分由于区位优势问题比较不适宜临空产业建设（表 4-9）。

临空产业适宜度分析　表 4-9

区划单元	指标		
	临空产业岸线比重赋值	区位优势（交通）	综合评价
九龙江河口区	0.4	4	4.4
西海域	0.6	28.6	29.2
马銮湾	0	5.2	5.2
同安湾	0.8	11.8	12.6
大嶝海域	0.8	7.8	8.6
东部和南部海域	0.6	4.8	5.4

综合以上结果，厦门在港口建设、滨海旅游以及临空产业建设均具有一定优势。分析得到：① 九龙江口区和西海域适宜港口岸线的建设和运营，同安湾及大嶝海域具有部分区域适合港口物流的建设；② 西海域、东部和南部海域具有优异的滨海旅游的优势，适宜旅游发展。同安湾具有环东海域国际旅游中心，具有较好的旅游适宜性；③ 西海域、同安湾和大嶝海域适合临空产业的建设。依据分海域适宜性评价分析结论，支撑完善各海域的主体功能分区。

3. 海岸带土地利用评价

海岸带土地利用动态变化的分析和研究是海陆交互作用研究的重要组成部分，也是实现“陆海统筹”海岸带空间规划的基础。厦门大学通过网络层次分析、空间叠加评价的方法构建陆海生态敏感度测评体系及发展潜力评价模型，辨析海岸带土地利用模式的要素逻辑：刚性与弹性管控是基于海洋生态敏感度评价前提下海岸带土地利用模式的底线控制依据，而海岸带土地利用主导功能的逻辑基础是空间特色优势和海洋经济潜力的充分发挥。中国科学院烟台海岸带研究所提出我国现有的海岸带土地利用分类系统多为区域尺度，缺乏全国尺度海岸带土地利用遥感分类体系，不利于开展海岸带土地资源调查、开发及可持续利用、海岸带综合管理及规划等工作，因此提出了中国海岸带土地利用遥感分类系统优化方案，包含 8 个一级类型和 24 个二级类型，较全面地涵盖了全国海岸带的土地资源类型，并从海岸带区域的特征出发，强调了湿地资源的细分。该机构还提出全球海岸带土地利用 / 覆盖遥感分类系统，包括 6 个一级类型，分别为耕地、植被、湿地、建设用地、裸地、永久性冰川雪地，20 个二级类型和 43 个三级类型，比较系统且全面地涵盖了全球海岸带区域的土地利用 / 覆盖类型和湿地资源。浙江大学以海南经济特区海岸带为例，在其自然地理背景、经济社会发展状况及土地利用现状基础上，基于 GIS 平台构建资源环境承载力、经济开发密度和未来发展潜力等指标体系，将海南经济特区海岸带划分为优化利用区、重点开发区、资源储备区、资源保护区和生态保育区 5 类。目前我国大部分地区的海岸带空间规划对于近岸陆域部分的研究很多是借鉴土地利用规划的内容，但是海岸带的土地利用规划需要考虑因素多，例如土地利用规划对于近岸海域环境的影响，海陆相关利益主体之间的关系，陆地规划与海洋功能区划的协调性等问题。

海岸带空间规划技术是土地利用规划技术在海岸带的延伸和扩展。学者们的研究方向集中在对沿海土地利用现状和未来规划诉求分析，以及运用地理空间技术对土地建设适宜性等方面的评估。如采用网络分析（ANP）提出了沿海土地利用对可持续发展的最佳适用性；基于 GIS 技术的海岸带土地利用工具，根据海岸对侵蚀的敏感性确定减缓侵蚀的解决方案，提升了沿海土地利用效率；基于动态思维和因果思维构建整体因果循环图，以土地利用方式制定可持续的土地利用规划战略的杠杆点，为沿海社会生态景观中复杂而动态的问题提供有效的解决方案；提出地理空间和多标准决策技术，对沿海土地进行定量分类的方法具有显著的优势，助力于更好地保护沿海生态系统。

4.4 小结

陆域和海域自然地理属性的差异造成的陆海之间的规划衔接的障碍一直是全域全要素国土空间规划的难点。通过前面章节对陆域与海域空间规划发展概况、规划体系及事权分配的阐述，可以看出在国土空间规划体系未提出以前，我国空间规划体系的显著特征是陆地和海洋的“二元分治”状态，且陆海规划众多、互有交叉，各规划间冲突不断。主要原因在于陆海空间规划的底层逻辑、规划管理体系和中央与地方博弈能力的差异。

首先，陆域与海域规划的底层逻辑不同。海域规划的逻辑起点是海洋国土资源的保护和合理利用，以保护为逻辑起点。陆域规划以土地利用规划和城市规划为主，土地利用规划以保护为逻辑起点，城市规划则侧重城市建设空间的开发利用。

其次，从规划管理体系来看，陆域的土地利用规划实行单部门条状管理体制，而城市规划则由地方政府主导，地方可根据国民经济社会发展需求自主规划，两大规划管理体制的差异导致两种规划衔接性较差。而海洋空间规划实行“国家—省级—市县级”层层传导，采用单部门条状规划管理体制，规划体系相对简单，上下位规划层级明确，各级规划衔接性较好。

最后，陆海空间规划的差异也是中央与地方政府围绕土地发展权的长期博弈的结果。在我国分税制度改革后，中央和地方对土地的关注点开始分化。在陆域空间，中央政府关注国土、生态和粮食安全，所以国家层面的规划侧重保护；而地方政府关注地方经济发展，规划侧重土地的开发和利用，开发意识强烈。陆地空间规划的多部门分别管理体制使得地方政府在陆地空间规划中占有主导地位。在海域空间，单部门的条状管理体制使得中央政府在海洋空间规划占有主导地位，且各级政府在海域空间规划以传导国家级规划为主，因而海域空间规划保护意识层层传递。

海岸带作为海陆过渡地带，做好海岸带空间的规划是实现陆海统筹的关键节点。就目前陆域与海域规划在底层逻辑、管理体系、中央与地方博弈能力等三方面存在的困难，在国土空间规划体系提出的新形势下，应尽快推进海岸带空间规划与“五级三类”的国土空间规划体系的衔接与融合。面向空间管理，探索性构建海岸带空间规划体系、研究海岸带空间规划的技术方法和用途管制方式，是实现沿海地区的国土空间的“陆海统筹”规划与管理的重要内容。

实践篇

我院对海岸带空间规划的探索起步于2004年，经历了分区规划—专项规划—详细规划三个层次及前期探索—互相借鉴—深度融合三个阶段，编制的系列规划为厦门市成功地实施海岸带综合管理提供了强有力的技术支撑。

2008年以前为前期探索阶段。2002年1月1日正式施行的《中华人民共和国海域使用管理法》，为海域使用实施法律管理确定了两个基本条件：一是明确界定了海域的范围，二是建立了海洋功能区划制度。然而，与相对成熟的陆域城市规划体系相比，这一阶段的海洋功能区划，对海洋的管控还比较粗放。此阶段，我院开始积极探索海洋详细规划的编制，以实现对海域的精细化管控。其中，厦门市无居民海岛控制性详细规划的编制在借鉴陆域控制性详细规划的管控规则的基础上，对海岛的用地进行详细的划定，对重点地段进行城市设计，同时还对海岛的岸线和海域利用进行了规定，是借鉴城市规划编制方法对无居民海岛进行规划并实施管控的一次有益的探索。

2008—2017年为技术互融阶段。随着2008年《中华人民共和国城乡规划法》，2010年《中华人民共和国海岛保护法》及福建省沿海市、县海岸线修测成果的发布，《厦门市海洋功能区划（2013—2020年）》等一系列文件的批复与实施，海域和岸线的规划和管控有了法律依据。该阶段也是厦门城市建设向岛外拓展的关键时期，在充分考虑海岸和海洋的流动性、生态性基础上，结合城市快速发展，借鉴陆域详细规划的技术方法以及城市设计手法，编制的若干海域及岸线利用规划、海湾清淤整治规划、海岛规划等。在海洋功能区划的基础上细化分区，通过图则形式实现对近岸海域的管控，以保障海域使用项目的空间需求。这一阶段编制的海岸带各级规划也成为海洋部门审批海域使用项目的重要参考。

2018年至今，深度融合阶段。随着机构改革以及《中共中央 国务院关于建立国土空间规划体系并监督实施的若干意见》的实施，自然资源部《市级国土空间总体规划编制指南（试行稿）》（2020年9月）从底线管控、指标体系和规划分区及管控等几方面对总体规划阶段的海岸带规划提出要求，《省级海岸带综合保护与利用规划编制指南（试行）》则明确了省级层面海岸带专项规划的内容，并提出有条件的市县级海岸带规划可以参照省级指南编制相应层级的规划。以上两个指南从宏观层面解决了海岸带规划的基本架构，因此海岸带空间规划已作为国土空间规划的重要组成部分，进入陆海一体、协调发展的新阶段。我院在编制厦门市国土空间总体规划时，从陆海一体的角度明确厦门市海岸带保护和开发的基本框架和原则，也同步开展市级海岸带综合保护与利用专项规划的编制，并开展海岸带详细规划的研究和编制工作，通过完善海岸带规划编制体系，实现海岸带的高质量发展。

第5章 无居民海岛控制性详细规划

5.1 规划背景

根据2001年原国家海洋局发布的《关于加强无居民海岛及其周围海域管理工作的若干意见》和《对无居民海岛及其周围海域的保护和管理具体实施意见》，厦门市于2004年7月22日发布了《厦门市无居民海岛管理保护与利用管理办法》，制定科学的海岛保护规划已经提到海洋行政主管部门的工作议程。厦门市海岛众多，环绕厦门岛分布着500m^{2}以上无常住居民的岛屿17个（含2个中线岛屿）和58个岛礁。为使无居民海岛得到有效的保护和合理的开发利用，2005年，选取7个面积2000m^{2}以上的无居民海岛，开展控制性详细规划编制。

5.2 规划思路

参照马尔代夫“一岛一酒店”和泉州的大竹岛、大坠岛等无居民海岛开发的成功实例，在分析各无居民海岛土地利用现状和景观资源的基础上，确定本次无居民海岛以旅游开发为主，明确旅游开发的主题和适宜设置的项目；借鉴陆域控制性详细规划相关技术规范和标准，提出针对无居民海岛的控制指标体系；并据此制定海岛保护和开发利用策略，实现“一岛一策”的管控要求（图 5-1）。

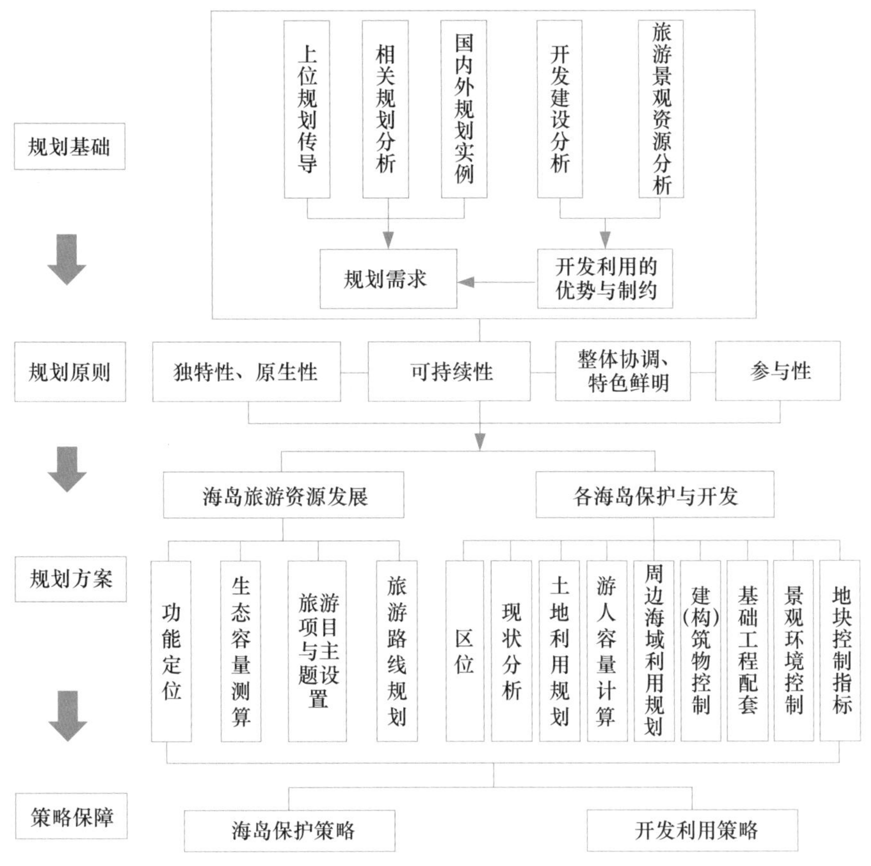

图 5-1　厦门市无居民海岛控制性详细规划思路图

5.3　主要规划内容

本次规划范围为厦门市行政范围内面积 2000m^2 以上的岛屿，共 7 个（图 5-2），分别是位于西海域的宝珠屿（面积：4252m^2）、大兔屿（面积：88931m^2）、小兔屿（面积：3024m^2）和猴屿（面积：12654m^2），东部海域的上屿（面积：2493m^2），同安湾海域的鳄鱼屿（面积：70609m^2）和大离浦屿（面积：14297m^2）。本次规划的无居民海岛位于鼓浪屿—万石山风景名胜区内，因此依据《风景名胜区规划规范》GB 50298—1999，参照陆域控制性详细规划编制的相关规范，从土地利用规划、建（构）筑物控制、容量控制、基础工程配套、景观环境规划、海域使用规划等六方面制定无居民海岛控制性详细规划。

图 5-2　规划岛屿示意图

5.3.1　土地利用规划

本规划以平均高潮位以上的部分作为海岛土地进行规划，结合无居民海岛现状，将海岛的用地划分为林地、道路广场用地、水域、休闲游憩用地、地质景观用地、贝类采集用地、观光果园、沙滩等，参照陆域控制性详细规划相关指标对土地利用进行控制。平均高潮位以下的部分如基岩、沙滩、礁盘等，以保护为主，不进行开发（表 5-1、图 5-3）。

5.3.2　建（构）筑物控制规划

本次规划除对建（构）筑物层数、高度、容积率等常规指标进行确定，并提出建（构）筑物的色彩、材质要求外，还对所有的海岛旅游设施服务改造、码头建设地点、泊位提出相应的管控要求，使海岛特点更加鲜明（表 5-1）。

各海岛规划控制指标一览表 表 5-1

岛屿名称	编号	用地名称	用地面积（m^2）	容积率	建筑密度（%）	绿地率（%）	建筑限高（m）	建筑面积（m^2）	码头泊位（位）	配套设施项目名称
宝珠屿	01	休闲游憩用地	818	—	—	—	—	—	—	
	02	次生林地	1905	—	—	85	—	—	—	
	03	休闲游憩用地	1316	—	—	—	—	—	1	
大兔屿	01	次生林地	43834	—	—	85	—	—	—	
	02-01	水域	18727	—	—	—	—	—	—	
	02-02	休闲游憩用地	11580	0.3	10	40	10	3300	1	公厕、给水泵站、配电站、无线通信基站
	03-01	次生林地	4075	—	—	85	—	—	1	
	03-02	休闲游憩用地	2854	0.2	10	40	6	570	1	
	03-03	水域	4355	—	—	—	—	—	—	
	01	次生林地	43834	—	—	85	—	—	—	
小兔屿	01-01	地质景观	884	—	—	—	—	—	—	
	01-02	次生林地	258	—	—	85	—	—	—	
	02-01	地质景观	424	—	—	—	—	—	—	
猴屿	01	次生林地	12348.5	—	—	85	—	—	1	
鳄鱼屿	01	次生林地	23088	—	—	85	—	—	1	
	02-01	观光果园	8221	—	—	80	—	—	—	
	02-02	休闲游憩用地	3801	0.3	15	40	10	1100	—	公厕、无线通信基站、开关站
	02-03	贝类采集用地	3655	—	—	—	—	—	—	滩涂
	03	次生林地	28064	—	—	85	—	—	—	
	04	休闲游憩用地	5691	0.3	15	40	10	1700	—	公厕、小型邮政所、小型风力发电设施
大离浦屿	01	地质景观	3151	—	—	—	—	—	—	
	02	次生林地	8254	—	—	85	—	—	1	
	03	休闲游憩用地	834	0.3	10	30	6	250	—	公厕

续表

岛屿名称	编号	用地名称	用地面积（m^2）	容积率	建筑密度（%）	绿地率（%）	建筑限高（m）	建筑面积（m^2）	码头泊位（位）	配套设施项目名称
上屿	01	休闲游憩用地	807	—	—	—	—	—	—	公厕
	02	人工林地	976	—	—	85	—	—	—	
	03	沙滩	425	—	—	—	—	—	—	
	04	道路广场用地	73	—	—	—	—	—	—	

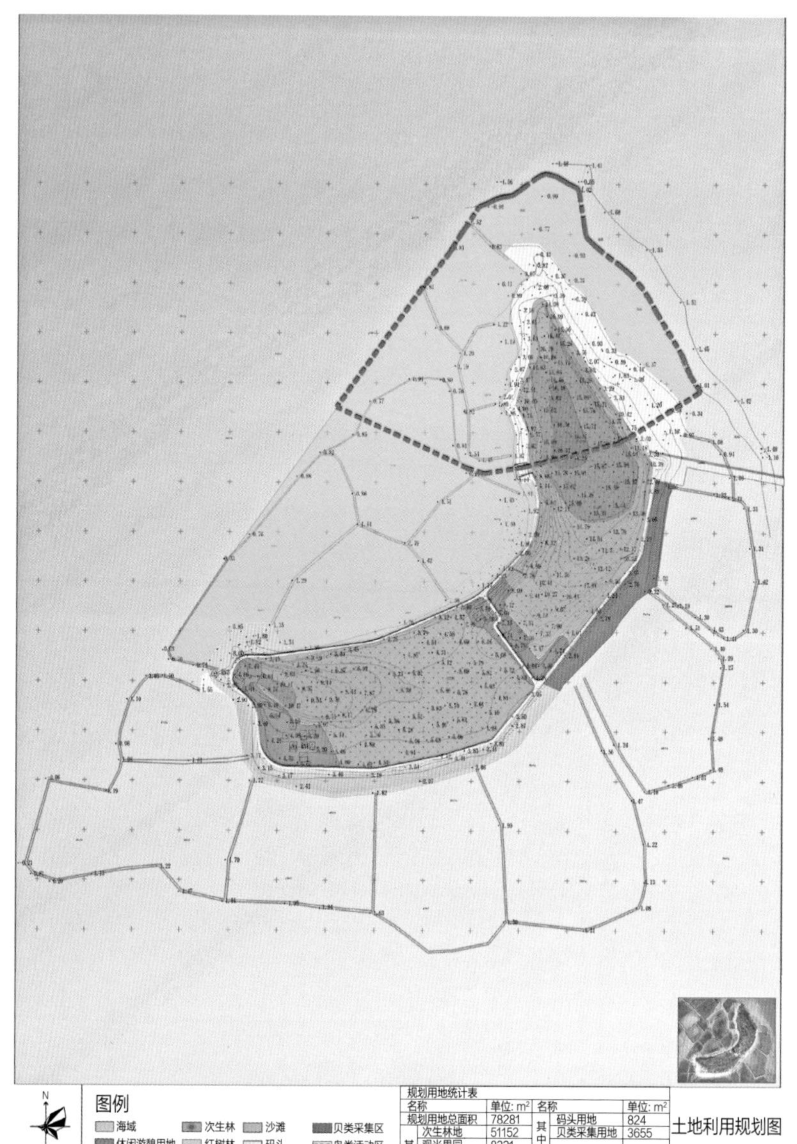

图 5-3　鳄鱼屿土地利用规划图

5.3.3 容量控制

本次规划从生态容量和游人容量两个方面对无居民海岛进行容量控制。规划参照《风景名胜区规划规范》GB 50298—1999 中有关游憩地生态容量的标准和计算方法，充分考虑海岛独特、脆弱的生态环境，采用面积法确定海岛生态容量，并根据生态容量确定开发强度、旅游主题及游览方式。各海岛生态容量、开发强度、适宜旅游方式和游人容量控制如表 5-2～表 5-4 和图 5-4 所示。

各海岛生态容量测算表　　表 5-2

岛屿名称	平均高潮位面积（m^2）	平均低潮位面积（m^2）	生态容量（人）	备注
宝珠屿	4252	13741	1	
大兔屿（含乌鸦屿）	88931	141607	34	计算生态容量时扣除与乌鸦屿围堰形成的海堤面积（4265m^2）
小兔屿	3024	65694	1	
猴屿	12654	23927	5	
大离浦屿	14297	53388	6	
鳄鱼屿	70609	333133	28	
上屿	2493	23485	1	

各海岛保护和开发利用规划[①]　　表 5-3

序号	名称	位置	岛屿定位	保护和开发强度	旅游主题	适宜设置项目	旅游方式、时间
1	宝珠屿	西海域	旅游休闲	适度开发	海上垂钓中心	舟钓、岸钓、游艇、参观游览（城市景观欣赏）	串岛游、短暂停留
2	大兔屿		旅游休闲	适度开发	垂钓、休闲、红树林湿地生态体验中心	舟钓、岸钓、野营、休疗养	休闲度假、较长时间停留
3	小兔屿		生态观光	一般保护	海岛地质公园	参观游览	串岛游、短暂停留
4	猴屿		生态观光、科普教育	一般保护	—	参观游览（城市景观欣赏）	串岛游、外围观光

① 海岛游人容量的计算采用面积法，根据各海岛上规划的休闲游憩用地计算游人容量，经计算，各海岛的日游人容量如表 5-4 所示。

续表

序号	名称	位置	岛屿定位	保护和开发强度	旅游主题	适宜设置项目	旅游方式、时间
5	鳄鱼屿	同安湾	休闲旅游	适度开发	休闲渔业中心	野外漫游、舟钓、岸钓、野营、休疗养、生物采集	休闲度假、较长时间停留
6	大离浦屿		机场配套服务基地、生态观光、海上试验基地	一般保护	家庭旅游、亲水体验、亲子活动园	生物采集	串岛游、短暂停留
7	上屿	东海域	旅游休闲	一般保护	海底婚礼、近海潜水中心	游艇、生物采集、海中探胜（近海潜水）、海底婚礼、参观游览（城市景观欣赏）	串岛游、短暂停留

各海岛游人容量控制表[①] 表 5-4

岛屿名称	宝珠屿	大兔屿	小兔屿	大离浦屿	鳄鱼屿	上屿	备注
游人容量（人/日）	147	213	120	117	460	91	

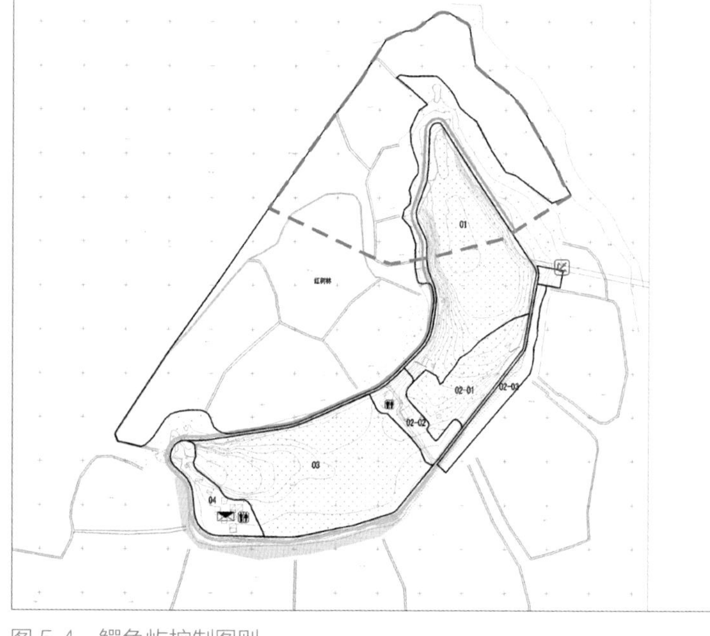

总 体 规 划 控 制

定位	休闲旅游
保护和开发强度	适度开发
生态容量	28人
旅游方式、时间	休闲度假、较长时间停留
游人容量	一次性游人容量为230人，日游人容量为460人
海岛景观保护规划	应保护的景观资源：绿化景观、海岛风光、古榕树； 潮间带景观为：红树林，海蚀地貌，奇岩怪石，沙滩，海洋生物
周边海域利用规划	休闲渔业度假旅游区。休闲渔排应设置在鳄鱼屿北部海域，并且距离鳄鱼屿的距离不少于400m
码头、岸线及海岸防护规划	码头：东北部建设100客游船码头一个，栈桥形式。 岸线：东南部岸线为滨水休闲岸线。 采用种植红树林的生物防护措施对西北部海岸进行防护
市政工程规划	最高日用水量为9.2m³/d，平均日污水量为8.28m³/d。 水源：近期采用船舶运水或海水淡化解决游客用水需求。远期从翔安水厂引自来水至鳄鱼屿。 管网布局：采用DN40的管道沿道路呈环状敷设。 设小型风力发电设施一处，设小型邮政所一个
防潮规划	防潮标准为五十年一遇，设计高潮位为4.61m。 岛上建筑室内外地坪标高至少为6.5m。 南部休闲游憩用地的建设和改造应采取防浪措施。 遇大潮时禁止游人在南部休闲游憩用地及贝类采集用地内游赏和停留
环境保护规划	环境空气质量：一级标准。 区域环境噪声：昼间55dB，夜间45dB，周边海域昼间60dB，夜间50dB。 环保措施：实施岛屿绿化美化工程，防止海岸继续被侵蚀；开展水上旅游、严格禁止引入对水体造成环境污染的项目和设施；加强对民众的教育和宣传，尽量减小人类活动对海岛原有生物链的影响；加强执法力度，坚决杜绝各种环境破坏行为的发生
环卫工程设施规划	设置废物箱10个，垃圾收集点1处，公共厕所2座

地 块 控 制 指 标 表

地块编号	01	02-01	02-02	02-03	03	04
规划性质	次生林地	观光果园	休闲游憩用地	贝类采集用地	次生林地	休闲游憩用地
用地面积(m)	23088	8221	3801	3655	28064	5691
建筑密度(%)	—	—	10	—	—	10
容积率	—	—	0.3	—	—	0.3
绿地率(%)	85	80	40	—	85	40
建筑限高(m)	—	—	10	—	—	10

图 5-4 鳄鱼屿控制图则

① 猴屿为外围观光岛屿，禁止游人上岛观光，所以不在本表体现。

5.3.4 基础工程规划

无居民海岛基础工程规划包括海岸防护工程、交通设施、市政工程、防潮工程和环境保护工程等。

海岸防护工程规划采用以下两种方式：工程措施和生物防护措施。对有条件种植红树林的海岛，采用种植红树林的形式进行生物固滩。其他海岛则采用与海岸基岩颜色相近的材料进行岸线防护。

交通设施规划主要体现在对码头位置、规模和建设形式的控制。如各海岛采用栈桥形式并严格按照图则标示位置进行建设；大兔屿、鳄鱼屿码头规模控制在停靠100客以下的游船，大离浦屿、宝珠屿、上屿码头规模分别控制在停靠50客、30客和20客以下的游船等。

市政工程规划主要体现在给水、污水、雨水、电力等设施的控制。结合各海岛的实际情况进行控制，如仅在大兔屿、鳄鱼屿上修建集截洪、防洪为一体的排水边沟，其余岛屿雨水采用自然排放形式。宝珠屿、小兔屿、猴屿、大离浦屿、上屿等岛屿不设电力设施。

防潮工程的控制主要是根据厦门各海域防潮标准和设计高潮位，对海岛上休闲游憩用地提出相应的要求，并禁止游客在大潮时上岛游玩、观赏。

环境保护工程规划主要是对环境空气质量、区域环境噪声进行规定，并提出相应的环境保护措施，如实施岛屿绿化美化工程；开展水上旅游、运动项目必须严格禁止引入对水体造成环境污染的项目和设施，确保水域环境质量；通过旅游活动开展教育民众、改变观念，尽量减小人类活动对海岛原有生物链的影响等。

5.3.5 海域使用规划

本次规划结合海域使用规划，针对每个海岛的不同特点，除海域功能外，还对开发项目与海岛的合理距离进行了规定。如鳄鱼屿周边海域为休闲渔业用海，规划北部海域设置休闲渔排，距离鳄鱼屿400m以上，大离浦屿周边海域开发为海上运动娱乐区，区内设置的休闲渔业活动基地距离大离浦屿应在400米以上。

5.3.6　景观环境规划

对景观环境的控制主要体现在以下四个方面：一是划定海岛地质景观的范围，明确界定其开发建设形式，并提出已遭到破坏的海岛地质景观修复措施；二是对有条件种植红树林的海岛，划定红树林种植范围，对现有其他植被重新进行整理和养护，并与海岛自然景观协调一致；三是结合海洋特性，对潮间带的景观进行保护，如红树林、基岩海岸、岩滩、沙滩、海蚀地貌等；四是依据海岛特色，提出重点地段城市设计意向（图 5-5）。

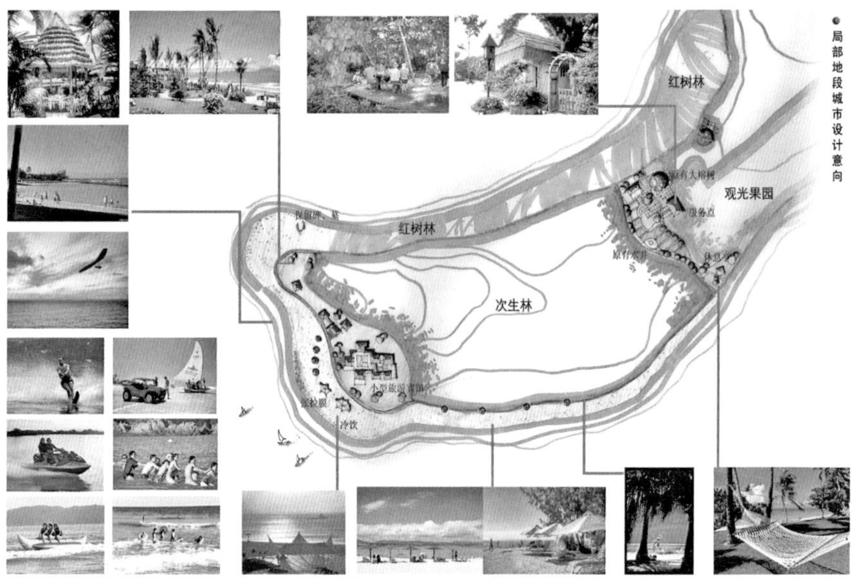

图 5-5　鳄鱼屿南部城市设计意向

5.4　实践小结

1. 探索了无居民海岛控制性详细规划编制的技术路线

通过对无居民海岛的资源、现状环境与发展条件的评价、分析，从生态保护优先的角度，提出无居民海岛控制性详细规划编制技术框架：包括充分考虑海岛的地形、地质、自然及景观资源，合理利用无居民海岛的土地，确定开发利用强度，提出与海岛开发主题相适应的项目，制定海岛开发策略；从城市设计角度出发提出针对海岛的微观、具体的控制要求，优化各海岛整体景观格局，使海岛的特色更加鲜明；充分考虑各海岛资源特点，制定容量控制要求；衔接海洋功能区划，对海岛的岸线利用和周边海域提出管控要求。

2. 制定了无居民海岛开发利用和保护的指标体系

借鉴陆域控制性详细规划的土地利用指标控制体系，提出适合无居民海岛的开发方式和管控指标，如增加码头泊位规模作为海岛独有的控制指标；对各海岛遭到侵蚀和破坏的海岸提出工程防护和生态修复措施等。该规划是对无居民海岛详细规划一次探索性的实践，对于后续的可利用无居民海岛保护和利用规划编制技术导则具有一定的参考价值。

3. 无居民海岛的开发利用还需要进一步的论证

无居民海岛生态脆弱，环境容量小，该规划虽然对海岛进行分类规划，测算了生态容量，针对不同海岛制定了开发利用导向和海岸生态修复措施，但对于单个岛屿资源和周边海域的开发利用缺乏更进一步的科学论证。《厦门市居民海岛保护与利用管理办法》中明确提出“无居民海岛以保护为主，严格限制利用”，此后出台的相关政策和法规，对于无居民海岛的开发和利用仍以保护为主，同时，受生态和环境保护等其他各方面可能存在的其他问题等影响，本次规划的无居民海岛未能按照规划实施开发和利用。

第6章 同安湾海域及岸线利用规划

6.1 规划背景

由于水产养殖过量、无序，导致同安湾海域环境被污染。随着 2006 年厦门市政府启动环东海域清淤整治工程，同安湾海域的景观和环境发生了很大变化。海域清淤退养后，海域功能和用海分区需要进一步优化和提升。为了保护同安湾生态及景观，科学合理地利用同安湾海域这一城市新区海岸带资源，充分发挥其生态和经济效益，2008 年开展同安湾海域和岸线利用规划。

6.2 规划思路

为与周边陆域城市建设的飞速发展相匹配，规划结合相关的陆域片区城市规划，从同安湾海域资源和环境承载能力出发，在城市总体规划和海洋功能区划指导下，结合海域现有的资源、水质、底质及航道，分析同安湾海域和岸线的自然基础条件、地理区位条件、用海及岸线需求等，对海域和岸线进行合理定位，确定海域和岸线功能及空间布局，并制定相关控制指标和管控措施，规划思路详见图 6-1。

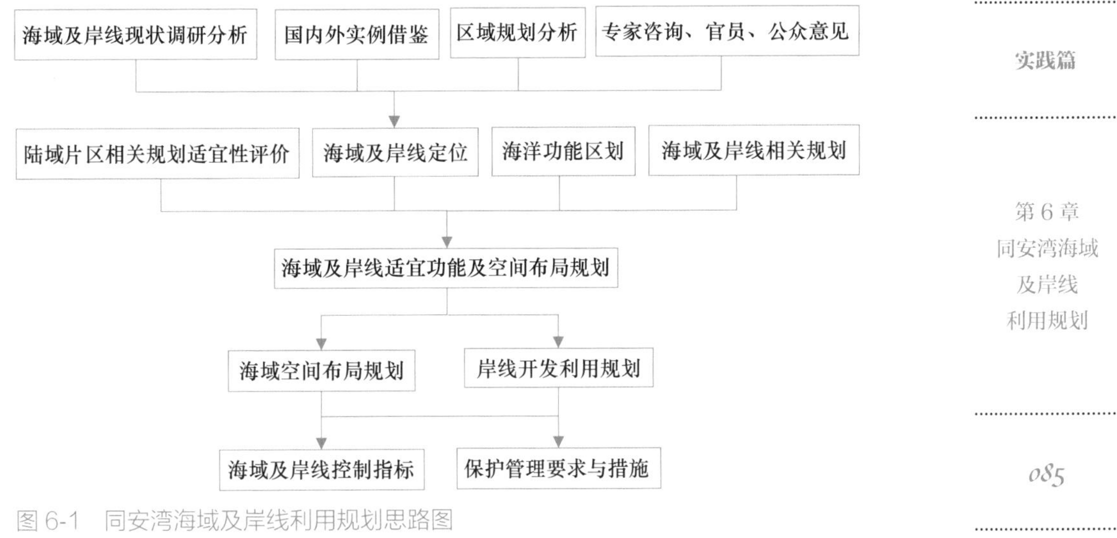

图 6-1　同安湾海域及岸线利用规划思路图

6.3　主要规划内容

同安湾位于福建省东南沿海金门湾内，厦门岛北侧，西起厦门大桥、南到翔安隧道、北以丙洲大桥为界、东以翔安滨水岸线为界，含下潭尾、东坑湾等内湾。同安湾北半部又称东咀港，是同安西溪的出海口；南半部又称浔江；湾口以翔安区的澳头和湖里区的五通道连线为界。同安湾内海域面积约 86.0km²，海湾深入内陆（图 6-2）。

规划确定了海域及岸线定位，功能和分区，并最终通过控制指标体系实现对海域和岸线的科学保护和合理利用。

6.3.1　海域及岸线定位、功能和分区

同安湾海域是厦门海域的重要组成部分，体现环东海域城市风貌和海洋生态自然景观的海域休闲空间。规划在符合城市总体规划、海洋功能区划的前提下，结合环东海域各层级土地利用规划，确定同安湾海域整体功能为：以休闲旅游、娱乐运动和都市休闲渔业为主，兼顾城市基础设施建设和生态保护。岸线主要功能为港口岸线、工业岸线、城市生活岸线、生态岸线和滨海旅游岸线。各段岸线长度及功能详见表 6-1。

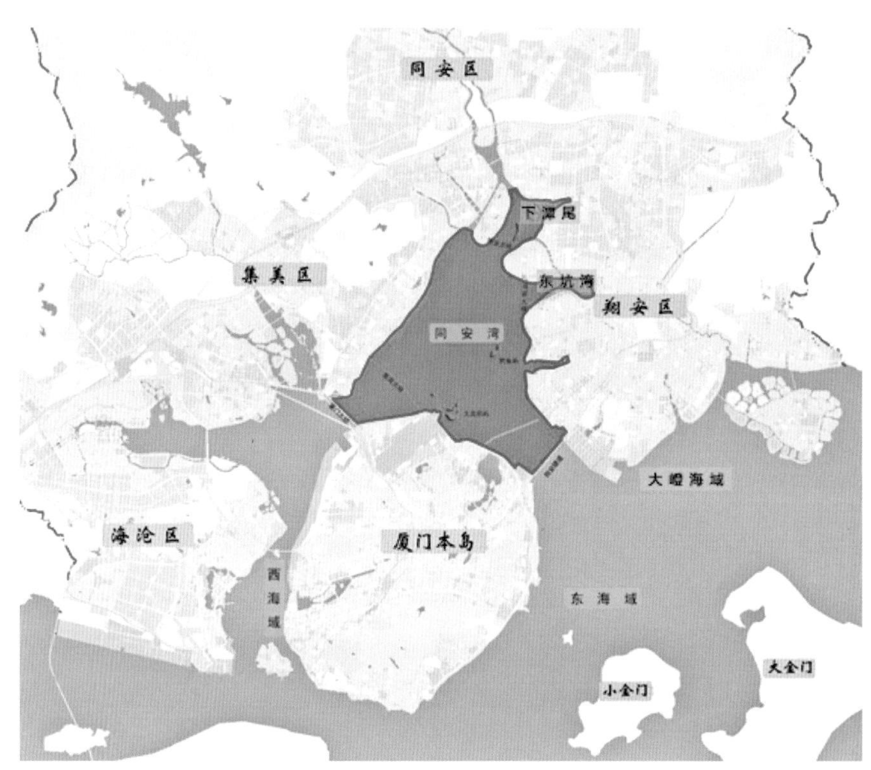

图 6-2　同安湾海域规划范围示意图

同安湾海域岸线各类功能统计表　　表 6-1

各类功能岸线	各类岸线分布	长度（m）	主要功能说明
港口岸线	五通港口岸线、航空物流港口岸线	3570	各种形式的泊位
工业岸线	航空工业岸线	3480	工业区海岸
旅游岸线	集美南部旅游岸线、集美北部旅游岸线、丙洲旅游岸线、下潭尾—东坑湾旅游岸线	27680	旅游景观及旅游设施
城市生活岸线	集美生活岸线、丙洲公共岸线、琼头—下后滨公共岸线	17450	休闲景观及休闲设施
生态岸线	风林生态岸线、下潭尾生态岸线、五缘生态岸线	5860	红树林生态体验设施

距离岸线 400～800m 的近岸海域作为规划重点，划分为东侧、西侧和南侧三部分，分别进行详细的开发利用规划。近岸海域的主要使用类型是旅游基础设施用海、海底管线电缆、跨海桥梁、游乐场、其他用海等，用海方式主要为透水及非透水建筑物（图 6-3）。

根据跨海桥梁和航道的划分，规划将近岸海域以外用海划分成东坑游艇运动休闲用海、丙洲河口湿地生态休闲用海、同安湾西部综合运动娱乐用海、鳄鱼屿休闲度假用海、风林生态保护用海、高崎航空工业用海、大离浦屿休闲运动用海等七大用海区并进行编号（图 6-4、图 6-5），明确海域主要使用功能、用海方式、适用项目等核心管控内容，详见表 6-2。

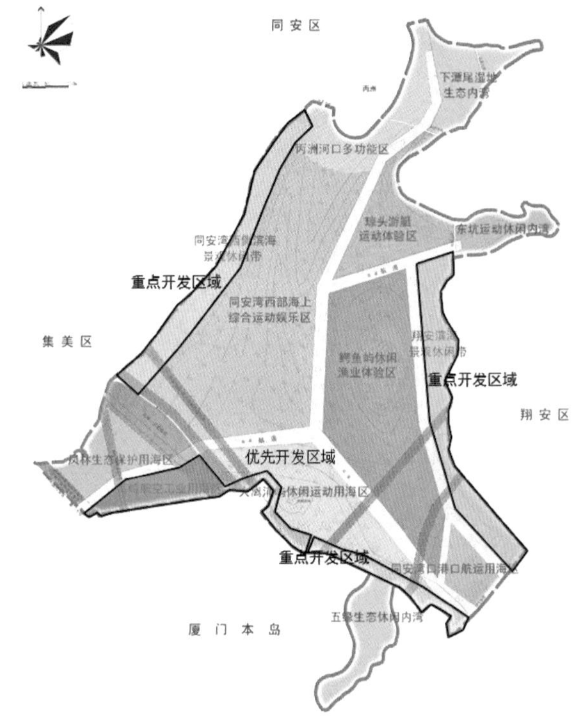

图 6-3　同安湾近岸海域示意图

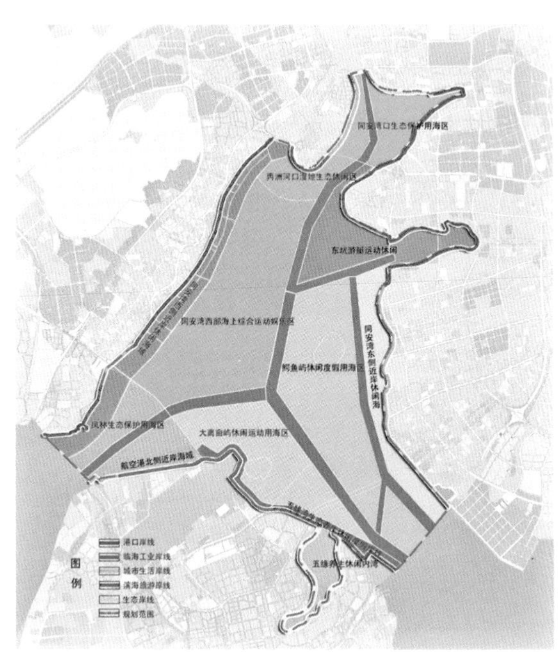

图 6-4　同安湾海域用海分区图

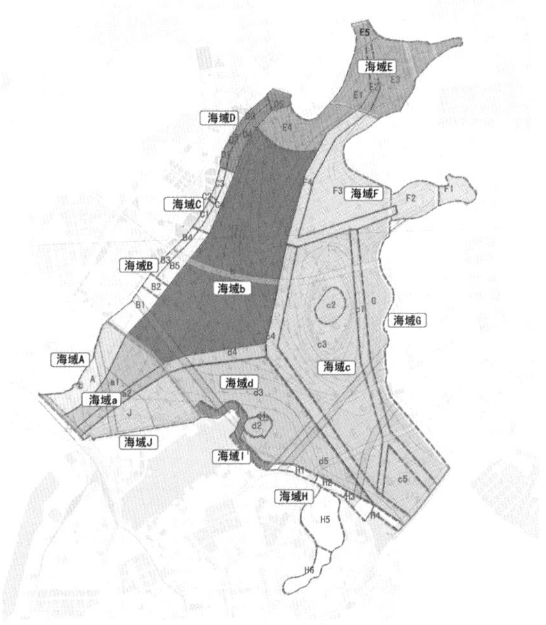

图 6-5　同安湾海域分区编号示意图

同安湾海域各类功能统计表 表 6-2

项目 海域名称	各类用海分布	海域使用主要类型	面积（km^2）	用海方式	适用项目
同安湾西侧近岸休闲海域（海域 A、B、C、D）	同安湾海域西侧，岸线往海域延伸 500～600m	旅游基础设施、浴场、游乐场、电缆管道、路桥、其他用海	6.37	透水构筑物、非透水构筑物、游乐场、海底电缆管道、跨海桥梁	红树林生态体验、旅游、观赏、沙滩足球、沙滩排球、海水浴、阳光浴、
同安湾东侧近岸休闲海域（海域 G）	同安湾海域东侧 50～400m 范围内的用海	旅游基础设施、游乐场、路桥用海	4.503	透水构筑物、游乐场、跨海桥梁	海上摩托艇、海上快艇、海上拖曳伞、帆板等
同安湾南侧近岸海域（海域 I、H）	高崎航空港东北侧近岸海域、五缘湾及近岸海域	港口、电缆管道、旅游基础设施、路桥、港口、锚地、游乐场、其他用海	3.899	透水构筑物、锚地及其他开放式、跨海桥梁、海底电缆管道	航港及空港物流园区的配套近岸海域，游艇、垂钓、温泉、商业旅游休闲等
东坑游艇运动休闲用海（海域 F）	同安湾顶东岸琼头近岸海域及东坑湾内海域	游乐场用海、路桥用海	7.83	透水构筑物、跨海桥梁	帆船、游艇及划艇等水上运动
丙洲河口湿地生态休闲用海（海域 E）	丙洲近岸海域至下潭尾内湾	航道用海、旅游基础设施用海	7.04	透水构筑物、跨海桥梁	红树林生态体验、旅游、观赏
同安湾西部综合运动娱乐用海（海域 b）	同安湾西部，东南以规划航道为界，北至同安湾口、南到同安湾大桥	电缆管道用海、路桥用海、游乐场用海	16.063	游乐场、透水构筑物、跨海桥梁、海底电缆管道	非机动水上运动
鳄鱼屿休闲度假用海（海域 c）	鳄鱼屿周边海域，东、西、北侧以航道为界，南到翔安海底隧道	专用航道、海洋保护区用海、旅游基础设施用海、游乐场用海	18.561	透水构筑物、专用航道、锚地及其他开放式	休闲渔业、度假、机动水上运动
凤林生态保护用海（海域 a）	集美旧城东侧海域，以集美大桥及厦门大桥为界	其他用海、电缆管道用海、	2.905	其他开放式	—
高崎航空工业用海（海域 J）	高崎国际机场北侧海域	港口、锚地、路桥用海	2.883	锚地及其他开放式、跨海桥梁	航空工业园配套用海
大离浦屿休闲运动用海（海域 d）	大离浦屿周边用海，以航道为界	旅游基础设施、游乐场、航道用海	9.319	透水构筑物、游乐场、跨海桥梁	海上高尔夫、机动及非机动水上运动、海钓

6.3.2 控制指标体系的确定

参考陆域控制性详细规划指标体系，根据海域及岸线管理需求，针对近岸海域制定了控制指标体系，包括强制性指标和建议性指标。其中强制性指标包括海域使用类型，用海方式，面积，岸线长度、功能，海水水质标准，容量以及结合城市景观塑造和城市设计的要求，对透水和非透水构筑物面积、密度、高度、界面和景观视线通廊的控制要求。建议性指标包括码头、岸线防护，配套市政工程、防灾减灾，环境保护规划等和对透水和非透水构筑物的色彩、材质的引导要求，如海域 B 区的控制图则（图 6-6）。

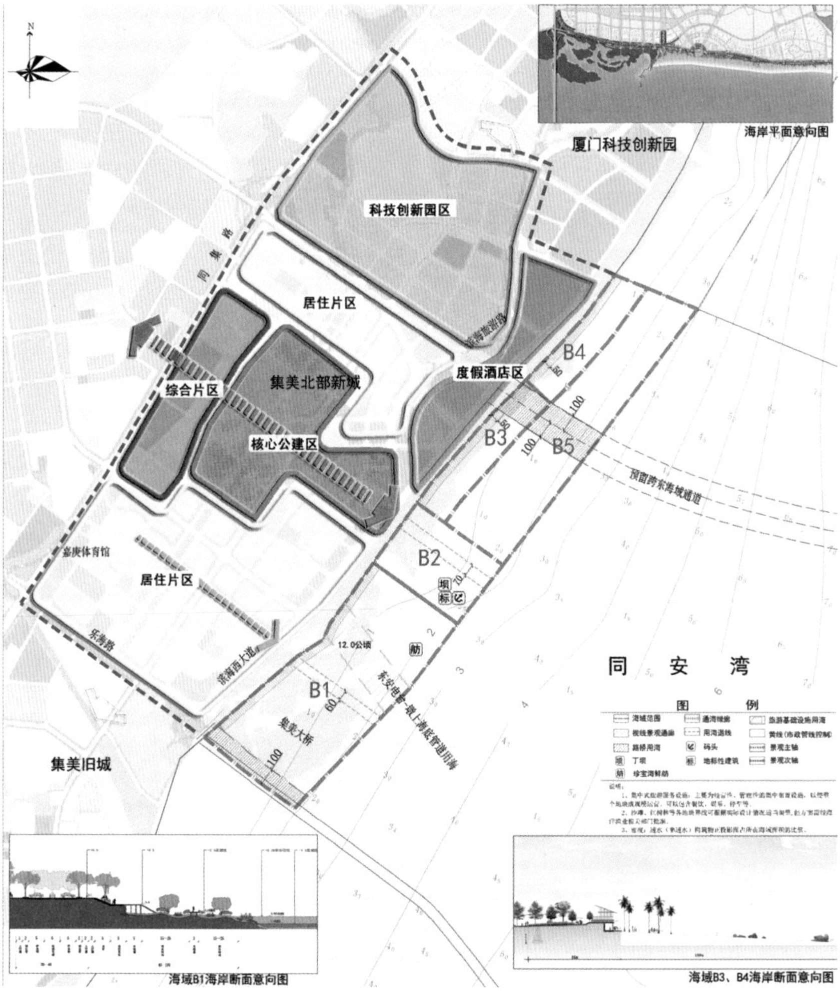

图 6-6 海域 B 区控制图则（一）

总体规划控制							
		海域B1	海域B2	海域B3	海域B4	海域B5	备注
海域使用类型及编码		旅游基础设施用海(41) 电缆管道用海(51) 路桥用海(34) 其他用海(9)	旅游基础设施用海(41)	旅游基础设施用海(41) 浴场用海(42) 游乐场用海(43) 路桥用海(34)	旅游基础设施用海(41) 浴场用海(42) 游乐场用海(43)	游乐场用海(43) 路桥用海(34)	海域清淤应达到图中所示水深
用海方式		透水构筑物(23) 跨海桥梁(22) 海底电缆管道(53) 其他开放式(44)	非透水构筑物(21) 透水构筑物(23)	透水构筑物(23) 游乐场(43) 跨海桥梁、海底隧道等(22)	透水构筑物(23) 游乐场(43)	游乐场(43) 跨海桥梁、海底隧道等(22)	
用海面积（km^2）		0.871	0.261	0.187	0.167	0.647	
岸线定位		生态岸线	滨海旅游	滨海旅游	滨海旅游	—	
岸线长度（m）		1400	430	950	800	—	
海水水质标准		第二类	第二类	第二类	第二类	第二类	
容量控制	一次性游人容量	4300人	2600人	—	—	—	
	日游人容量	8600人	5200人	—	—	—	
(非)透水构筑物控制	配套设施及规模	公厕2处每处构筑物面积不少于100m²、简易贩卖设施3处，每处构筑物不大于60m²、集中式旅游服务设施一处，休息亭棚、救生站、其他旅游设施、木栈道等按国家相关规定设置。黄线内不得建设构筑物	集中式旅游服务设施一处，休息亭棚、救生站、其他旅游设施、木栈道等按国家相关规定设置	公厕2处每处构筑物面积不少于100m²、简易贩卖设施3处，每处构筑物不大于60m²、集中式旅游服务设施一处，休息亭棚、救生站、其他旅游设施、木栈道等按国家相关规定设置	公厕1处每处构筑物面积不少于100m²、简易贩卖设施2处，每处构筑物不大于60m²、休息亭棚、救生站、其他旅游设施、木栈道等按国家相关规定设置	不允建设任何构筑物	
	界面控制	构筑物正立面投影总长不超过岸线的10%,除集中式旅游服务设施外，每栋建构筑物展开面原则上不超过60m	构筑物正立面投影总长不超过岸线的50%,除集中式旅游服务设施外，每栋建构筑物展开面原则上不超过60m	构筑物正立面投影总长不超过岸线的50%,除集中式旅游服务设施外，每栋建构筑物展开面原则上不超过60m	构筑物正立面投影总长不超过岸线的10%,每栋建构筑物展开面原则上不超过60m	—	
	面积(上限)(m^2)	800	3000	600	500	—	
	密度(上限)	1%	15%	5%	1%	—	
	高度(层数)	低层	低层(标志性建筑除外)	低层	低层	—	
	退线	退集美大桥100m以上	丁坝允许有10%的用地在地块范围外	—	—	—	
	视线景观通廊	不得建设任何遮挡视线的构筑物（雕塑除外）	不得建设任何遮挡视线的构筑物（雕塑、标志性构筑除外）	不得建设任何遮挡视线的构筑物（雕塑、标志性构筑除外）	—	—	
(非)透水构筑物设计引导		构筑物宜小巧现代，色彩宜采用原木色，材料以木质、玻璃及地方材料为主。构筑物底层宜架空	构筑物宜小巧现代，色彩宜采用原木色，材料以木质、玻璃及地方材料为主。构筑物底层宜架空	构筑物宜小巧现代，色彩宜采用原木色，材料以木质、玻璃及地方材料为主。构筑物底层宜架空	构筑物宜小巧现代，色彩宜采用原木色，材料以木质、玻璃及地方材料为主。构筑物底层宜架空	—	
建议开发项目		红树林、珍宝海鲜舫、生态研习、观鸟等	摩天轮、游乐场、旅游服务中心	沙滩足球、沙滩排球、海水浴、阳光浴	沙滩足球、沙滩排球、海水浴、阳光浴	海上自行车、海上摩托艇、海上快艇、海上拖曳伞	
码头、岸线及海岸防护规划		岸线：斜坡式岸线采用种植红树林的生物防护措施对海岸进行防护	码头：客游船码头一个,栈桥形式	—	—	—	
市政工程	给水	由陆地连接	由陆地连接	由陆地连接	由陆地连接	—	
	电力	由陆地连接	由陆地连接	由陆地连接	由陆地连接	—	
	排污	集中收集处理	集中收集处理	集中收集处理	集中收集处理	—	
其他环卫工程设施		满足相应国家相关规范					
其他		施工、运营时灯光、电磁环境、鸟害及噪声应满足航空控制要求					
防潮防灾减灾规划		防潮标准为五十年一遇，设计高潮位为4.61m。用地的建设和改造应采取防浪措施。其他按照按国家相关规范、规定执行					
环境保护规划		环境空气质量：一级标准。 区域环境噪声：昼间65dB，夜间55dB。 环保措施：实施绿化美化工程，保护好红树林、沙滩；严格禁止引入对水体造成环境污染的项目和设施；加强对民众的教育和宣传，尽量减小人类活动对海洋原有生物链的影响；加强执法力度，坚决杜绝各种环境破坏行为的发生					

图 6-6　海域 B 区控制图则（二）

6.4　实践小结

1. 探索陆海衔接的海岸带利用详细规划编制方法

该规划于 2009 年编制完成，规划在《中华人民共和国城乡规划法》《中华人民共和国海域使用管理法》《中华人民共和国海洋环境保护法》的指导下，基于原城乡规划和海洋功能区划体系，顺应厦门市滨海新区的建设发展需求，借鉴陆域城市规划的方法，在做好与陆域控制性详细规划充分衔接的基础上，初步探索了海岸带详细规划编制的技术路径，即现状调研—基础分析—功能定位—海域分区管控—岸线分段管控，为国内其他地区的海岸带详细规划的编制提供了参考。

2. 初步构建海岸带详细规划控制指标体系

该规划在符合海洋功能区划的基础上，借鉴陆域控制性详细规划的管控方式，结合海域使用需求，对海域进行更进一步的分区，对岸线进行分段管控，并将海域类型、用海方式、岸线功能、透水和非透水建（构）筑物控制、海水水质标准、码头岸线防护、防潮等管控要求通过图则的形式进行明确。依据滨海区域城市设计管控要求，对近岸海域的景观视线通廊提出控制要求，初步构建了海岸带内海域和岸线管控的指标体系，以实现对海域和岸线的精细化管控，助力海域及岸线使用项目落地，是对海岸带详细规划的一次具有创新性的探索。

3. 海域利用和岸线利用规划实施的法律地位需进一步明确

原海洋功能区划体系是通过“海洋功能区划＋项目论证”来实现对海域的管控，落实海域使用项目。而本规划除对海洋功能区划进行深化和细化外，对于海域使用，尤其是近岸海域的精细化管控有着积极的引导作用，但由于其不属于法定规划，仅可作为海域和岸线审批的参考，无法发挥类似陆域的控制性详细规划的管控作用，从法定层面规范海域和岸线的利用。

第7章 海岸线景观设计

7.1 背景介绍

海岸线地区是人类开展各类滨海活动的重要区域。世界上各沿海国家在滨海岸线空间的利用上呈现了多个优秀的案例，如美国芝加哥密歇根湖畔的海军码头，1914 年建成后成为世界上最大的码头和城市的地标，1989 年美国政府投资了 15 亿美元重修之后，整个滨海岸线地区成为世界著名的游乐场所；位于西班牙的贝尼多姆海滩，构建一条滨海长廊空间，为人们提供了一系列可供娱乐、会议、休闲或冥想的平台。滨海岸线空间的利用，成为这些城市独特的标识性区域。

厦门市是东南沿海重要的中心城市，也是全国著名的旅游城市，其中滨海岸线是展现旅游城市特色资源的最重要空间。为了更好地打造滨海岸线这张“城市名片”，加强对滨海空间的建设与管理，厦门先后于 2010 年、2016 年开展了针对滨海空间景观提升的规划探索。

2010 年开展的《厦门岛滨海岸线景观建设城市设计导则》，规划对象为岛内的环岛路片区，西起海沧大桥桥头，东到五缘湾大桥的生活性岸线空间，总长度为 13km、海岸线沿着陆域内侧 100～500m 的用地范围（图 7-1）。规划采用城市设计手法进行分析、研究，提出的滨海空间景观建设存在的问题及整治建议纳入政府城市建设战役整治项目，并在实施中取得了较好的整治效果，环岛路成为展示厦门市“城在海上，海在城中，城海交融”的独特城市印象的滨海特色区域。

随着厦门城市空间发展拓展到岛外地区，岛外环湾滨海空间也将成为厦门滨海城市特色空间塑造的重点区域，更是展现未来厦门“岛内外一体化协调发展”的城市发展战略的重点区域。为此，2016年开展了《厦门市滨海带空间提升规划及海岸线景观设计导则》，规划对象为岛外的滨海空间，西起海沧区嵩屿码头，东到翔安莲河，沿线包括海沧湾、马銮湾、杏林湾、同安湾，总长度达107km，不仅划定陆域公共开发空间9938ha^2，同时划定海上公共开放空间145ha^{2}作为整体统筹考虑景观建设（图7-1）。

（a）2010年

（b）2016年

图7-1　滨海岸线景观设计空间范围

7.2 《厦门岛滨海岸线景观建设城市设计导则（2010）》

7.2.1 规划思路

本项目突出特点是采用城市设计手段，分析现有滨海岸线景观的存在问题，结合各层级规划要求，提出滨海沿岸陆域建设空间在天际轮廓线、标志性建筑、建筑高度、建筑色彩等方面的控制要求，再分段开展评价，提出实施策略，最终以城市设计导则实施规划管理。编制思路如图7-2所示。

图 7-2　规划技术路线示意图

7.2.2　主要规划内容

1. 现状调研分析融入城市设计手法

该阶段工作除进行土地利用、权属批租、建设现状、道路交通等常规要素分析之外，特别针对城市设计要素，包括滨水天际线、建筑风貌、视线廊道、景观节点、建筑色彩、公共空间等，进行整体性、系统性的分析，再根据山体、水体的自然分隔及所在的十大不同片区，将岸线划分为十段，进行分段评价，从而有效识别存在的普遍问题和典型突出问题，有利于针对性提出改善策略（图 7-3）。

片区土地利用

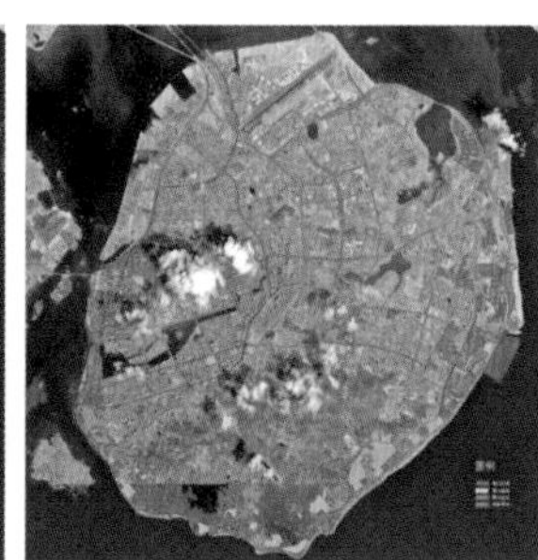

片区土地批租

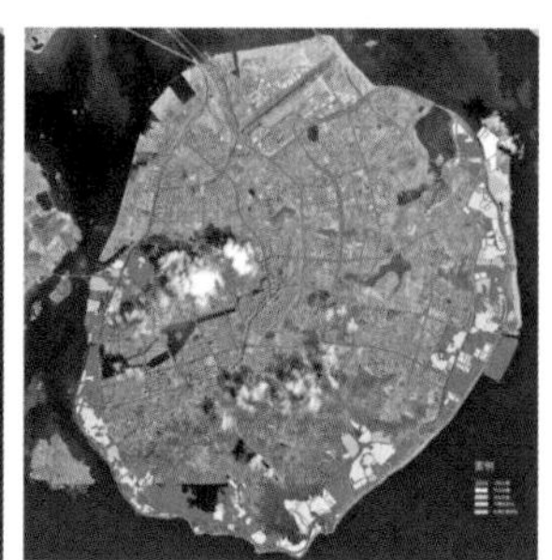

片区土地建设

（a）传统要素现状分析

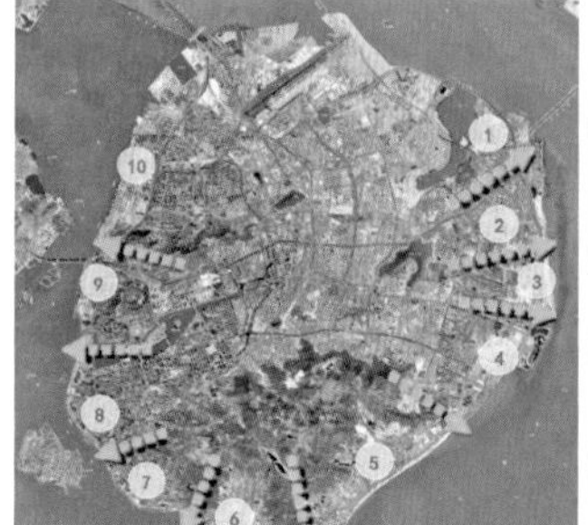

廊道与节点现状分析

滨海界面景观现状分析

（b）城市设计要素现状分析

图 7-3　厦门市滨海岸线景观现状分析图

2. 总体层面控制引导

针对重点要素，提出总体层面控制引导方向，包括“山、廊、绿”的控制、“景观控制点”（标志性建筑群）的选择与分级控制方法等，实现自然要素与城市空间的协调融合。

（1）“山、廊、绿”的控制

分析最主要的两大山体（万石山至云顶岩山体轮廓线、狐尾山至仙岳山山体轮廓线）的轮廓线，再通过周边空间建设高度控制，保障显现自然要素天际线。通过重要视廊（六条重要视廊，包括海滨公园视廊、中山路旧城区视廊、南普陀视廊、会展中心视廊、香山视廊及东通道视廊）范围内的建筑高度进行控制，保证重要视点的观景范围。通过重要绿化广场空间（海滨公园、会展中心及东部黄厝、曾厝垵岸线等）及集中公建群的控制，展现滨海特色风貌（图 7-4）。

（a）山体轮廓线控制

（b）重要视廊控制

（c）重要开敞空间控制

（d）主要集中公建群

图 7-4　“山、廊、绿”的控制引导

(2)“景观控制点”选择方法

“景观控制点”（标志性建筑群）的选择是通过对土地利用及城市开发强度的引导、城市基础设施支撑（道路条件及轨道交通）、本岛发展趋势、旧城格局保护等要素的分析，提出标志性建筑群的适宜选址。

“景观控制点”的分级控制是指将景观点分为一级、二级控制，控制目标要体现高度优势、体量优势、形态优势、色彩优势等。一级“景观控制点”指在区域天际线上（一般在 6～8km）具有统领地位、造型独特、具备最大可视域的景观建筑；二级“景观控制点”指在局部地段（一般在 2～3km）具有独特造型、体量并在局部地段具有统领地位的景观建筑（图 7-5）。

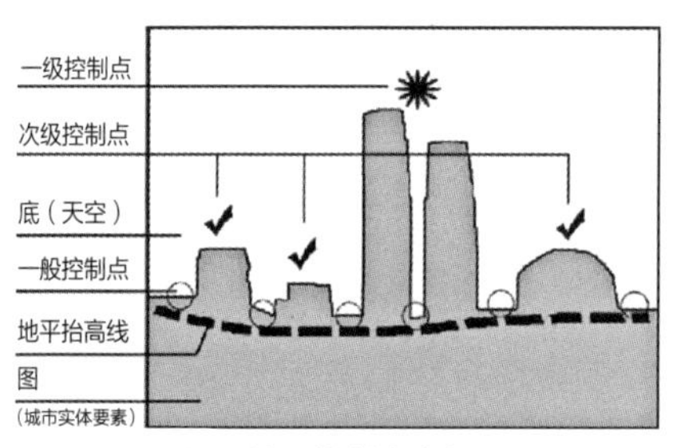

（a）景观控制点案例一　　（b）景观控制点案例二

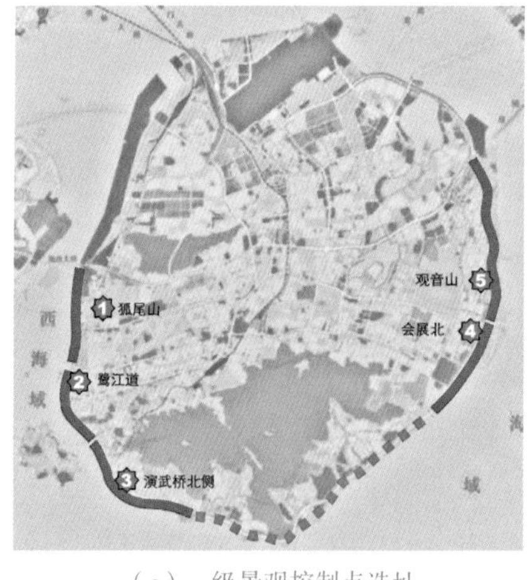

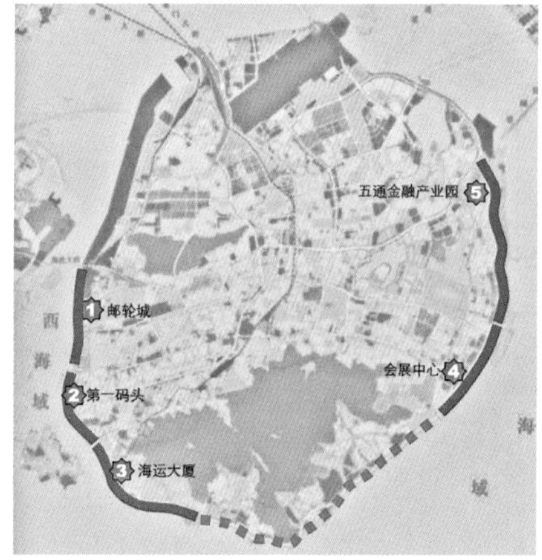

（c）一级景观控制点选址　　（d）二级景观控制点选址

图 7-5 “景观控制点”案例及分级控制点选址分布

3. 编制景观控制导则

通则性城市设计导则要求：包括建筑展开面控制（24m 以上 100m 以下公共建筑，平行岸线展开面不得大于 80m；24m 以上 80m 以下居住建筑，平行岸线展开面不得大于 60m；24m 以下建筑，平行岸线展开面不得大于 100m）、相邻地块建筑高度控制（片区内的建筑高度不得超过确定的一级景观控制点高度的 0.6 倍及确定的二级景观控制点高度的 0.8 倍）。

以五通片区岸线景观控制引导为例（图 7-6），分段岸线景观设计导则包括：对各段的沿岸天际轮廓线、标志性建筑、建筑高度、建筑色彩、重要节点景观等提出规划控制要求，并形成景观控制导则。

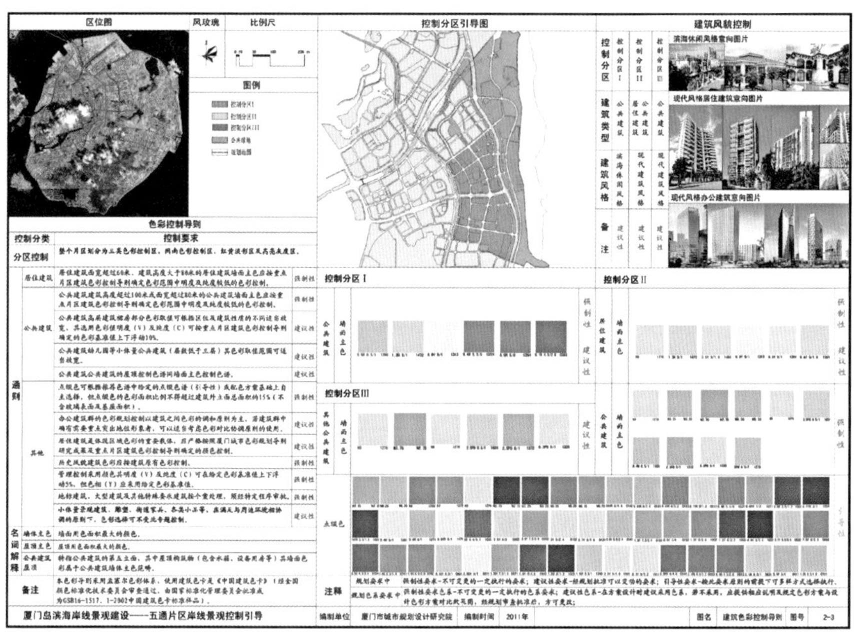

图 7-6　五通片区岸线景观控制引导

7.3 《厦门市滨海带空间提升规划及海岸线景观设计导则（2016）》

7.3.1　项目背景

厦门本岛环岛路，是一条集旅游、观光、休闲、娱乐为一体的滨海绿色长廊，是厦门城市的重要名片之一（图 7-7）。随着城市环湾发展战略引导推动下，厦门城市的发展重心逐步向岛外转移，环绕厦门市湾的岛外地区滨海空间备受关注，未来更将是厦门新的名片之一。2016 年，厦门组织编制了滨海带空间提升规划及景观设计导则，借鉴本岛环岛路的建设经验，在岛外环湾地区提前谋划预留足够的滨海带空间，以构建具有活力的、宜人的滨水地区为目标，保护和控制好城市未来宝贵的滨海资源，保障未来城市公共空间建设发展的需求。同时，拟将环东海域区段（集美大桥——海西商贸城）作为马拉松赛道开展建设。

（a）厦门本岛环岛路现状　　（b）环岛路滨海空间断面分析

图 7-7　本岛环岛路建设成效

7.3.2　规划思路

该规划明确提出岛外滨海地带建设目标定位为“国际知名的世界级滨海浪漫旅游路，为展示城市特色、塑造城市名片打下基础”。在此目标下，详细研究环岛路模式，总结其空间建设上的成功经验；在总体层面，按照“显山露水、利用现状、串联景点、集约利用资源、提升景观品质”等原则，进行滨海带线型选择与空间范围划定，提出滨海带建设的各类断面模式，参照旅游服务标准提出滨海带沿线的旅游服务设施需求；再制定分段实施规划，根据各个湾区的特色，提出各段滨海带的建设控制要求（图 7-8）。

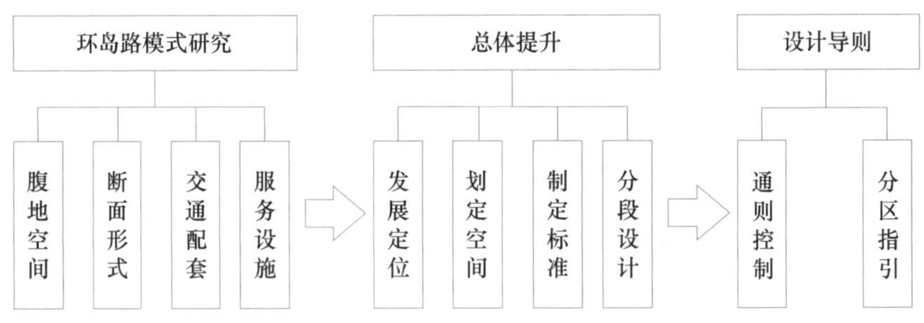

图 7-8　规划技术路线示意图

7.3.3　主要规划内容

1. 整体规划

（1）划定滨海带空间范围：确定整个岛外滨海岸线的起始点，并在划定陆域空间范围基础上向海延伸 70～200m，作为外部公共开放空间整体统筹设计。

（2）制定空间断面标准模式：提出滨海带四种断面模式，均以滨海旅游路（车行道或慢行道）界定出外侧为城市开放空间、滨海公共空间，个别地段如港口、码头、工业、特殊用地等除外（断面三）。同安示范段方案经多次论证，由市委市政府批准，为纯步行（断面四）（图7-9）。其余各段均包含车行道与慢行道，两者可分离设置。其中慢行道又包含自行车道及步行道，这两者亦可分离设置，自行车根据需要设置。

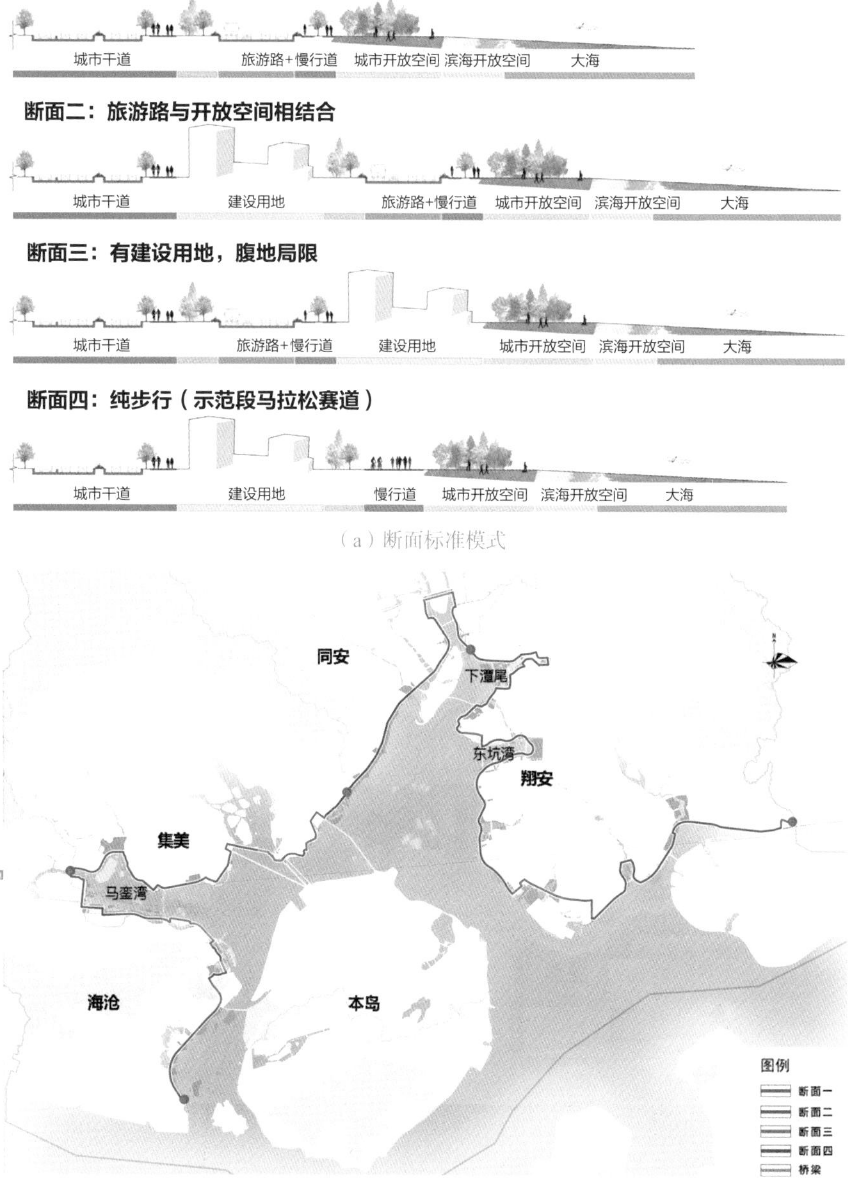

（a）断面标准模式

（b）断面形式空间分布示意

图7-9 滨海带断面形式

（3）制定旅游服务设施配套标准：参考当时的《福建省旅游集散服务中心等级划分与评定（送审稿）》中各级旅游集散中心标准，结合滨海带地区特点，设置三个等级服务设施（一级为旅游集散区、二级为旅游服务区、三级为旅游服务点）（表7-1），并根据地段和需求，同时考虑周边现状设施，设置具体设施，形成特色且因地制宜的服务设施体系。

旅游服务设等级划分一览表　　表7-1

配套设施类型		主要功能	服务半径	备注
服务设施	旅游集散区	旅游集散、换乘服务、向旅游者提供旅游信息、咨询、展示等服务、旅游投诉、基本功能等	5～10km	结合核心景点、交通枢纽设置
	旅游服务区	提供信息、咨询、游程安排、讲解、教育、休息等，纪念品展示售卖、旅游投诉、基本功能等	3～5km	结合景点、景区功能设置
	旅游服务点	管理中心用房、公厕、淋浴、自行车停靠点、商品零售、餐厅（冷餐）、少量休息场地、寄存服务、治安、紧急救难收容及临时医疗协调、无障碍设施、游乐出租等	1～2km	结合绿道驿站、木栈道设置
独立服务点		独立式公厕 、淋浴点、海上救助点、瞭望点	根据需要布置（公厕按0.4～0.5km）	结合步行道、木栈道、沙滩、水上运动区设置
交通设施		旅游大巴停车场、公共停车场、自行车停靠点及租赁点、电瓶车停靠点	根据专项规划布置	自行车结合绿道设置

2. 分段实施规划

根据海域湾区特色、滨海陆域空间发展定位、现状基质条件等，形成16个区段，开展细化设计，以海沧段为例（图7-10），提出包括用地层面的调整、道路交通组织的优化、断面形式的选择、配套设施的配置等。

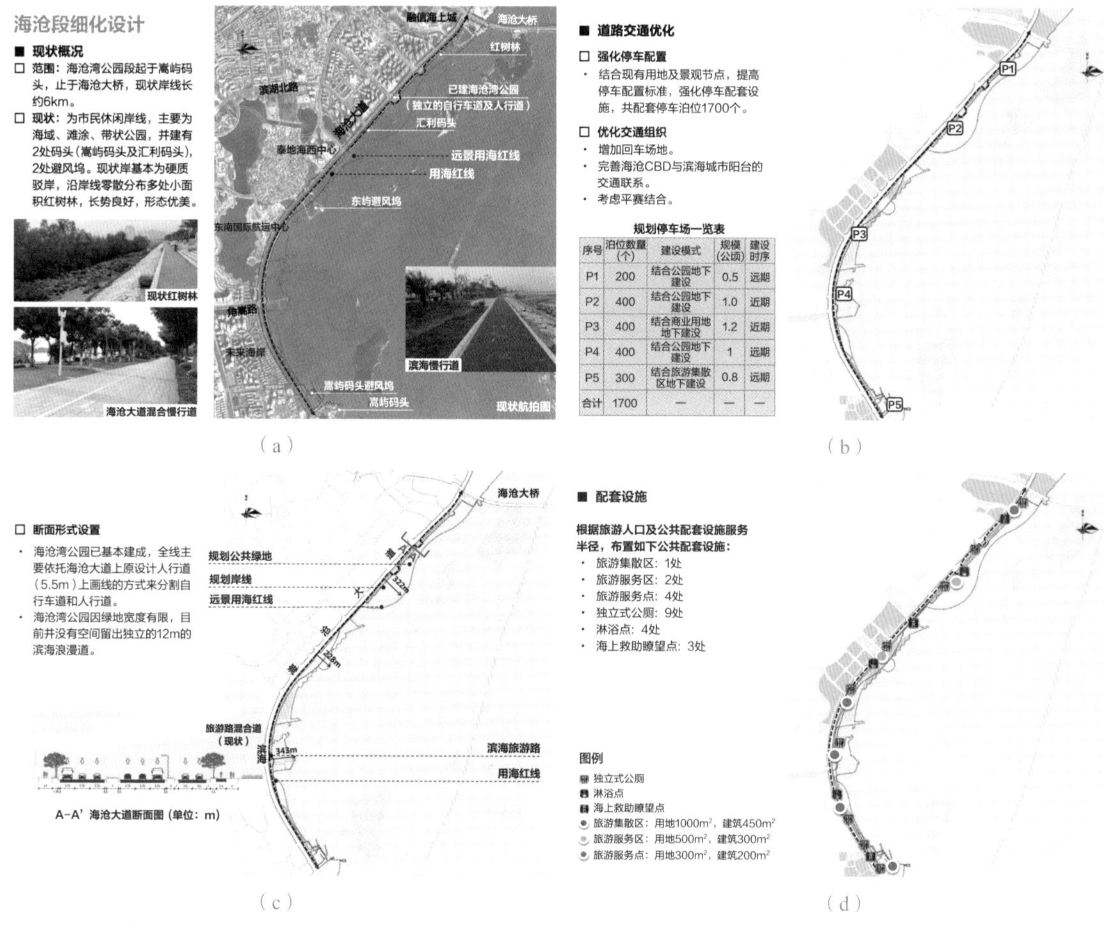

规划停车场一览表

序号	泊位数量（个）	建设模式	规模（公顷）	建设时序
P1	200	结合公园地下建设	0.5	远期
P2	400	结合公园地下建设	1.0	近期
P3	400	结合商业用地地下建设	1.2	近期
P4	400	结合公园地下建设	1	远期
P5	300	结合旅游集散区地下建设	0.8	远期
合计	1700	—	—	—

图 7-10　海沧段细化设计图

3. 景观设计导则

导则分成两个层次，即要素通则性控制与分区指引性控制。

（1）要素通则性控制：针对滨海空间的构成要素，包括道路、绿化、广场、岸线、旅游服务设施、街道家具、夜景照明等，按照生活便利性、自然生态性、整体协调性、特色可识别性、可实施性等目标提出了通则性的指引（图 7-11）。

（2）分区指引性控制：针对全线空间划定功能分区，综合现状特点，引导形成具有活力都市风貌的海沧片区、嘉庚风情的集美片区、体育文化特色的环东海域片区、贸易港湾主题的翔安南片区等四大景观主题区；再针对每一个主题区，划分成若干区段，针对每段特点提出特色要素的设计指导和建议（图 7-12）。

（1）道路性质

滨海旅游路有别于一般城市道路，其性质更接近于风景区道路，其线型有自然野趣的蜿蜒曲折，也有与岸线地形结合的高低错落。整体风格要求简约、明快、大气、贴近自然。

（2）道路断面

规划建议滨海旅游路为一块板，其中车行道红线宽度为不小于10m；自行车道宽度不小4m，步行道不小于3m；三者可根据现状实际情况灵活设置。

建议把绿化带集中加宽，利于营建自然生态景观，促进植物根系生长，增强沿海植物的抗风力。

（3）道路材质

铺筑高质量的行人路面，材质选用细面料，与邻近的自然景观相协调。

满足无障碍通行需求，充分考虑残疾人、老年人的使用情况，铺设盲道、防滑材料，兼顾轮椅、婴儿车与拉杆箱通行需求。

人行道鼓励采用透水铺装，非机动车道和机动车道可采用透水沥青路面或透水水泥混凝土路面。

（4）慢行空间

慢行空间是指以步行道、自行车道为主，供市民休闲的开放空间，其设置应保持良好的连续性。

慢行空间应为步行者提供行为支持，就近配套驿站、茶室等服务空间，其间隔不宜超过500m。

通向重要建筑、设施、广场的慢行通道应配有明显标志。

（5）马拉松赛道

马拉松赛道的宽度不小于12m，局部赛段如起终点区，应根据赛事车辆停放等需求适当拓宽至16m。

赛道材质建议选用硬度低的改性沥青，依据马拉松赛程分段填色。

依据路跑赛事要求，赛道起伏坡度应控制在3%以内。

（a）道路空间设计指引

岸线形式应与各区段风貌定位相协调，大体分类如下：

（1）台阶式护岸

适用于硬质城市公共空间与水系相邻的滨水区域，类型涵盖台阶式硬岸、台地式硬岸等。

（2）外延式护岸

适用于滨水沿岸建筑群较密集的区域，类型涵盖栈道式软岸、平台广场式硬岸等。此界面的滨水空间有限，因此将亲水空间设计成出挑式的观景平台，将滨水空间向水面延伸。

（3）斜坡式生态护岸

适用于滨水岸线内侧分布有大面积自然湿地、沙滩、礁石滩的区域类型涵盖植栽式软岸、石头式软岸、栈道式软岸、沙滩式软，岸等。此类岸线的滨水景观资源丰富，应充分恢复自然生态特征，结合生态公园建设。

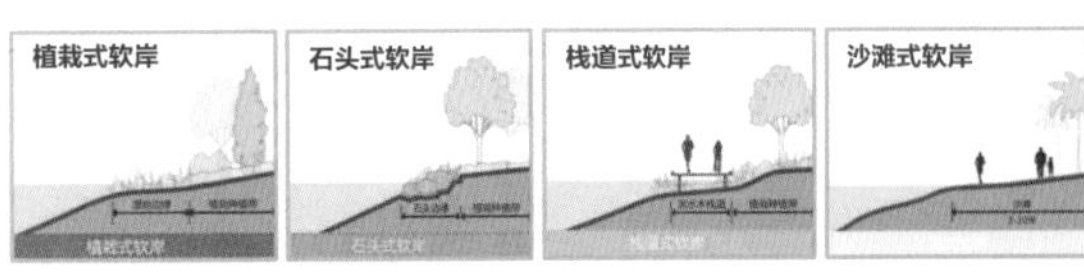

（4）垂直式硬质护岸

适用于滨水沿岸公建较集中的区域，类型涵盖直壁式硬岸、步道式硬岸等。

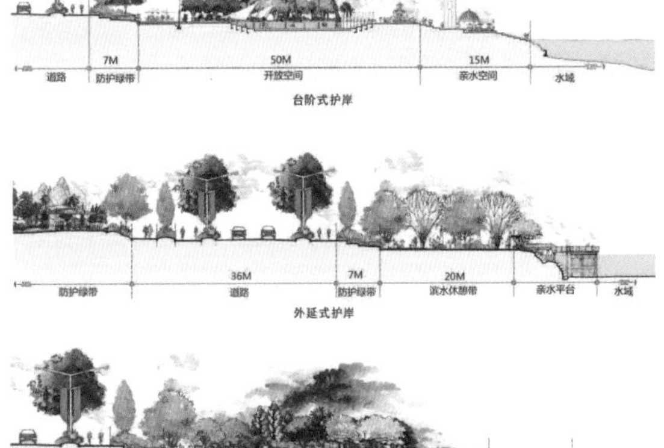

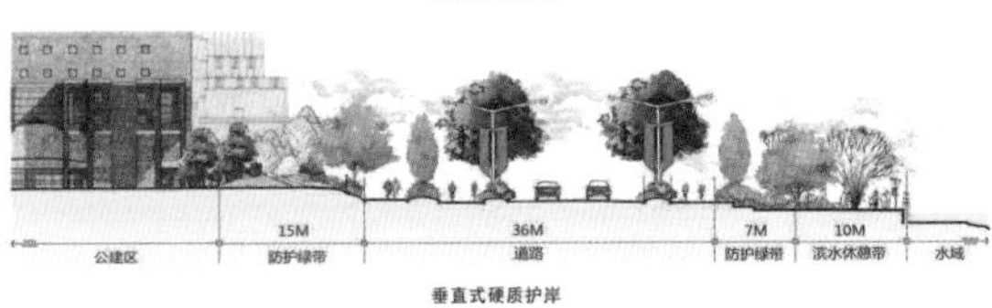

（b）岸线形式设计指引

图 7-11　要素通则性控制示意图

海沧片区	集美片区	环东海域片区	翔安南片区

充满生活气息的现代都市活力岸线。	**以嘉庚风情为主题的特色文化旅游岸线。**	**厦门国际马拉松赛专用赛事岸线。**	**国际贸易文化交流的海港岸线。**
• 海沧湾公园段以滨海带状公园为依托打造慢行生活岸线。 • 吴冠村段保留原生态海岸线，打造特色海蚀地貌地质公园。 • 马銮湾段打造以集商业休闲、文化娱乐、酒店服务于一体的现代滨水综合区。	• 杏林段结合园博苑打造红树林湿地生态旅游岸线。 • 集美老城段打造串联龙舟池、鳌园、集美学村等历史街区的嘉庚风情文化旅游岸线。	• 全段以马拉松为主题打造国际级的专业赛道。 • 示范段美峰蓝宝石酒店群打造滨海活力沙滩岸线。 • 下潭尾湿地公园段体现生态主题，打造自然亲水岸线。 • 海西会展中心段打造国际体育文化交流中心。	• 澳头段以欧厝渔港为主题打造闽台渔文化渔人码头。 • 翔安南部新城段结合厦门新机场打造国际航运、对台文化交流中心。

（a）总体风貌分区

区段定位		
• 滨海带状公园 • 滨海慢行道		

控制要素引导		
滨海道路		• 道路性质：滨海慢行道。 • 道路宽度：慢行道宽度5.5m，满足双向骑行。
开放空间	广场	• 主要节点：嵩屿码头广场（浪漫路起点）、观景台广场、红树林广场
	绿地	• 绿地类型：滨海带状公园
街道家具		• 整体风格：自然主义风格
植物类型		• 棕榈、观花乔木、红树林
岸线形式		• 石头式软岸、台阶式硬岸、外延式护岸

（b）分区建设指引（海沧湾段）

图 7-12　分区指引性控制示例

4. 同安湾示范段建设

按照分区发展指引，同安湾段着力发展体育产业，因此，在滨海空间导入马拉松赛道功能，并配置文化、酒店等设施；扩大绿廊用地，增加节点，两侧绿化根据竞技、健身需求优化；完善配套公共服务设施；优化交通组织，强化停车配置，完善慢行体系。其中在陆域空间策划了趣味运动公园、沙滩运动公园、综合运动公园、水上运动中心、时尚极限运动公园、社区运动公园；海上空间策划了沙滩浴场及水上活动区，可开展水上帆船、帆板、橡皮艇、滑翔伞、水上摩托、水上自行车等体育活动；整体提升滨海空间的活力度（图 7-13）。

示范段总体概况

- 滨水岸线全长约9km
- 体育文化产业路全长约7.9km
- 体育文化产业路与用海红线距离30～90m

标准道路断面宽12m

（a）示范段断面形式

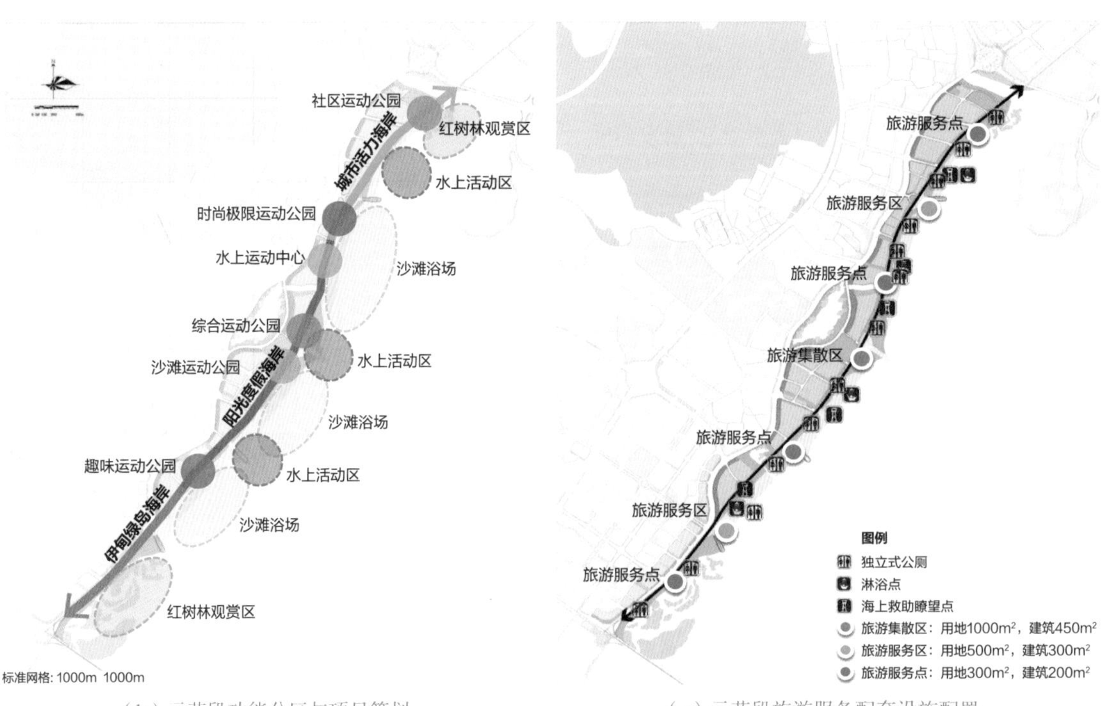

（b）示范段功能分区与项目策划

（c）示范段旅游服务配套设施配置

图 7-13　同安湾示范段建设示例

7.4 实践小结

1. 成果可操作性强

2010 年开展的厦门岛海岸线景观建设城市设计导则提出的海岸线存在问题及整治建议已纳入厦门市建设战役整治项目，编制的城市设计导则作为下阶段滨海岸线景观详细整治涉及建设工作提供管理依据，导则成果通过纳入规划管理“一张图”平台，作为主管部门审批管理时使用，是具有实施效果的项目。2016 年开展的厦门市海岸线景观设计导则是针对与人行为活动密切相关的近岸空间的设计指引，属于微观层面的实施策划，引导下一阶段近岸空间的建设实施、改造提升等活动。其中，同安湾示范段滨海浪漫线一期项目已经建成，成为马拉松赛的主要场地，吸引了大量的游客，成为新的网红打卡点（图 7-14），二期正在建设中，三期也正在推动前期工作中。

图 7-14 同安湾示范段建设实景

2. 先行应用城市设计手法

这两个项目的编制对象是属于城市发展的重点片区，因此在编制中均充分应用了城市设计手法，尝试探索多维度的空间环境设计、多要素的统筹协调，以期引导创造特色化、人与自然和谐共生的滨海空间环境。自然资源部在 2021 年开始试行《国土空间规划城市设计指南》，提出“城市设计是国土空间规划体系的重要组成，是国土空间高质量发展的重要支撑，贯穿于国土空间规划建设管理的全过程”。相对而言，厦门已经提早 10 年进行了有益的探索和实践，精准把握了城市发展的需求。

3. 陆海空间要素融合不够充分

2010 年编制的导则主要关注陆域空间，2016 年编制的提升规划与设计导则则跨越了海岸线，划定了一部分的海上空间，尝试用陆域的规划思维、技术方法应用于海上空间，是海陆统筹理念的先行尝试。但由于缺乏海上空间资源的基础资料，对专业海洋知识也存在不足，因而对海上空间的分析、论证、陆海之间的空间融合、要素协调、规划导向等方面存在一定的薄弱和欠缺，如对紧邻的海域空间的功能开发、配套需求考虑不足，导致在服务设施配置上预见性不足、预留规模较小，难以满足今后海上资源大力发展情况下的空间需求。

4. 陆海职能部门协同不足

由于这两个项目都是在自然资源部机构重组调整之前开展的，在当时陆域、海域分属不同管理部门的情况下，规划部门主要关注陆域空间的建设管理引导，对海岸线以下的空间、临海公共空间的关注度存在欠缺，也未通过相关渠道征求海域管理部门的意见；相应的海域管理部门也缺少对陆域空间的关注。部门之间清晰的权责划分，导致了本项目无法应用到海上空间的建设引导。

第8章

海沧湾海域整治概念规划及岸线整治利用概念规划

8.1 项目背景

海沧湾是距离厦门本岛最近的湾区，是厦门的“西门户”，湾区后方的城市建设也领先于岛外其他地区；邻湾设置的海沧新城，是厦门岛内外一体化发展战略部署中“拓展岛外”的示范区域，迎来了发展建设的重要契机。但是，海沧大道（紧邻海岸线）的建成，一定程度改变了湾区的自然条件，现状海沧湾区内滩涂淤积严重，湾区景观与厦门市国际性港口风景旅游城市及海沧区“新港区、新工业区、新市区”的定位极不协调；同时，根据海沧区分区规划，在海沧大道外侧设有一定规模的建设空间，若是填海造地需综合考虑生态修复、航道设置、城市景观之间的相互影响。

为了进一步提升城市的景观品质，推进新城的建设步伐，带动海沧第三产业发展，海沧湾海域整治工作势在必行。2010 年，厦门市开展了整治概念规划，对海沧湾 6.2km^2 范围内的海域整治与 5.7km 长的滨海岸线开发利用提出规划构想及控制要求，以指导下一阶段滩涂清淤、红树林种植、岸线整治等相关工作的进行（图 8-1）。

图 8-1　项目规划范围

8.2　规划思路

首先，根据海洋功能区划及海沧区分区规划，结合现状海沧区对海域功能使用需求，对海沧湾海域的功能使用提出规划布局控制，确定各功能海域范围及使用要求。再根据海域各功能区对通航条件、水流条件、红树林种植条件的不同要求，对滩涂的清淤整治工程提出控制要求。同时，研究分析海沧区对游艇休闲功能的需求，总结国内外游艇休闲区的建设经验，结合陆域的土地功能利用，对海沧湾游艇休闲区提出合理的布局要求；研究红树林种植的可行性及操作性，并结合景观工程选址布局；根据海沧湾海域功能布局要求，对滨海岸线改造整治提出概念性构思（图 8-2）。

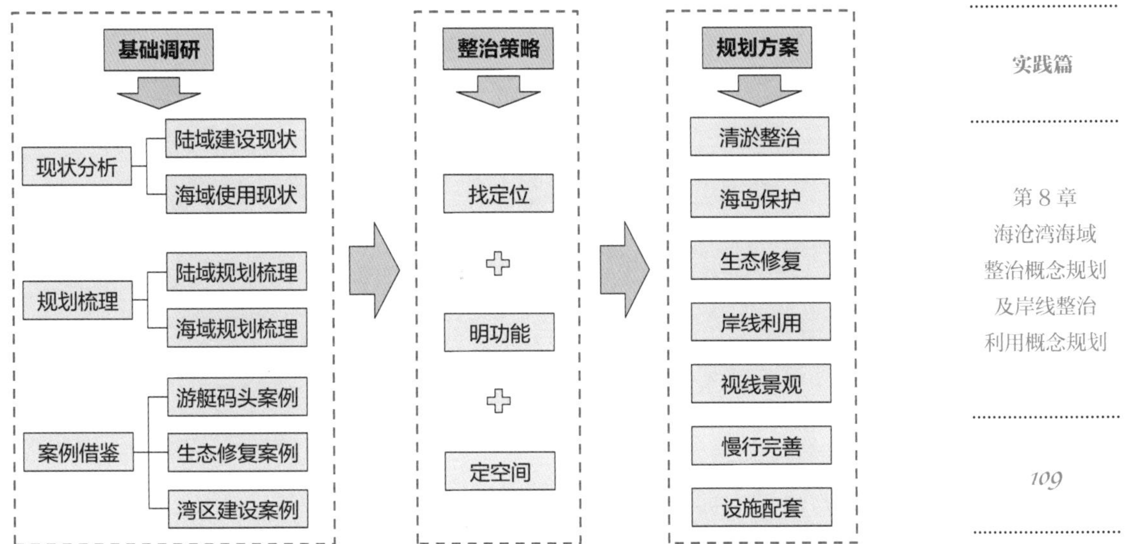

图 8-2　规划技术路线示意图

8.3　主要规划内容

8.3.1　全要素的现状调研分析

在现状调研阶段，全面分析海陆空间范围内的各项影响要素，其中海域范围分析包括气象条件、水深条件、水动力条件、海域使用情况、岸线建设情况等，并特别结合各种史料、监测数据，分析了滩涂区的现状规模、使用情况、滩涂动态（强淤积型滩涂，淤积速率达到 3～13cm/a），剖析了滩涂的形成原因；陆域空间分析则将后方 500m 范围内的土地开发、道路交通、绿化景观、慢行路径、视线景观节点等进行综合分析。通过详实的现状分析，保障后续空间利用的合理性、可实施性（图 8-3）。

（1）相对于其他城市的湾区，海沧湾岸线平缓，视野开阔，岸线与城市功能区紧邻，可依托城市的背景轮廓打造优美的湾区滨水形象。

（2）海沧湾外侧岛屿众多，距离岸线在 400～600m，岛上自然资源丰富，是不可多得的优势条件。

（3）火烧屿现状拥有丰富的海洋文化题材，是教育、展示海洋文化的绝佳平台。

综上所述，海沧湾即具有得天独厚自然资源，又可依托丰富的城市生活，同时拥有鼓浪屿、本岛等优美的景观，其定位为海沧区的生态、生活岸线及城市海洋公园。

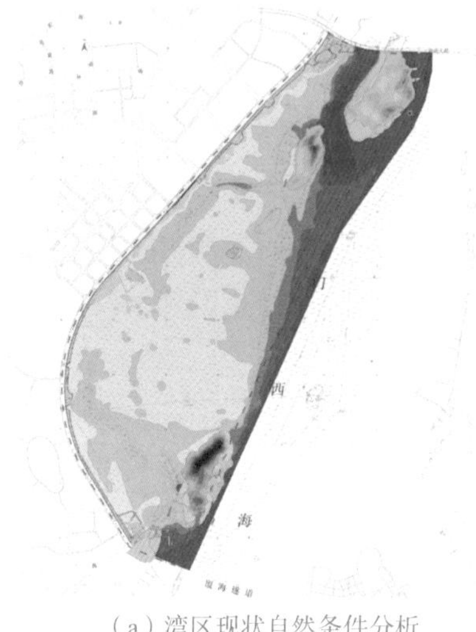

（a）湾区现状自然条件分析

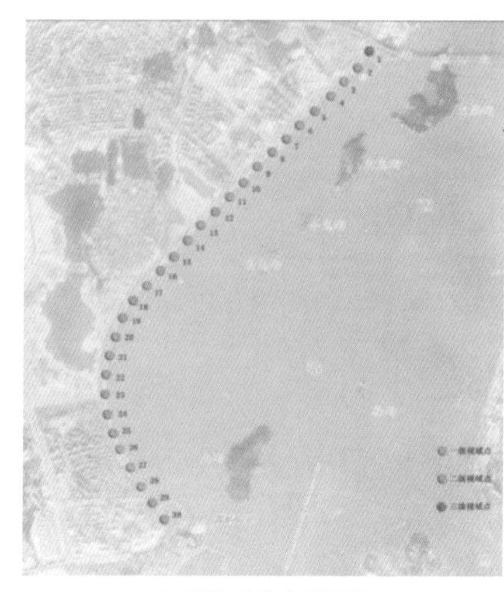

（b）湾区现状客观分析

图 8-3　现状分析示意

8.3.2　提出海陆统筹的整体发展思路

以湾区两侧的陆海空间为整体，确定海沧湾综合定位为“生态、生活岸线及海洋公园”，从空间上打造“一心一轴三片”的整体结构（图 8-4）。

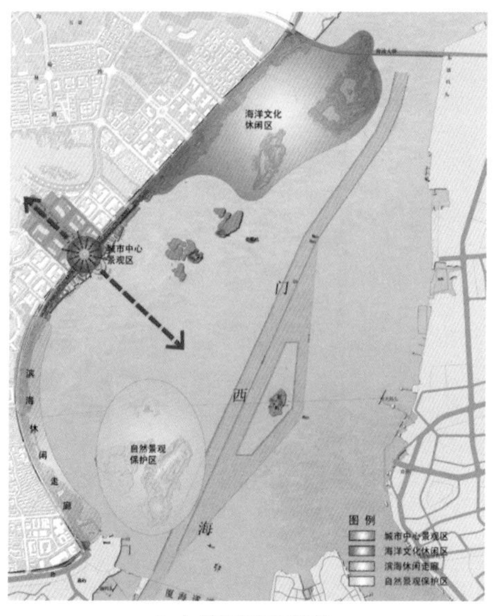

（a）湾区空间结构

（b）湾区总体布局

图 8-4　海沧湾整体发展设想（一）

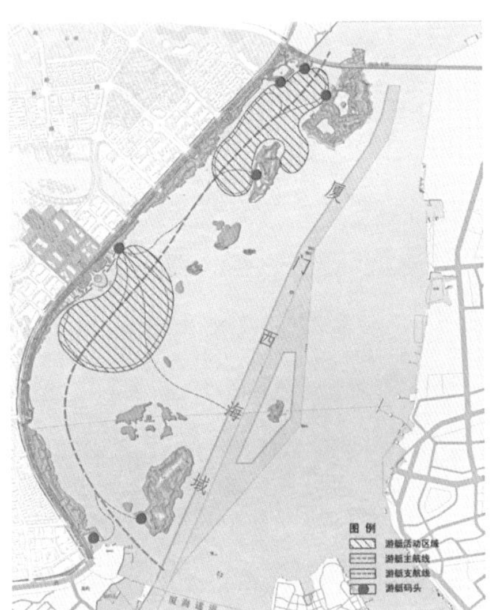

（c）水上交通及游艇活动区设置

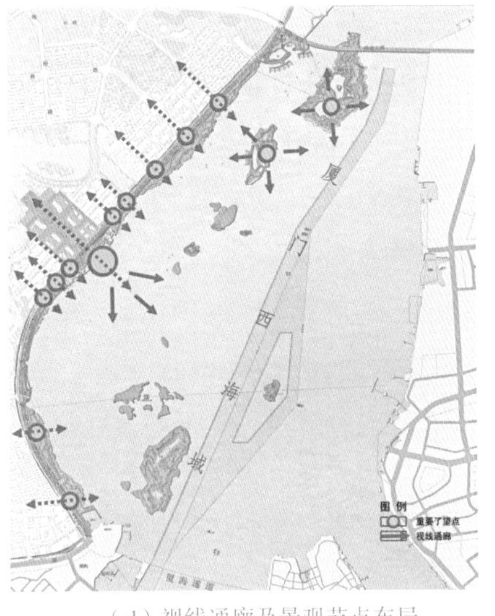

（d）视线通廊及景观节点布局

（e）湾区整体鸟瞰示意

图 8-4　海沧湾整体发展设想

一心：即东屿中心商务区外侧的城市中心景观区，为整体海沧湾景观的中心节点，重点体现城市建设与湾区的滨水景观。

一轴：由东屿中心区中轴线至猴屿，是湾区最为重要的景观轴线。

三片：海洋文化休闲区、滨海休闲走廊及自然景观保护区。

8.3.3　分类制定整治策略

重点对湾区海域的功能布局、岸线调整、环境营造、清淤工程、海岛保护与利用、红树林生态修复等提出规划引导。整治原则主要考虑：尽可能保留原有红树林，通过补种红树林，逐渐恢复原有生态，实现人与自然的和谐发展；保护并适度利用海岛，整合岛链与生态岸线，营造以“海洋生态科普教育、旅游休闲”为主题的海洋公园；利用现有游艇产业基地、避风坞，合理布局游艇产业区。

1. 海域清淤方案

在总体方案布局下（图 8-5），综合考虑航道活动（主次航道区分）、海景风光欣赏（“退潮不露滩”）、生态修复（红树林种植、沙滩修复）等因素，确定各个区域的清淤底标高：航道和游艇活动区清淤底标高为黄零 −6m，面积 2.7km^2；“退潮不露滩”清淤区清淤底标高为黄零 −4.24m，面积 2.74km^2；红树林及现状滩涂保留区维持现状滩涂；清淤总面积 5.44km^2。

图 8-5　海域清淤方案

2. 海岛保护与利用

针对湾区内的大小海岛，实施由“点”串成“线”的整体生态保护性开发，并根据海岛的不同规模、自然条件、上位规划要求，分类提出保护与利用要求。如火烧屿，定位为旅游开发岛屿，以海洋为主题，增加海洋文化内容，如海洋文化展馆等设施，同时可适当开发休闲度假及配套商业服务项目，提供小型沙滩活动、休闲度假、商务会议等功能空间。大兔屿受现状植被及山体限制，可开发区域小，应适当开发作为火烧屿的旅游功能补充，现状大兔屿周边红树林生长良好，可适当增加红树林种植，增设红树林科普教育馆，为青少年提供红树林的科普教育基地。大屿定位为白鹭自然保护区，本次规划保持大屿原有定位，岛上严格控制建设，周边滩涂应保留，补种红树林，作为白鹭的觅食栖息地（图 8-6）。

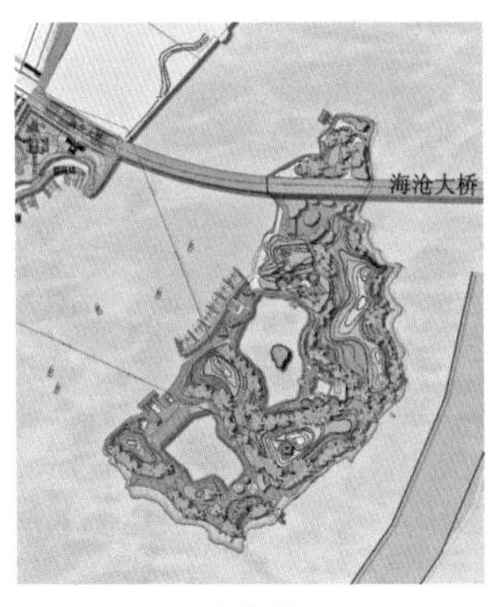

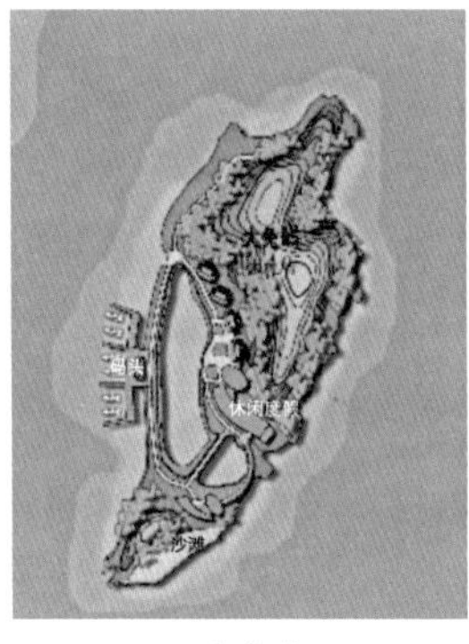
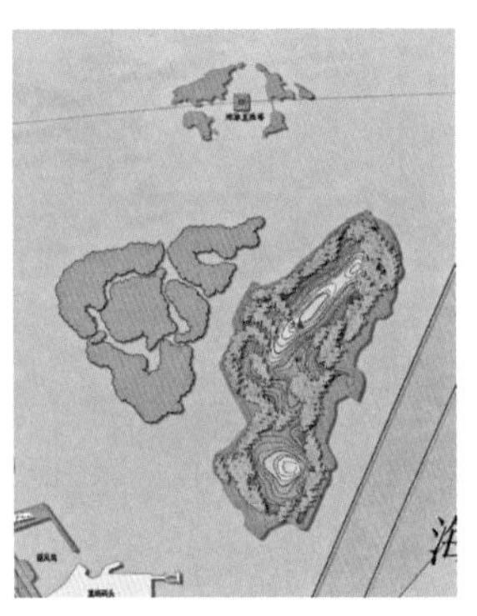

火烧屿　大兔屿　大屿

图 8-6　海岛保护利用思路

3. 红树林生态修复

现状红树林主要集中在中部、北侧湾区及海岛周边。清淤工程实施后，现状红树林分布已有改变，本次规划鼓励红树林补种以连片种植为原则，在岸线适合种植位置补种 50～100m 宽的红树林带，同时对大屿、小兔屿、白兔屿周边红树林进行培育修复，规划增加红树林面积约 25ha^2（图 8-7）。

4. 岸线调整

受限于现实已批岸线边界的影响，原片区规划提出的部分建设空间（如中段的城市阳台、北段的商业服务业用地）超出海岸线的空间难以落地实施，影响了片区的整体建设。因此，本次规划着重对已批岸线、现状岸线、规划岸线进行核实、比对，以推动项目落地为原则，分段提出了岸线调整、项目建设方式调整的建议。

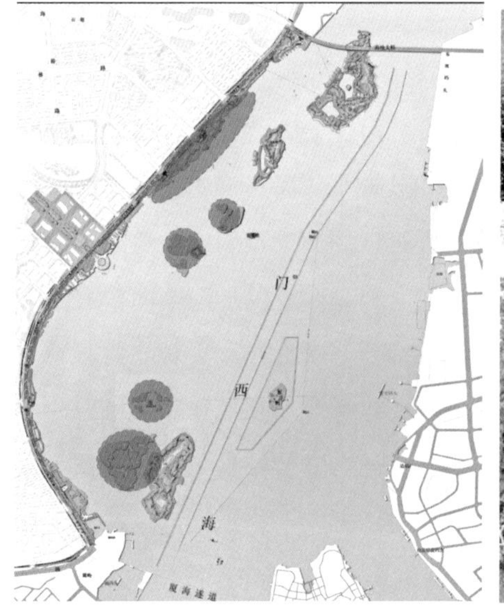

图 8-7　红树林生态修复示意图及效果图

8.3.4　制定岸线整治与利用内容

根据上述规划确定的规划控制要求，对岸线景观改造提出具体的控制要求及实施建议（图 8-8、图 8-9）。整治原则包括：（1）整体体现软质岸线要求；（2）尽可能按照原已批用海线范围控制；（3）局部已长期突破用海线的地块，适当保留利用；（4）充分结合现状岸线资源条件，创造富有活力的、生态的城市生活岸线（图 8-10、图 8-11）。

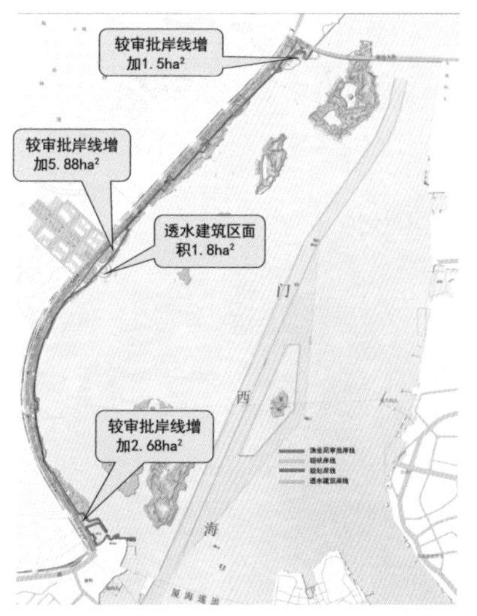

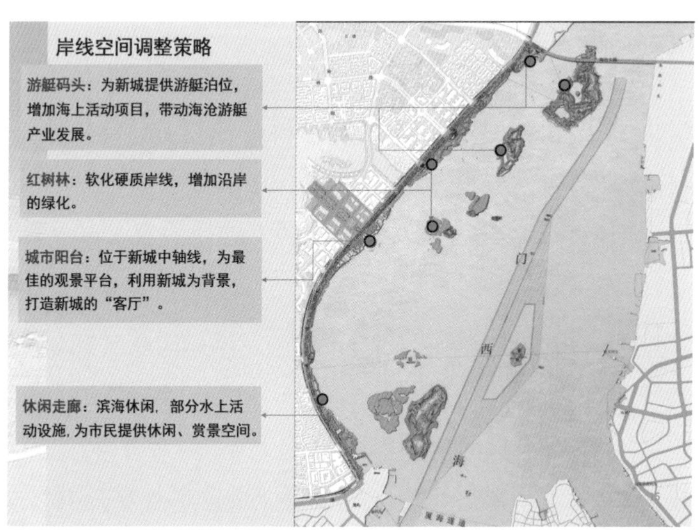

图 8-8　岸线空间调整策略

1. 北段海洋文化休闲区岸线利用

游艇码头及活动区域策划：

（1）游艇码头选址位于海沧湾北段岸线，紧邻城市高端居住区，可进一步带动新城居住区对外吸引力。同时该段紧邻海沧大桥北侧的游艇制造产业区，可形成游艇生产、展示、销售一体的产业链。

（2）游艇码头总长约：1200m，共设 150 泊位。

（3）该海域受外围岛屿及厦门本岛的阻挡，海浪强度较低，游艇码头外侧，可不设防浪堤。台风天船只可到避风坞停靠。

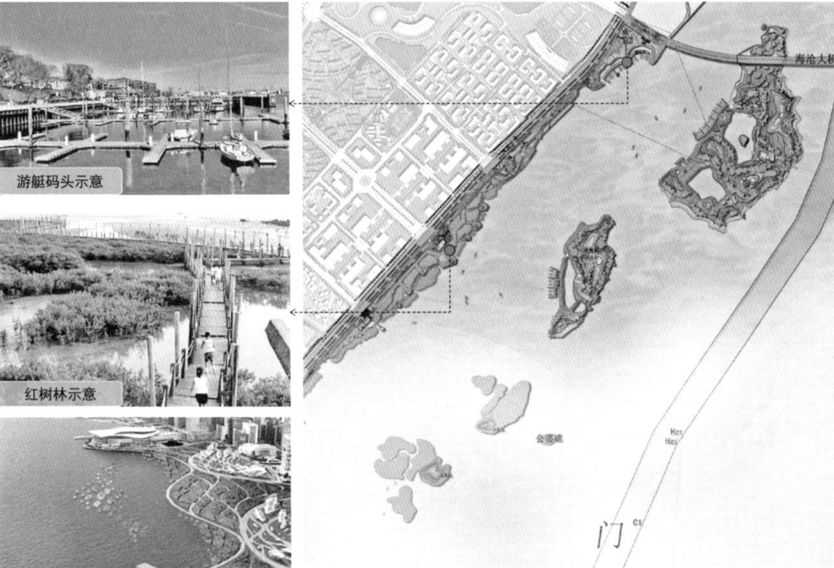

（a）北段功能分区

（b）游艇码头活动区划定

图 8-9　北段岸线整治利用

2. 中段城市阳台景观区岸线利用

城市阳台建设原则：

（1）城市阳台距离海沧大道边线控制在200m以内，以局部突出扩大活动空间，形成视觉焦点、标志性节点。

（2）城市阳台临海一侧的透水构筑物应控制占海面积，避免流速减缓形成淤积和水质的变差。

图8-10　中段城市景观区岸线利用

3. 南段滨海生活走廊岸线利用

（1）现状岸线为斜坡硬质护岸，亲水性及景观较差。

（2）南端岸线西侧为大型居住社区，人口密集，对生活休闲设施需求多样化，本段岸线应考虑最大满足居民的生活需求为目标，设置亲水木栈道、滨海沙滩、水上活动平台等休闲景观设施。

（3）考虑远期海域水动力条件变化，使近期无法建设的滨海沙滩或红树林建设成为可能，本次规划建议南端岸线保留现状，待远期环境条件明确后再进行岸线改造、设置适宜的设施。

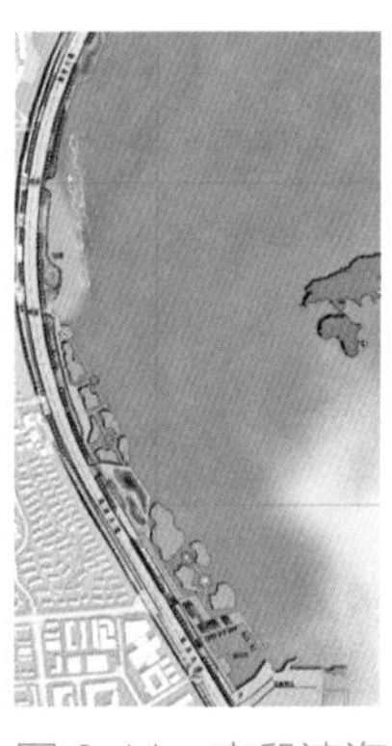

图8-11　南段滨海生活走廊岸线利用

8.4　实践小结

1. 多专业相互论证修正，工程可行性高

该项规划工作编制过程中，海洋科学、工程施工方面的专业机构同步介入，根据规划方案开展数字模型模拟论证、整治清淤工程可行性研究报告等；规划方案再根据数字模型分析及可研报告结论，进一步优化、调整。多学科、多专业的相互论证，保障了规划方案的可行性，整治工程实施后的海沧湾效果见图 8-12。

图 8-12　整治工程实施后的海沧湾

2. 分区域分要素实施整治

陆海空间的整治措施差异性很大。该项规划在整体发展思路的规划统筹引领下，针对不同空间的组成要素、实施难易程度等，分区域、分要素针对性提出整治策略，有效指导了下一阶段的工程实施。

3. 有效修正海岸线边界，促进项目实施落地

该项目结合行政审批限制、现实建设情况、未来发展需求，综合论证提出海岸线的整治措施，保留、优化适合湾区整体发展思路的项目，调整不利设施，有效促进湾区及岸线空间功能的整体优化。

4. 以城市设计手法支持海陆景观的融合

采用城市设计的最佳视距理论，结合国内外成功湾区建设实例（如香港维多利亚湾）经验分析，以湾区为整体，从陆上看海、从海上看陆、从空间看海，相互印证、分析，综合确定海沧湾区的视线通廊及景观节点，充分展现海沧湾“赏红树、观鸟飞、看鱼翔”的景观场所，这是城市设计手法在陆海空间规划中的创新性应用。

第9章

大嶝海域及岸线利用规划

9.1 规划背景

随着翔安隧道的通车，大嶝岛、小嶝岛成为市民的新旅游目的地。海域养殖退出以后，作为厦门境内目前开发程度较低、水质最清洁的海域，需要对其进行更进一步的规划，使该海域得到及时的保护和合理的利用。厦门翔安机场拟选址在大嶝岛东侧海域，需要对大嶝岛的土地利用规划作出调整，同时对海域的功能、定位也提出了新的要求。因此，2011 年开展了大嶝海域及岸线利用规划编制研究工作。

9.2 规划思路

根据国家对厦门海域主体功能区规划的定位、厦门市对大嶝海域的定位和功能要求，结合厦门翔安机场的建设，从保护大嶝海域生态资源及景观角度出发，分析大嶝海域资源和环境的承载能力等自然基础条件和地理区位条件，结合现行海洋功能区划和已编制的海域及岸线利用相关规划，确定大嶝海域的适宜功能和空间布局，提出海域及岸线资源利用和环境保护的控制性指标，大嶝海域和岸线利用适应重大基础设施建设后的发展变化，预留未来发展空间，同时避免新的开发项目造成对海域环境和生态资源的破坏。

9.3 主要规划内容

本次规划海域位于厦门市东部，翔安区新店镇以东、内厝镇以南海域。规划范围西以新店镇临海岸线为界，北至内厝镇临海岸线，东、南到厦门市海域界限，总面积约 112.04km^2（图 9-1）。

图 9-1 大嶝岛海域及岸线利用规划范围

9.3.1 定位及功能

海域养殖退出和翔安机场的建设，为欧厝、蔡厝、莲河、大嶝岛、小嶝岛带来了新的发展机遇，这几个片区的主要功能由原先的渔村转变为旅游、航空物流、商贸居住片区。此外，作为厦门的东大门，大嶝海域周边陆域必须保持与海域的良好关系，应具有通透的视线通廊直达海面，同时营造优美的临海景观；大嶝海域水质条件良好，具有开展海上运动的良好的先天条件；大、小嶝及角屿三岛，是厦门市难得的海岛资源，在厦门市以滨海旅游为主导的资源中占有很重要的地位，在中国现代史上也占有相当重要的位置，其人文景观、军事景观作为厦门市滨海旅游资源的重要组成部分，极具开发利用价值；欧厝水深条件良好，历史上一直是优良的渔港，其渔港功能将在相当长的时间内得到保留；文昌鱼保护区用海作为生态保护用海也必须得到保留。

本海域定位：厦门海域的重要组成部分，展现海洋生态自然景观的滨海及海上休闲度假空间。海域功能：以生态旅游和休闲度假为主，兼顾港口航运和海洋工程。岸线功能：以城市休闲生活岸线和旅游岸线为主，兼顾港口岸线和工业岸线。

9.3.2 海域及岸线整体规划

1. 海域功能规划

研究表明，向岸线陆域和海域各 1km 的近岸海域，是海岸带人类活动最为频繁的区域。因此，本规划将距离岸线 400～800m 的近岸海域作为重点开发区域进行布局。该区域海域使用类型是旅游基础设施用海、海底管线电缆、跨海桥梁、游乐场、其他用海等，用海方式主要为透水及非透水建筑物。近岸海域各功能区具体统计情况见表 9-1。

近岸休闲海域功能统计表　　　　表 9-1

海域名称	各类用海分布	海域使用主要类型	面积（km^2）	用海方式	适用项目
欧厝—蔡厝近岸休闲海域	欧厝至蔡厝近岸海域	港口、锚地、旅游基础设施、游乐场、航道、路桥、其他用海	4.23	透水构筑物、非透水构筑物、游乐场、跨海桥梁	商业旅游休闲、海上快艇、摩托艇、香蕉船
蔡厝—莲河近岸休闲海域	蔡厝至莲河近岸海域	旅游基础设施、游乐场、航道、路桥、电缆管道、船舶工业、污水达标排放、其他用海	2.643	透水构筑物、非透水构筑物、游乐场、跨海桥梁、海底电缆管道、污水达标排放	红树林生态体验、旅游、观赏、商业旅游休闲、海上快艇、摩托艇、香蕉船
大嶝北部生态保护用海	大嶝岛北部	其他用海	5.04	透水构筑物、跨海桥梁、海底电缆管道	红树林湿地生态体验

由于跨海桥梁和航道的划分，规划将近岸海域以外用海划分为大嶝休闲生态用海、大嶝南部海岛度假用海、文昌鱼自然保护区用海、厦金大桥预留用海、小嶝—角屿海上运动娱乐用海、航空工业用海等几大用海区，各海域功能详情见表 9-2，图 9-2 和图 9-3。

海域各功能统计表　　表 9-2

海域名称	各类用海分布	海域使用主要类型	面积（km^2）	用海方式	适用项目
大嶝休闲生态用海（海域 a2）	大嶝西南侧用海	航道用海、旅游基础设施用海、游乐场用海	34.357	透水构筑物、游乐场	海钓、海上游泳及划艇；滑水等水上运动项目
文昌鱼自然保护区用海（海域 b、e）	大嶝岛东南侧、西南侧用海	海洋保护区用海	20.255	其他开放式	禁止任何海上运动娱乐项目
大嶝南部海岛度假用海（海域 E）	大嶝岛南部围填人工岛及周边海域	旅游基础设施用海、游乐场、路桥	8.668	建设填海造地、透水构筑物、跨海桥梁	海域休闲观光、摩托艇、香蕉船等
厦金大桥预留用海（海域 c）	翔安机场西南侧	其他工业用海、路桥用海	7.663	透水构筑物、跨海桥梁	—
小嶝—角屿海上运动娱乐用海（海域 F）	小嶝岛、角屿周边海域	旅游基础设施用海、游乐场用海、航道用海	15.9	透水构筑物	海钓、海域观光游览
航空工业用海（海域 D、d）	翔安机场东南侧、东北侧用海	其他工业用海		其他开放式	机场建设配套用海

2. 岸线功能规划

规划岸线主要划分为：港口岸线、生态岸线、城市生活岸线和滨海旅游岸线，另外还有少量特殊岸线（角屿），岸线功能统计详见表 9-3，图 9-2、图 9-3。

岸线各类功能统计表　　表 9-3

各类功能岸线	各类岸线分布	长度（m）	主要功能说明
港口岸线	澳头—欧厝港口	1780	各种形式的泊位
工业岸线	航空及游艇工业组团滨海岸线、机场航空工业组团沿岸	21120	临海工业区海岸
旅游岸线	后村港汉以东岸线、九溪口两侧岸线、围填人工岛岸线、大嶝岛南缘滨海岸线、小嶝岛岸线	30520	旅游景观及旅游设施
城市生活岸线	蔡厝生活岸线	3060	休闲景观及休闲设施
生态岸线	大嶝岛北部生态岸线	5740	红树林生态体验设施
特殊岸线	角屿滨海岸线	3340	

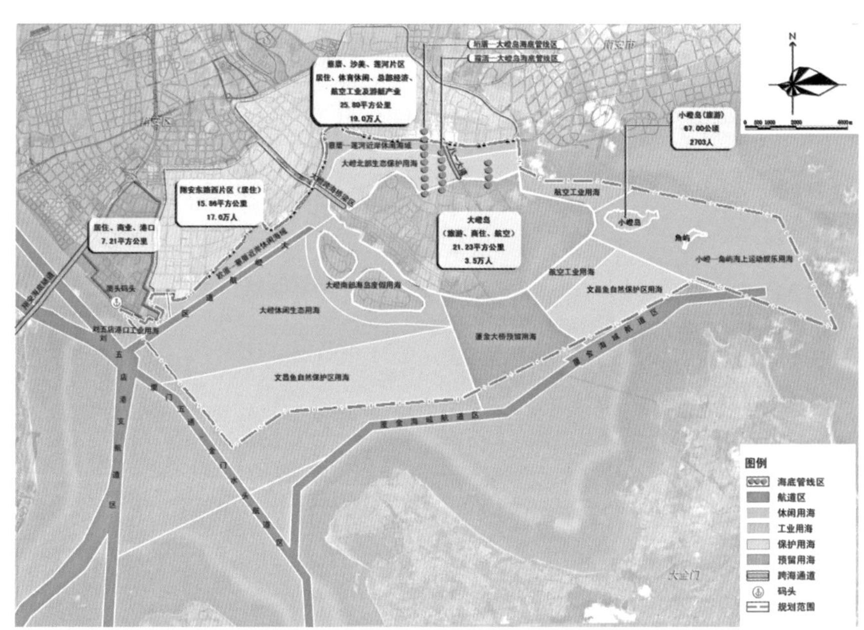

图 9-2　大嶝海域及岸线规划图

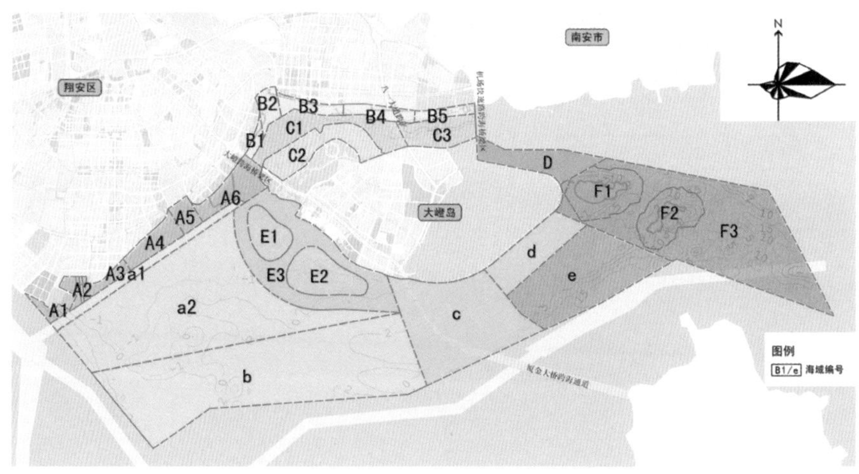

图 9-3　大嶝海域编号图

3. 海域开发利用规划

以欧厝—蔡厝近岸休闲海域指标设置和图则为例，根据海域区位、陆域片区的城市定位、开发利用现状、所在海域海洋功能区划、海域定位、岸线功能及长度、开发利用规划、配套设施和保护管理要求与措施；确定了用海方式、非透水构筑物控制指标、建议开发项目、码头建设、岸线及海岸防护规划等控制性指标，并制定分区分段管控图则。详情见表 9-4，图 9-4。

欧厝—蔡厝近岸休闲海域（海域 A）用海指标一览表

表 9-4

海域		海域使用类型及编码	用海方式	用海面积（km^2）	岸线		海水水质标准	（非）透水构筑物控制				建议开发项目	码头及岸线防护规划
					长度（m）	功能		面积（上限）（m^2）	密度（上限）（%）	高度（层数）	退线		
海域A	海域A1	港口用海（31）、锚地用海（33）	锚地及其他开放式（44）	0.609	1780	港口岸线	第三类	—	—	—	退航道100m以上	—	码头1个
	海域A2	航道用海（32）	专用航道、锚地及其他开放式（44）	0.058	1550	港口岸线	第三类	—	—	—	退航道100m以上	—	码头1个，岸线：斜坡式护岸
	海域A3	港口用海（31）、锚地用海（33）	锚地及其他开放式（44）	0.491	2690	临海工业	第三类	—	—	—	退航道100m以上	—	岸线：斜坡式自然绿化护岸
	海域A4	旅游基础设施用海（41）、游乐场用海（43）	透水构筑物（23）游乐场用海（43）	1.026	3060	生活岸线	第二类	—	—	—	退航道100m以上	海上快艇、香蕉船、海域观光	岸线：斜坡式自然绿化护岸
	海域A5	其他用海（9）	其他开放式（44）	0.546	2200	滨海旅游	第二类	10000	1%	低层	退航道100m以上	商业旅游休闲、海域观光	岸线：斜坡式自然绿化护岸
	海域A6	旅游基础设施用海（41）游乐场用海（43）、路桥用海（34）	透水构筑物（23）、游乐场（43）、跨海桥梁（22）	1.500	4160	滨海旅游	第二类	15000	1%	低层	退大嶝大桥及航道100m以上	海上摩托艇、海上快艇、旅游服务中心	岸线：斜坡式自然绿化护岸

注：表中的海水水质标准指规划的海域使用类型要求的水质标准。当附近的另一种海域使用类型要求的海水水质标准较低时，应首先保证能满足较高的海域使用类型的海水水质标准。

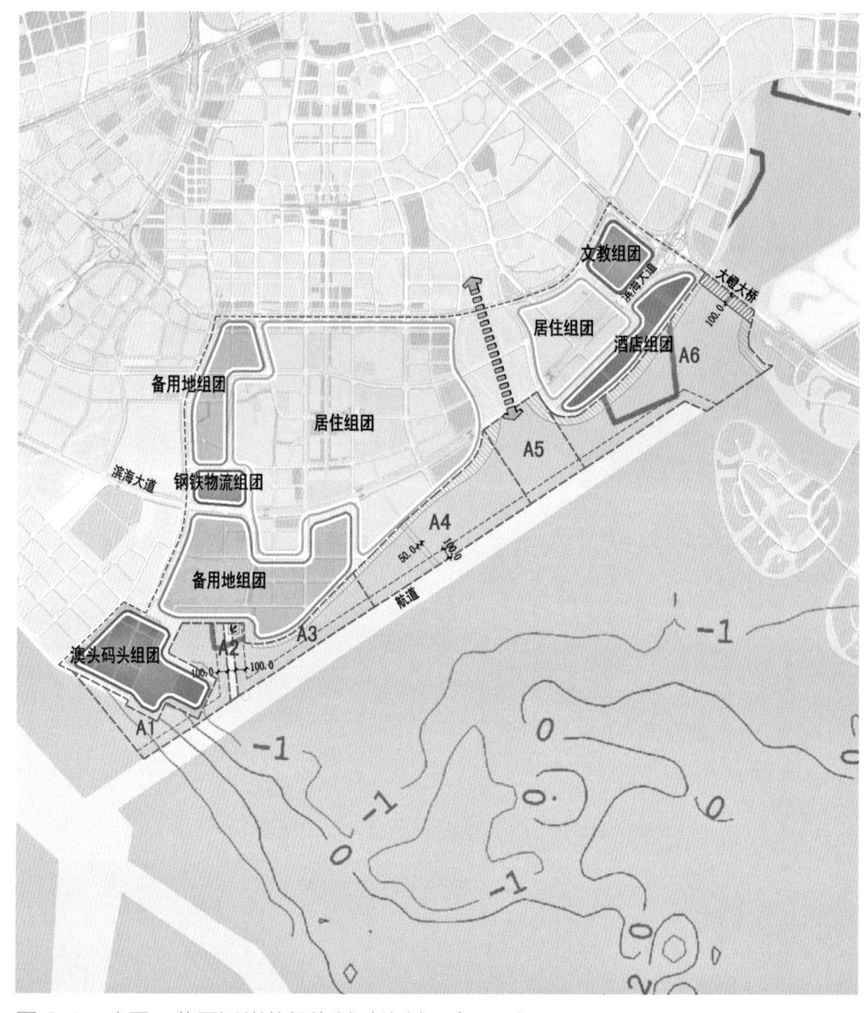

图 9-4　欧厝—蔡厝近岸休闲海域（海域 A）图则

9.4　实践小结

1. 可持续利用的海岸带详细规划新探索

该规划于 2011 年编制完成，规划编制整体延续了《同安湾海域和岸线利用规划》的规划方法，充分考虑城市发展的总体方向和海域水动力情况，预留路桥用海、工业和城镇用海；结合海洋资源的分布，统筹考虑生态保护用海、旅游休闲用海、港口用海和有居民海岛的合理利用；构建了配套的指标体系，对不同类别的用海制定相应的开发利用和管控措施。

除用海方式、用海类型、岸线、透水及非透水建构筑物的管控等，该规划还针对生态保护用海制定了较为严格的保护管理要求与措施：如执行Ⅰ类海水水质标准，注意避免机场建设的垃圾和废弃物进入本海域，限制海上捕捞，保护文昌鱼生存的生态环境，透水构筑物的退线要求等。以上措施不仅使该海域得到较为合理的开发和利用，也实现了对海域生态的保护，对海域的可持续发展起到了积极的引导作用。

2. 需要进一步研究规划的调整及动态更新机制

作为重大的基础设施用海，影响机场建设的因素很多。在机场选址的方案阶段编制海岸带详细规划，对海域和岸线的保护和合理利用能起到一定的积极作用。一旦机场选址范围发生变化，必然导致海域与岸线利用的范围发生变化。规划应对基于海洋功能区划的海岸带详细规划的调整及动态更新机制进行进一步的研究，以实现海岸带控制性详细规划的“能用”“好用”和“管用”。

第10章 无居民海岛旅游策划

10.1 背景介绍

海岛旅游资源是海洋资源重要的组成部分之一，海岛旅游业已成为当代旅游业中发展最为迅速的领域之一，并且产生了许多世界上著名的海岛旅游胜地，如美国的长岛、印尼的巴厘岛等。

厦门作为我国著名的滨海旅游城市，拥有数量众多的无居民海岛。但是厦门的海上旅游项目很少，尤其缺乏以海岛为特色的海上游乐项目。加快开发无居民海岛旅游资源，将厦门打造成为生态环境优美的世界旅游目的地，有利于提升厦门的旅游品牌和价值，丰富厦门滨海旅游城市的内涵。

2010年颁布实施的《中华人民共和国海岛保护法》，2012年4月正式公布的《全国海岛保护规划》，2012年10月获得国务院批准的《福建省海洋功能区划（2011—2020年）》等法律法规和专项规划，为无居民海岛旅游开发提供了法律依据。2011年原国家海洋局公布的首批176个开发利用无居民海岛名录中，厦门有5个，分别是大兔屿、火烧屿、宝珠屿、鳄鱼屿、大离浦（亩）屿。2013年“十一”黄金周期间进行的抽样调查表明，作为海域中风光独特的资源，98%的外地游客表示喜欢参加厦门的都市渔业游，这其中选择参观厦门17个无居民海岛风光的游客占63%。但无居民岛屿基础设施薄弱，为保护海岛生态环境、完善海岛基础设施，并为下一步“串岛游”提供参考，开展了“厦门市无居民海岛旅游策划”项目。

10.2 主要思路

考虑到规划无居民海岛面积小，生态较为脆弱，景观资源有限，规划通过对海岛及周边环境调研与分析，在充分了解地形地貌、植被建筑、人文历史等现状的基础上，结合公园建设、旅游开发等，确定无居民海岛的旅游主题，策划“串岛游”的旅游线路，并提出各海岛切实可行的旅游策划项目以及配套的公共设施建设方案。

10.3 主要内容

10.3.1 现状概况

本次策划的海岛为环绕厦门岛，面积较大的、较适合开发的 8 个岛屿，包括鸡屿、大屿、大兔屿、火烧屿、宝珠屿、鳄鱼屿、大离浦（亩）屿、土屿（上屿）等。岛屿总面积约 104ha^2（表 10-1 和图 10-1）。

规划无居民海岛现状一览表[①] 表 10-1

岛屿	岛屿面积（m^2）
鸡屿	401021
大屿	178961
大兔屿（含乌鸦屿）	93347
火烧屿	264248
宝珠屿	6266
鳄鱼屿	78710
大离浦（亩）屿	18220
土屿（上屿）	2002
合计	1042775

① 数据来源：《福建省海岛保护规划》。

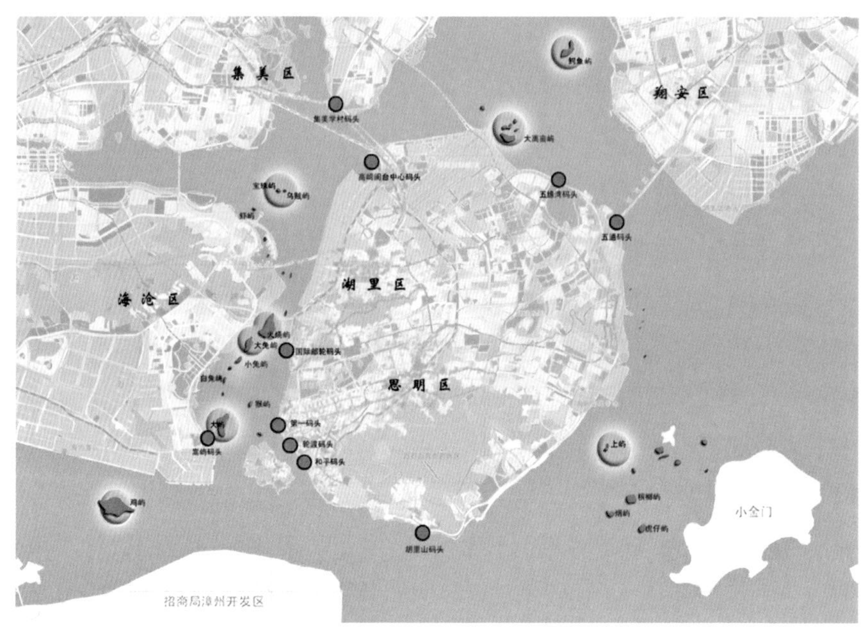

图 10-1 规划无居民海岛现状分布示意图

10.3.2 海岛分类规划

根据岛屿的区位、现状资源条件，将本次规划的无居民海岛分为特殊保护型、保护开发型和整治观光型三类。其中大屿和鸡屿生态环境良好，目前位于白鹭自然保护区内，其主导功能是鹭鸟栖息繁殖，属于特殊保护型海岛，严格限制登岛；上屿和宝珠屿面积较小，规划作为整治观光型，允许短暂停留；其余岛屿作为保护开发岛屿，可做较长时间的停留。各海岛旅游开发主题如表 10-2 所示。

无居民海岛旅游主题规划表　　表 10-2

海岛名称	开发类型	海岛主题	海岛昵称	其他
鸡屿	特殊保护型	自然和谐	白鹭家园	预约上岛、科普为主
大屿	特殊保护型	自然和谐	白鹭家园	预约上岛、科普为主
大兔屿（含乌鸦屿）	保护开发型	旅游小憩	海上阳台（旅游驿站）	上岛、串岛游
火烧屿	保护开发型	旅游小憩	海上客厅	上岛、串岛游
宝珠屿	整治观光型	纪念缅怀	集美（嘉庚）宝珠	观光为主、串岛游、短暂停留
鳄鱼屿	保护开发型	旅游小憩	海上花园	上岛、串岛游
大离浦屿	保护开发型	旅游小憩	休闲小站	上岛、串岛游
上屿	整治观光型	和平希冀	和平小站（海峡瞭望）	观光为主、串岛游、短暂停留

10.3.3 海岛旅游线路规划

考虑到规划海岛面积较小，景观资源十分有限，虽然各具特色，但仍然是以海岛风光为主，共性大而个性小。因此，光靠各海岛本身进行旅游资源开发，很难产生强大的旅游吸引力，为此本规划充分考虑将厦门市域范围内其他旅游资源特色，与本次策划海岛组合进行开发，形成民俗风情线路（嘉庚风情）、自然风光和专业游线路（预约）共四大类13条旅游线路，将无居民海岛旅游充分融入厦门整体旅游线路中，详见图 10-2。

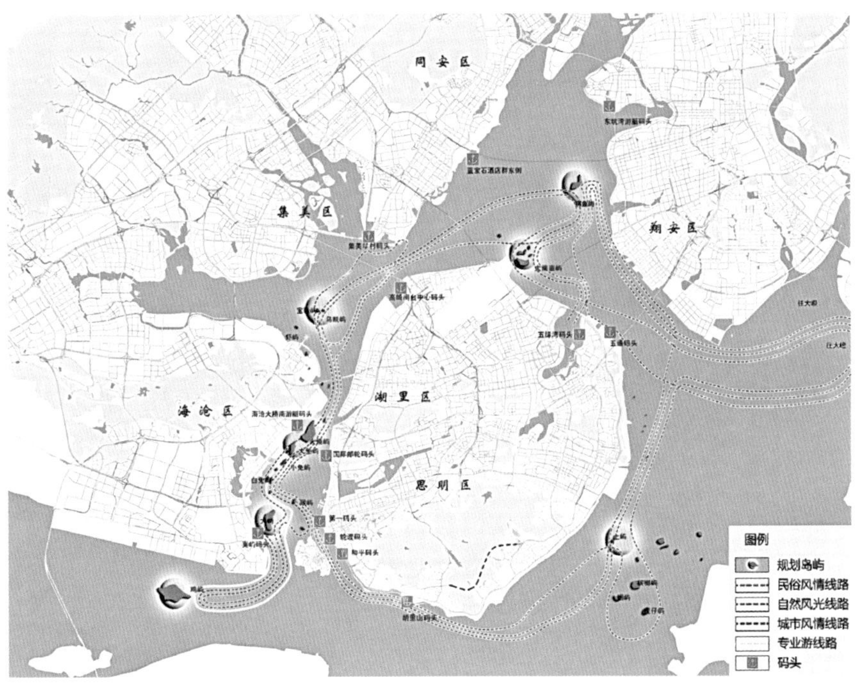

图 10-2　无居民海岛旅游线路规划图

10.3.4 各海岛旅游开发策划

包含功能定位，项目策划规划，游人容量，码头、岸线和海岸防护规划，游览线路组织，市政工程和公共设施规划等几方面。

1. 火烧屿

（1）功能定位

以地质景观、海豚观赏为主的生态公园。

（2）项目策划规划

规划火烧屿分为游艇主题公园、萤火虫主题公园、海豚主题公园（含海豚救助及智障儿童救助）、火烧岩地质公园四大功能区。规划对各功能区提出开发利用导向，如利用现有白海豚保护基地结合鲸豚湖、鹭栖湖周边现有旅游设施，建设以海豚科普、表演为主的公园，同时开展海豚救助及智障儿童救助等项目；如利用火烧岩层状地貌、海蚀洞穴、海岸线、起伏的丘陵和海湾等，形成以观赏火烧岩为特色的旅游项目等。

此外，对火烧屿的游人容量、码头、岸线和海岸防护规划、游览线路组织、市政工程如给水、污水、雨水、电力以及公共设施均进行了规划（图 10-3 和图 10-4）。

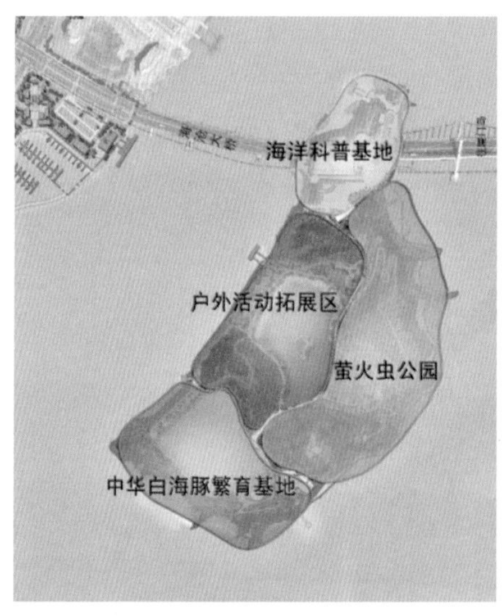

图 10-3　火烧屿规划结构图

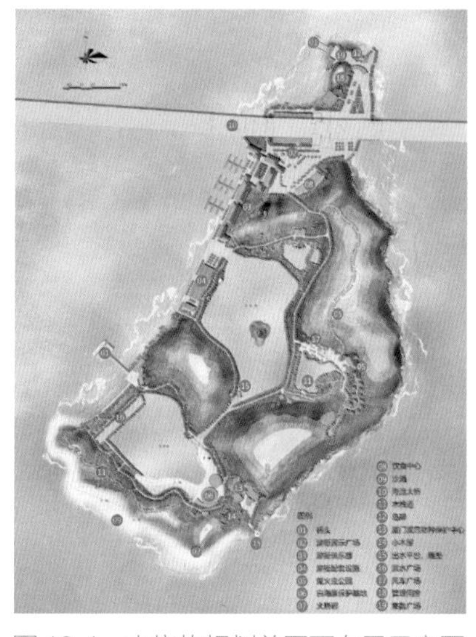
图 10-4　火烧屿规划总平面布局示意图

2. 大兔屿

（1）功能定位

以自然景观体验为主的生态公园——城市观景阳台。

（2）项目策划规划

根据现状特点，规划将大兔屿分为水上活动区、沙滩活动区、休闲配套区、山体景观区、红树林观赏区五个区域。

水上活动区：将大兔屿同乌鸦屿之间围合起来的人工湖规划作为水上活动区，开展各类水上旅游项目。

沙滩活动区：位于乌鸦屿东部，利用现有人工围堰沙滩形成沙滩活动区，规划对其进行景观提升，供游人观赏游览地质景观，开展沙滩运动。

休闲配套区：位于大兔屿西南部和乌鸦屿东北部，利用现状废弃别墅改造为休息点，大片平整地改造成为广场、室外活动场地，供游客休闲娱乐，配套有码头两处、集散广场、综合服务中心、商业设施、沙滩运动服务点等。其中西北侧码头结合规划轨道通风口等设施一并建设。

山体景观区：根据《厦门市海洋功能区划》和《厦门市西海域海域使用规划布局》，大兔屿位于红树林湿地生态和海岛地质公园内，周边海域整体生态环境较好，为此在大兔屿北部规划了一片禁止普通游客进入，但可以在其周边近距离观赏各种海鸟的区域作为山体景观区，既改善环境，引入生机，又为游人提供了一处近距离观赏鸟类的好去处。沿大兔屿山势利用现状规划了一条林间游览步道，沿途观赏妙湛方丈舍利塔、厦门岛、海沧大桥等景观。

红树林观赏区：为维持大兔屿较好的生态环境和绿化，避免被再次破坏，保证其可持续发展，结合东屿湾滩涂整治，扩大现有西部红树林的种植面积，向北延伸至大兔屿北端，并建设木栈道、观景平台、观鸟屋等，营造一个亲近自然、体验自然，天人合一融于海绿之间的优美环境。

此外，对大兔屿的游人容量、码头、岸线和海岸防护、游览线路组织，配套的市政工程和公共设施均进行了规划（图 10-5 和图 10-6）。

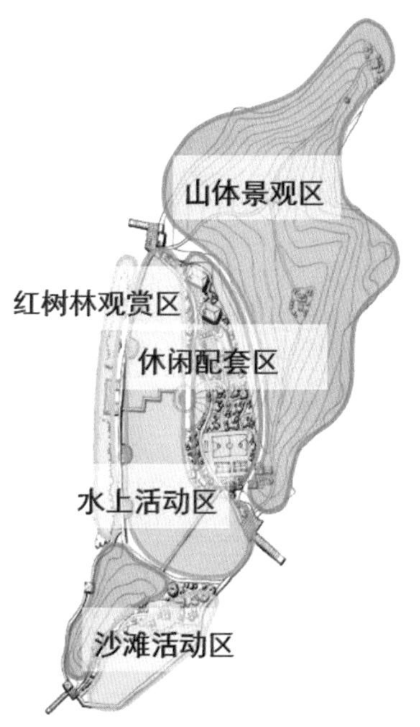

图 10-5　大兔屿规划结构图

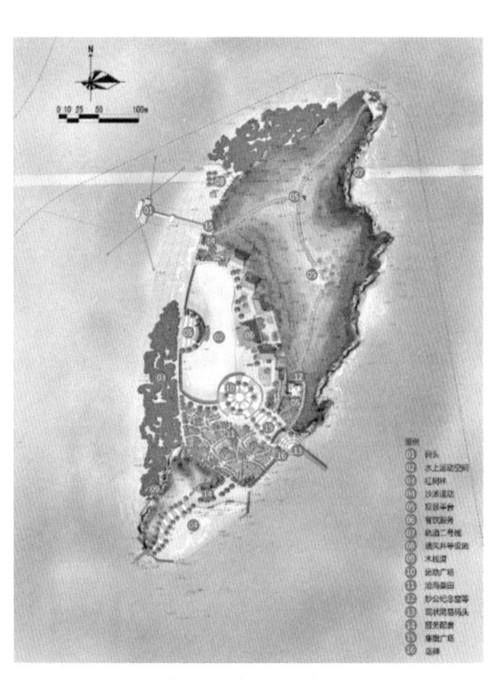

图 10-6　大兔屿规划总平面布局示意图

3. 宝珠屿

（1）功能定位

以嘉庚文化为主题的观光海岛。

（2）项目策划规划

为保持宝珠屿的优美环境和景观不受破坏，规划首先在尽量利用现状的基础上，丰富嘉庚文化内涵，提升旅游环境。保持宝珠塔和杏林渔政基地之间现状植物群落，加强养护，丰富树种。其次宝珠塔四周为石质铺地，进行环境整治以后可以作为登高远眺、欣赏宝珠塔人文景观和未来马銮湾新城以及集美城市景观的观景点。再者对杏林渔政管理用房进行立面整治，改造其内部作为游人休息点。最后将岛南部平台垃圾清理以后，开辟成为露天休息场所。除以上改造建（构）筑物外，宝珠屿上不再扩建、改建、新建建筑物。

退潮时宝珠屿露出的礁盘可作为钓鱼爱好者垂钓用地。向东架设汀水步道与乌贼屿联系，退潮时的乌贼屿也作为垂钓用地。

此外对宝珠屿的游人容量、码头、岸线和海岸防护、游览线路组织，配套的市政工程和公共设施均进行了规划（图 10-7）。

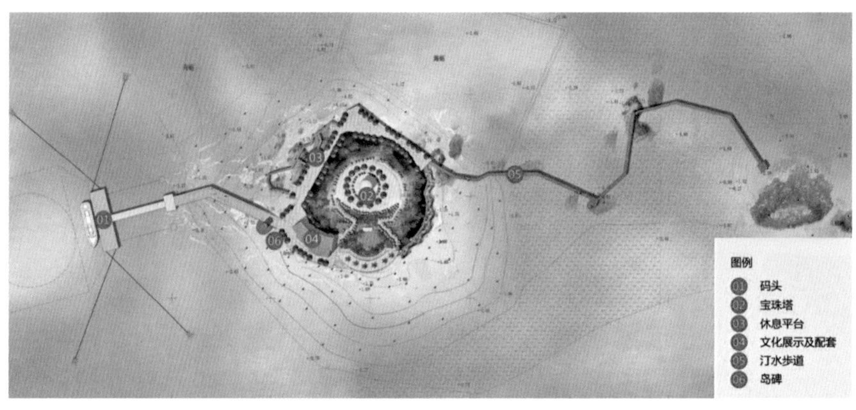

图 10-7　宝珠屿规划总平面布局示意图

4. 鳄鱼屿

（1）功能定位

自然体验为主的海岛公园。

（2）项目策划规划

规划鳄鱼屿分为自然体验区、沙滩活动区、红树林观赏区三大功能区。

自然体验区：为避免鳄鱼屿现有的绿化遭到更大的破坏，规划充分利用鳄鱼屿现状植被（果园），开辟成为观光果园用地。同时结合观光果园的建设，改造中部现状村民住宅用地为休闲游憩用地，并配套服务管理中心、建设鳄鱼岛历史展馆。利用现有脐井、古墓等历史建（构）筑物，建设古墓海风、脐井传说等景点，丰富海岛旅游资源。待北侧围堰码头建成后，可利用其堤岸、水域开发渔业养殖、收获等渔业生态体验项目。

沙滩活动区：为保证良好的水质，结合鳄鱼屿的开发，拆除周边海域 100m 范围内养殖的围网，对南部近岸沙滩进行清理和环境整治，开展沙滩休闲、拾贝等亲海运动。改造南部村民住宅成为旅游服务的休息点。

红树林观赏区：扩大西侧红树林的种植范围，一直延伸至鳄鱼屿北端，不仅起到固滩护岸、防止侵蚀加剧的作用，同时也创造了良好的生态环境。

此外，对鳄鱼屿的游人容量、码头、岸线和海岸防护、游览线路组织，配套的市政工程和公共设施均进行了规划（图 10-8 和图 10-9）。

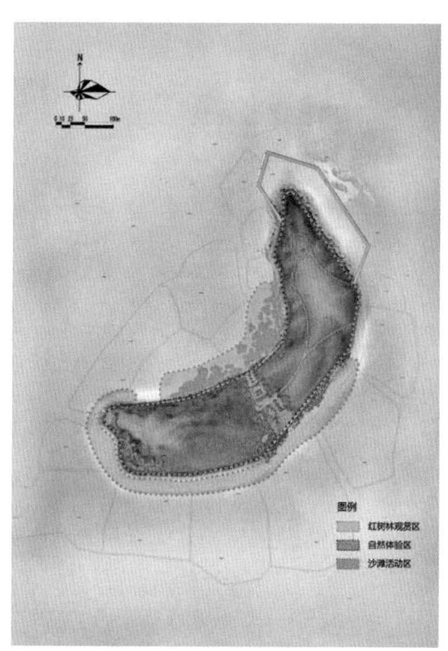

图 10-8　鳄鱼屿功能分区图

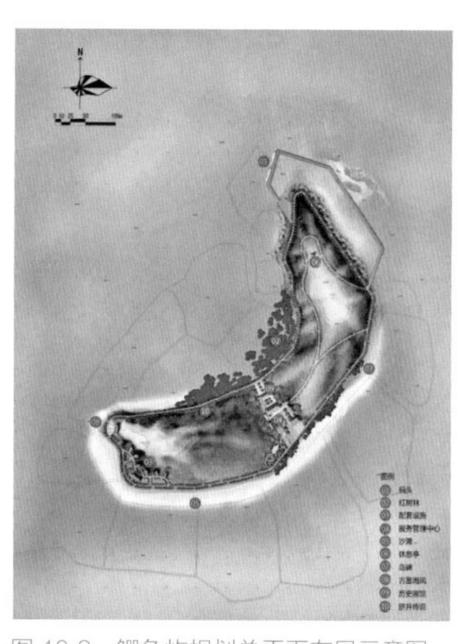

图 10-9　鳄鱼屿规划总平面布局示意图

5. 大离浦屿

（1）功能定位

以自然景观为主的休闲公园。

（2）项目策划规划

规划整治大离浦屿的海滩，其退潮时可以作为游人开展亲水、沙滩休闲以及认识水底生物的场所，可以开辟成为家庭旅游的场所，设置亲子游乐项目。规划设一条旅游休闲步道环绕整个大离浦屿，联系岛上各片区。步道采用栈桥形式，既作为交通游览通道，欣赏大离浦屿的岩石景观，同时避免大离浦屿的岩石景观被破坏。岛上植被茂密，增设休闲亭方便游客休息，利用东侧岸线侵蚀处规划覆土建筑，保护海岛并配套相应服务设施。海岛北侧为中船 725 所厦门海洋实验站，可开展儿童科普实验。近期周边海域可培育珊瑚，远期待水质改善后，可开展潜水观赏海底生物等活动。大离浦屿规划总平面布局见图 10-10。

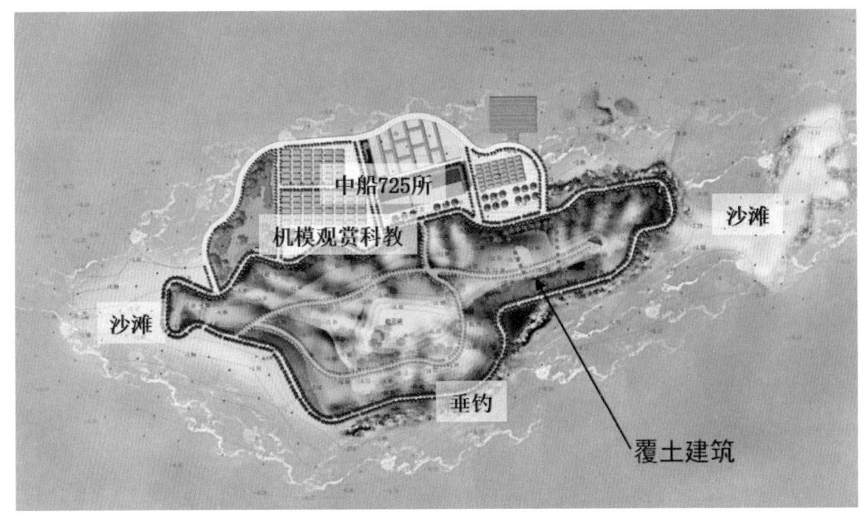

图 10-10　大离浦屿规划总平面布局示意图

6. 上屿

（1）功能定位

以“海峡瞭望”为主题的观光海岛。

（2）项目策划规划

改造红十字会救助站成为休息点，为游人提供休闲游憩、欣赏会展中心片区城市景观和厦金海域风光的观光点，眺望金门及了解厦门市国家级海洋公园等海洋知识的科普教育平台，也可以作为海上活动中途休息点。

上屿海滩洁净、周边海域水质好、海底生物丰富，可以开发近海潜水、举办海底婚礼、海底运动等活动。北侧建设汀水步道连接北侧岛礁。利用丰富的岛礁开展垂钓活动（图 10-11）。

上屿面积较小，岛上裸露大量的岩石，缺乏淡水资源，土壤贫瘠，植被稀少，蒸发量大，极易受大风暴雨等自然气候的影响，海岛植被恢复受到很大的限制。规划将绿化恢复与景观建设结合起来，在恢复植被生态系统的同时，形成岛屿较好的植被色彩和景观层次。

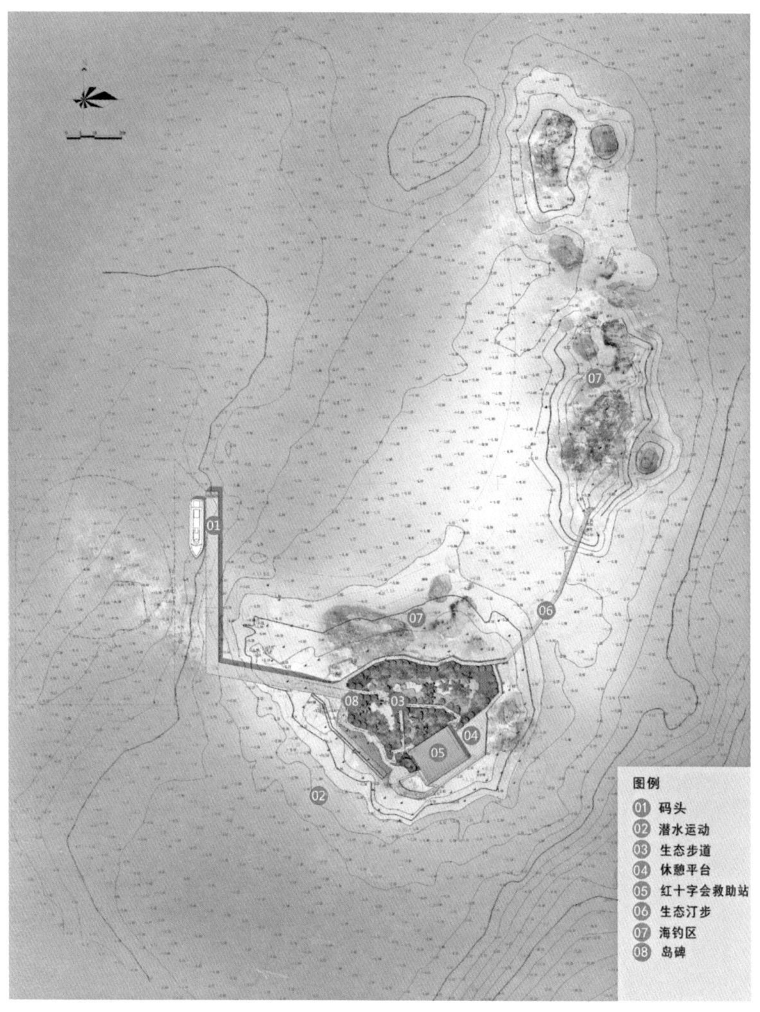

图 10-11　上屿规划总平面布局示意图

10.4　实践小结

1. 本规划是对厦门海上旅游项目的补充和拓展

该规划完成于 2014 年，依据《中华人民共和国海岛保护法》的要求，按照《无居民海岛保护和利用指导意见》《可利用无居民海岛保护和利用规划编制技术导则》等指导文件和技术标准，在国家和福建省关于无居民海岛保护和利用的相关规划指导下，对部分面积较大的海岛进行详细的分区和设计，形成较为完整的无居民海岛旅游开发策划方案，通过海上交通线路的组织，形成“串岛游”无居民海岛旅游项目，是对厦门市海上旅游项目的有益补充和拓展。

2. 无居民海岛旅游开发的配套政策和机制有待完善

现有法律法规对于无居民海岛开发利用的管控要求主要体现在宏观层面，重点是保护，且通过实施名录管理明确其是否能进行开发。对于如何开发和利用并没有进一步的政策或指导。虽然编制了海岛的旅游开发策划，但因配套的政策、机制尚不明确，海岛开发的主体和资金来源也不确定，因此，无居民海岛并未按照策划方案进一步推进实施。

第11章 游艇靠泊码头总体规划布局

11.1 背景介绍

游艇产业，被誉为“漂浮在黄金水道上的商机”，它有一个完整的产业链，涉及研究开发、设计制造、销售、消费、维修保养、管理等一系列高附加值的经济活动，而且能带动航道、泊位码头、房地产开发、娱乐设施等投资与就业，其产生的巨大经济效益不容忽视。而厦门是国内率先发展游艇产业城市之一，也是国内重要游艇产业出口基地，拥有一大批产量大、外向度高的游艇制造企业，还建成一批相对完善的港口基础设施。厦门游艇产业国际化程度在国内业界遥遥领先，但与其他发达国家和地区相比，还存在较大差距。

为了更好地促进厦门游艇产业的发展，特别是在空间资源要素上充分保障发展需求，在基础设施配套上为其预留足够充分的建设空间，厦门市于 2013 年开展了《厦门市游艇靠泊码头总体规划布局与后方陆域用地选址规划》的编制，通过对全市岸线资源和陆域用地情况的详细梳理，提出全市游艇码头布局和后方陆域用地控制方案，指导今后游艇产业相关项目建设。

11.2 规划思路

游艇码头属于赖水性比较强的特殊产业，游艇码头布局需综合考虑海域的海岸线、水深水流、风浪潮汐、环境保护，以及陆域的商业服务、交通供给、供水供电市政配套等诸多要素，还需考虑城市的发展水平、经济实力，综合分析确定游艇码头的发展规模；但目前国内外尚无明确的规范、标准来确定一个城市适宜的游艇码头建设规模、各类型码头配置标准等。

因此，本规划通过全面分析游艇码头建设条件、国内外经典案例、相关规划的论证等，确定游艇码头的类别与设置要求，再分别针对陆域空间、海域空间分析现状条件、规划情况，综合研究比较之后提出游艇码头的总体布局，并提出后续在空间协调、土地整备、基础配套等方面的工作建议。具体的规划思路见图 11-1。

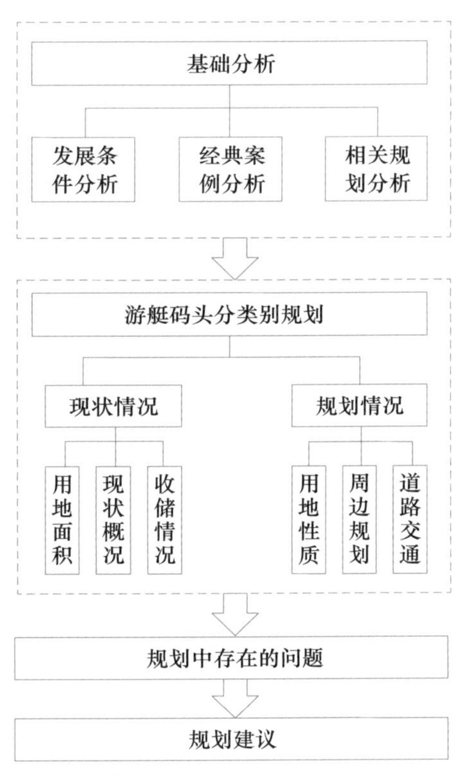

图 11-1 规划技术路线示意图

11.3 主要规划内容

11.3.1 摸清游艇码头建设条件

本规划除传统的现场踏勘之外，相关数据的爬取、职能部门的会谈、滨海渔民的调研等，综合分析获取厦门海岸线的情况和各个海域的水深条件、风浪条件、回淤情况、通航限制、适合船型等，为码头布局合理性提供充分的基础条件（表 11-1）。

厦门各海域建设条件情况[①] 表 11-1

海域和湾区	水深条件	风浪条件	回淤情况	通航限制	适合船型	实施策略
西北海域	小于 5m	差	差	限高 6m	长度 6m 以下小型水上运动艇和 12m 以下小型动力游艇	水深较深的区域回淤可能性较大，需做好避风防浪措施
马銮湾	2～5m	优	优	设置多级船闸才能通航	小型水上运动艇和小型游艇	清淤工程量较大
海沧湾	水深 5m 以下，局部 5～15m	优	中	限高 48m	适合各种类型和大小的游艇	水深较深的区域回淤可能性较大
同安湾	小于 2m	中	差	丙洲大桥以北限高 6m，以南无限制	丙洲大桥以北高潮位时可通过 9m 以下的摩托艇和小型游艇，常水位可通过 13m 以下的游艇，南部清淤后可适合各种类型游艇	回淤可能性较大，需做好避风防浪措施
东坑湾	小于 2m	优	优	设置多级船闸才能通航	小型水上运动艇和小型游艇	清淤工程量较大
东北海域	刘五店港区外侧水深 10～20m	差	差	无限制	适合各种类型和大小的游艇	需做好避风防浪措施，同时不能与港口功能冲突
大嶝北海域	小于 2m	中	差	无限制	清淤后可适合各种类型游艇	回淤可能性较大
东部海域	小于 10m	差	差	无限制	风浪太大，不适合发展游艇码头	

① 对于风浪和回淤条件的分析是对原海洋渔业局采访获得，尚无精确的数据支撑，优、中、差的评价是对厦门各海域比较相对而言。

11.3.2 制定游艇码头功能配置技术标准

通过大量的国内外发达地区游艇产业发展、已建成游艇码头案例的分析和总结，制定了各类游艇码头设置的技术标准，包括水域部分、陆域部分的功能构成、面积规模，并从空间资源上的自然景观条件、安全通行条件、基础配套条件等方面提出各类型码头的适宜选址，各类型游艇码头特点分析见表 11-2。

各类型游艇码头特点分析　　表 11-2

类型	用地规模	功能设置	特点
维修及保养基地	—	• 大中型游艇维修场、专业加油码头、下水坡道、陆地停放泊位、室内停放、游艇清洗、管理用房、简单商业、餐饮 • 社会停车场	• 水陆面积比相当 • 服务于区域 • 根据维保基地的级别和功能确定具体的配套内容和用地面积
综合开发的码头	配套码头基本设施占地 2ha²（按照一般码头占比例较大的 15m 以下游艇考虑，约 70m²/艘）	• 小型游艇维修场 • 小型加油码头 • 下水坡道 • 陆地停放泊位 • 管理用房 • 社会停车场	• 陆域占水陆总面积的 20%～30% • 码头用地紧凑，维护功能精简 • 多为私人泊位，也有少量公共泊位，泊位数与开发项目相匹配 • 因度假的阶段时效性，陆地停放占较大比例
仅配套基本设施的码头	包括码头基本设施和少量配套大众休闲设施占地 2～5 ha²	• 游艇维修场 • 加油码头 • 下水坡道 • 陆地停放泊位 • 管理用房 • 社会停车场 • 沐浴休息、 • 餐饮、商业	• 陆域占水陆总面积的 20%～30% • 码头占地面积大，泊位多，配套服务功能相对较多 • 与公共游览设施统一规划 • 游艇类型小型化，大众化 • 较大量的停车设施
游艇俱乐部	一般占地 5～8ha²	• 游艇码头基本配置 • 展示、销售、租赁 • 驾驶培训中心 • 会所、高档餐饮 • 停车场	• 偏向高端，一般为会员制 • 专业性强 • 附带展示、销售和驾驶培训等功能
作为专业游艇运动比赛场地	根据比赛级别确定不同的规模和配套	• 水上停泊区 • 陆域停泊区 • 下水坡道 • 干船坞 • 比赛港区 • 停车场 • 行政与比赛管理中心 • 媒体中心 • 后勤保障与功能中心	• 水域面积较大，水陆规模相当 • 码头设备及配套齐全，专业性强，陆上船艇库、下水坡道及干船坞等 • 陆域场地较大，适应赛时大量临时设施的需要 • 大量的停车设施，包括装运船艇的集装箱装卸停车场

11.3.3 整体布局各类游艇码头

在摸清底数、建设需求条件的基础上，进行空间上的整体布局，并根据各个选址点的条件，提出码头的功能定位，估算可建设泊位数，划定陆、海空间需求范围（图 11-2 和图 11-3）。

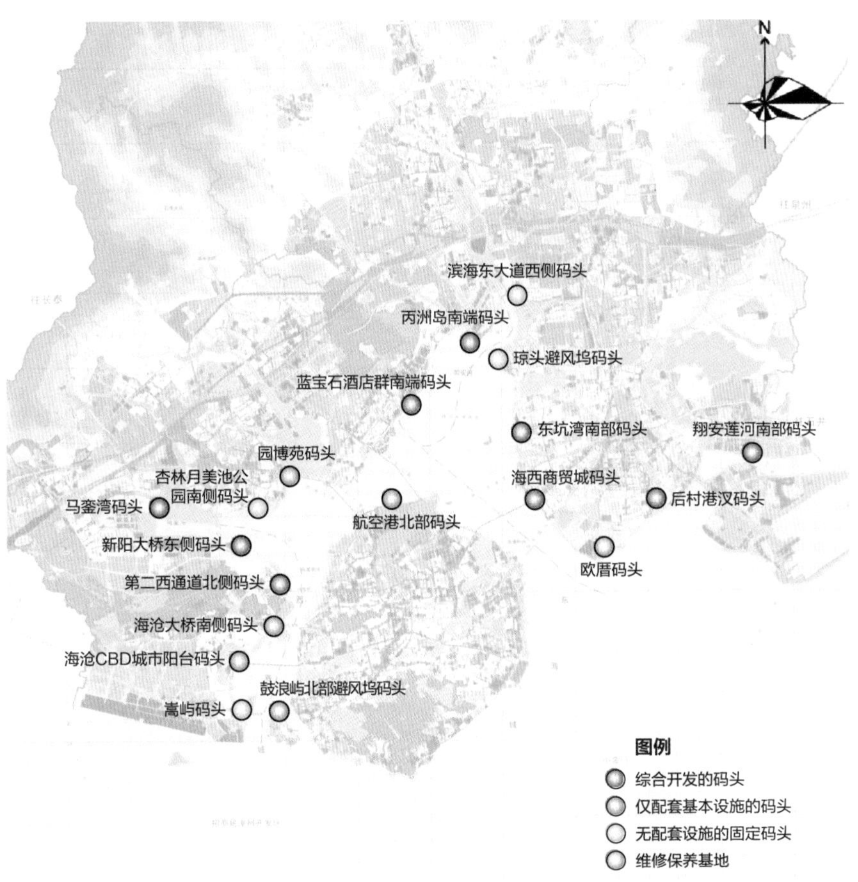

图 11-2 规划游艇码头分类图

该规划同时还对游艇码头系泊点和避风点提出适宜选址。其中系泊点主要结合旅游资源开发需求进行布设，避风点则是针对海上安全需求进行布设（图 11-4 和图 11-5）。

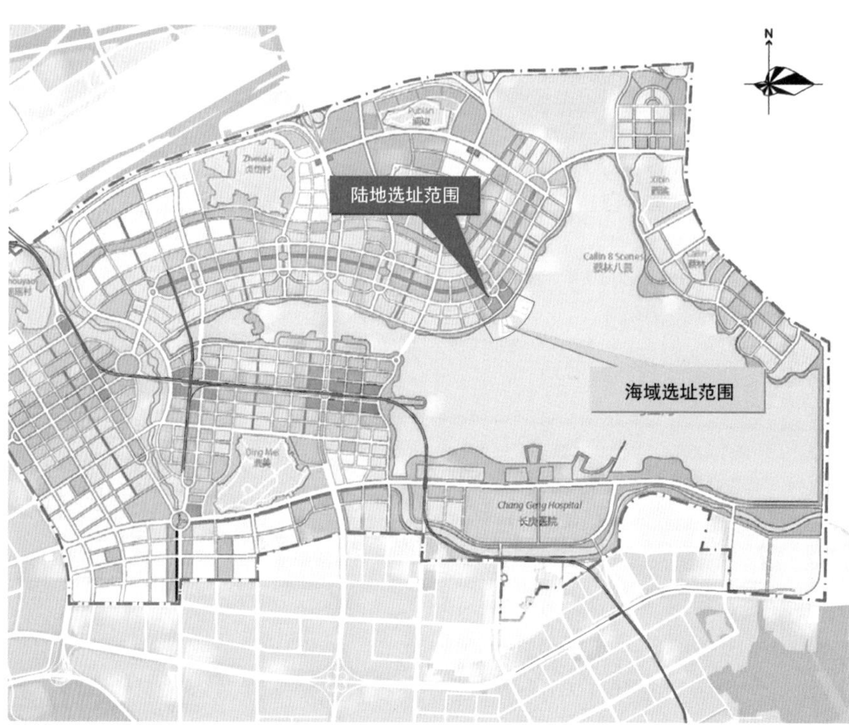

图 11-3　游艇码头陆域、海域空间范围划定图示例

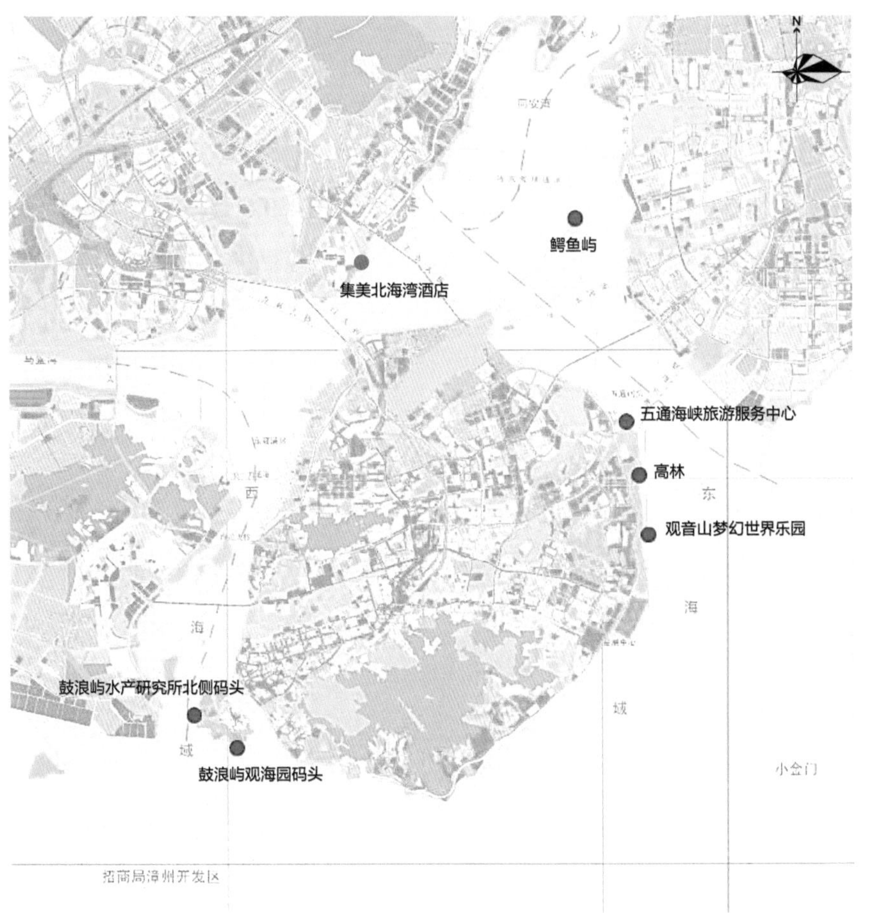

图 11-4　游艇系泊点布局规划图

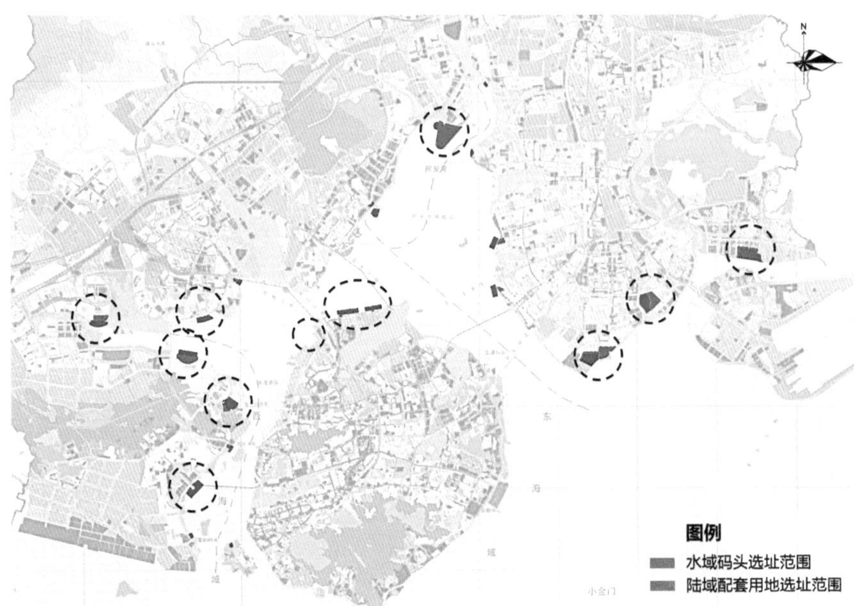

图 11-5　规划游艇避风点布局图

11.4 实践小结

1. 创新性制定建设需求标准

本项目对厦门各海域和湾区游艇码头建设条件进行详细分析，包括岸线资源、水深、风浪、回淤、通航限制等方面，同时综合考虑了海洋功能区划和陆域用地空间的收储情况，第一次系统性地初步摸清了厦门发展游艇产业的空间底数条件和适宜布局，成为后续土地部门开展岸线资源调查、水域和后方陆域收储及出让方案等工作的依据。

2. 陆海空间统筹的有效尝试

本项目是一次从海上空间建设需求角度出发，形成陆海空间需求的协同划定；同时本项目编制中，发改、土地、规划、海洋等多部门联动，特别是陆域功能空间划定之后，纳入规划管理信息库，有效保障了空间的使用、促进规划落地，是打破部门壁垒的一次有效尝试。

3. 海上发展要素的论证不够充分

从项目对象来看，游艇发展规划应是产业类型规划；从规划体系上看，游艇码头总体规划应属于海岸带专项规划中的下一层级的专题研究。按照国土空间规划体系中对海岸带专项规划的编制要求，海岸带专项规划编制过程中，产业的空间规划布局需在海洋资源和现状详细调查的基础上开展；《省级海岸带综合保护与利用规划编制指南（试行）》也提出港口资源的规划应充分梳理港口发展现状，提出港口集约发展的建议，并与交通运输管理部门的相关规划进行衔接，对部分港口进行适当转型升级，实现错位发展。但由于这项规划编制时间很早，建议可以适时启动修编，落实新时期国土空间总体规划、海岸带指南等的相关要求，同时补充对海洋资源和现状的详细调查数据，不仅对与游艇码头建设有关的海洋资源和条件进行新一轮梳理，特别是对海域一侧的生态保护情况进行梳理分析；加强与交通运输管理部门相关规划的衔接，落实港口、码头、海上旅游资源开发等相关海上规划的衔接，以适应未来海洋空间资源集约发展和转型升级的需求。

第12章 厦门市滨海地带公共空间提升规划

12.1 规划背景

滨海地带公共空间坐拥滨海景观资源，是厦门城市公共空间的核心要素、特色要素和亮点要素，滨海公共空间的保护与利用对塑造城市形象、提升居民幸福感具有重要意义，也是厦门打造“高颜值城市”的重点建设区域。2018 年以前，对于滨海公共空间采用的管控方式还较为粗放，缺乏统筹考虑与精细化管理，在建设过程中出现了滨海地带公共空间预留不足、空间节奏不佳、重要节点布局不突出、功能品质不均衡、地域特色彰显不足等具体问题。为落实国家中央城市工作会议精神，提高城市发展的可持续性、宜居性，提升厦门市城市公共空间管理水平，引导滨海地带公共空间景观协调有序建设，优化滨海地带环境品质形成符合城市发展和地方特点的滨海公共空间，厦门市于 2018 年开展了《厦门市滨海地带公共空间提升规划》编制工作。

12.2 规划思路

12.2.1 划定范围

本次规划自2018年开始，于2021年编制完成，规划面向全域滨海空间岸线，衔接《厦门市国土空间总体规划（2021—2035年）》（2019阶段稿）中的规划岸线，将岸线向海域延伸约500m（涉及用海面积约84km^2），向陆域延伸至2～3个街区之外的主干道（涉及陆域面积约190km^2），合计总面积约274km^2，即为本次规划研究范围（图12-1）。

图12-1 厦门市滨海地带公共空间提升规划的规划范围

12.2.2 制定策略

本次规划以“国际浪漫滨海典范、厦门花园城市名片”为目标愿景，从“数量、质量、布局、特色”四个维度着手，给出全面提升思路。

思路一：扩量。拓展增加滨海地带公共空间数量，包括增加用地，提高立体空间利用。

思路二：提质。提升优化滨海地带公共空间品质，包括生态环境修复提升，公共开放度、共享度提升，使用便捷性、舒适度提升，以及配套功能完整性提升。

思路三：增效。促进滨海地带公共空间高品质发展，建构完整体系，突出重点，丰富功能体验，实现高效利用。

思路四：塑特色。充分结合滨海地带腹地基础条件，挖掘地域资源，策划主题功能区段，特色化差别化发展。

12.2.3 技术路线

本规划在基础研究、现状检讨、案例对标的基础上，明确厦门市滨海地带公共空间亟待解决与提升的主要问题和方向。进而构建滨海空间要素管控体系，从宏观、中观、微观三个层面着手，明确管控对象、划定管控分区、提出管控要素，制定管控标准，实现滨水空间精细化管控要求，进而提出分期实施计划与分区推荐提升项目策划，为规划落地实施提供保障。具体规划思路见图 12-2。

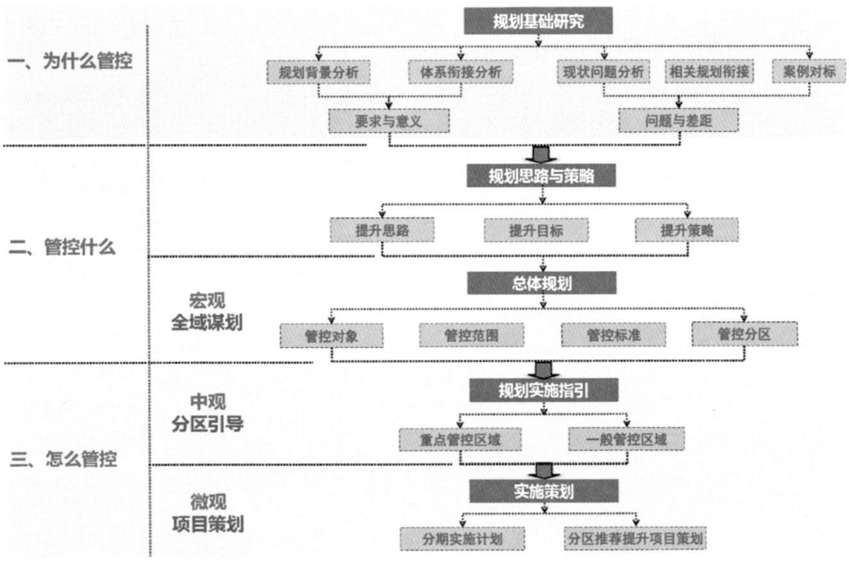

图 12-2　规划思路图

12.3 主要规划内容

12.3.1 明确管控内容

滨海空间具体管控内容包括滨海第一层建设用地中的公园绿地、广场用地、道路的人行道和绿化带、沙滩以及其他用地中向公众开放的绿地、场地、内部道路和公共设施等。根据现状资源禀赋及规划要求，将管控的滨海地带基本分为生产型、生活型、生态型三种基本类型。根据岸线所处地段环境特征，在三种基本类型的基础上将生活型岸线进一步细分为历史风貌型、生活休闲型、旅游休憩型三种类型。总计形成历史风貌型、生活休闲型、旅游休憩型、一般生产型（注：生产型不在本次规划内容内）、自然生态型五种滨海岸线类型（图 12-3）。

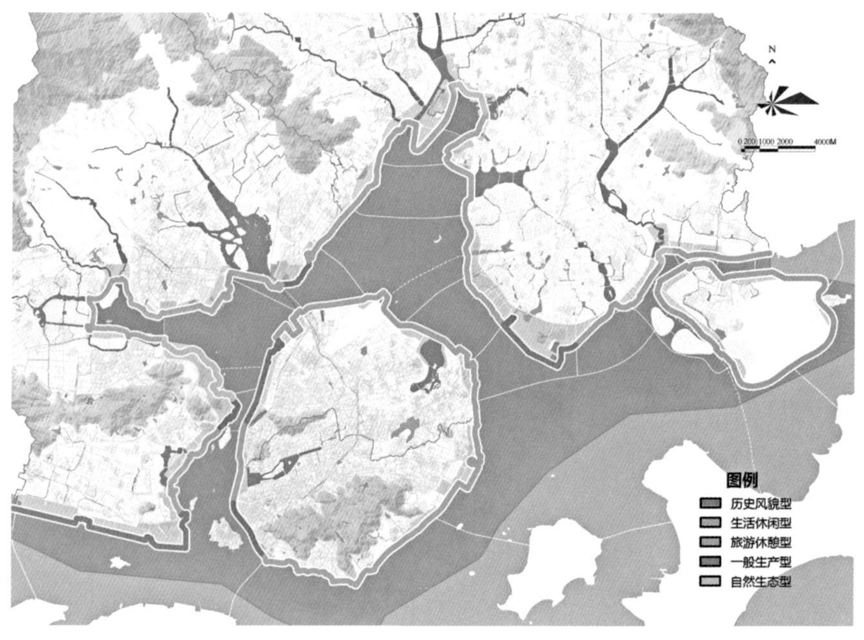

图 12-3 滨海岸线管控类型划分

12.3.2 确定管控标准设置原则

针对历史风貌型、生活休闲型、旅游休憩型、自然生态型、一般生产型五种滨海岸线类型提出管控标准设置的基本原则。

1. 历史风貌型岸线

严格以相关历史风貌保护要求进行保护建设。

2. 生活休闲型岸线

以满足市民多样需求为原则，充分利用现状空间（滨海海公共空间面积、进深按总体规划控制指标进行落实）建设开放、连续、贯通、安全、人性化的滨海公共空间，方便居民亲水近水等多种滨海活动的体验需求，同时满足社交休憩、运动健身、休闲娱乐等活动。

3. 旅游休憩型岸线

以体现滨海风貌和文化特色为原则，充分拓展空间，在满足总体规划控制指标基础上，有条件应积极在滨海空间进深、岸线活动与优秀案例接轨，结合腹地资源建设特色的滨海公共空间，设置观光旅游、历史文化体验等多种功能，宜设置文化博览、民俗展陈、旅游观景、艺术表演、音乐表演、节事活动等活动场地。

4. 自然生态型岸线

生态优先，严格保护生态资源（必须严守生态保护红线，确保重要生态资源的性质不改变，生态功能不降低，空间面积不减小，禁止影响生态功能的开发建设活动，并符合相关国家标准和规范的要求）；于此基础上提升生态效益，融入生态体验活动。

5. 一般生产型岸线

生产型不在本次规划内容内，暂不设定管控标准。

12.3.3 确定滨水空间用地总量

为反映和促进滨海公共空间的有效利用，并阻止对其的侵占，建议控制滨海公共空间的总量和比例。具体控制指标包括公共岸线长度、公共岸线比例、滨海公共空间用地面积、滨海公共空间平均进深四项控制性指标（表12-1）。同时，滨海节点的布局也需要依据一定的距离尺度关系确定。建议在条件允许的区段，节点之间距离在500～3000m。

滨海地块公共空间控制指标建议一览表[①] 表 12-1

	规划公共岸线长度（km）	规划公共岸线比例（%）	规划滨海公共空间用地面积（ha^2）	规划滨海公共空间平均进深（m）
总体	201.5	75	2522.9	112.68
思明区	31.2	88	283.4	81.66
湖里区	34.3	61	182.4	47.88
海沧区	32.2	54	342.2	95.58
集美区	21.3	89	307.6	129.81
同安区	12.7	88	478.0	339.00
翔安区	69.8	78	929.3	119.91

12.3.4 划定滨水空间重点管控区域

通过对全市公建集中区域、重要旅游资源、重要山海廊道、交通可达性及滨海空间平均宽度等的综合分析叠加，得出全市滨海公共空间提升价值分布图（图 12-4）。通过与全市滨海公共空间提升价值的分析对比，考虑服务人口、城市发展需求综合现状及规划情况划定 8 处重点区域（图 12-5）。

12.3.5 提出滨水空间管控通则

因一般区域和重点区域管控侧重点与管控深度有所不同，应对二者分别提出管控要求。

1. 一般区域管控通则

从总体控制、绿化植被、活动场所、交通设施、配套设施、特色营造等方面进行设计引导，对一般区域提出管控要求。在总体控制方面，要求衔接不同区段之间的慢行通道网络，确保整体慢行通道网络的空间连贯。在绿化植被方面，鼓励在园路及场地铺装中种植乔木，提高硬质铺装的乔木覆盖率，形成简洁通透的林下空间。活动场所方面，要求标识清晰：突出厦门特色，运用地方色彩、材质、语言打造滨水区标识标志。交通设施方面，要求公共交通包括轨道交通、地面常规公交、海上交通等，应以提

① 计算基础数据来源参考《厦门市海洋环境保护规划（2016—2020 年）》《厦门市国土空间总体规划（2021—2035 年）》（过程稿）。

高滨海空间的可达性为基本原则；城市道路的慢行交通应与滨海绿带的慢行通道有效衔接，形成慢行交通网络；应提高常规公共交通系统的可达性，强化站点与旅游点、设施便捷联系。安全保障方面，应加强台风、潮汛预警能力。配套设施方面，位于公共空间内的新建、扩建、改建公共建（构）筑物应提供以公益性为主的服务功能。

特色营造方面，应将特色场所（港区、厂区、码头、船台等）、特色建筑（包括仓库、厂房、水工建筑等）、特色遗存物（包括轨道、龙门吊、系缆桩、机器等）等空间要素，应结合片区发展需求，加以保护利用，形成特色景点；应对片区周边的宗教、文化等旅游资源进行深入挖掘，通过地方文化的挖掘、提炼，融入公园绿地景观设计、施工建设中，体现文化景观特色；根据所处区位，充分考虑周边环境以及功能需求，合理确定绿化主题，充分利用现有地形地势，其植物配置、建（构）筑物改造和建设、街道家具与景观小品等设计均应体现厦门特色或突出项目主题，实现城市总体形象塑造与强化，建设有鲜明形象特征的城市环境；利用路网、建筑布局加强空气流通，改善气候。

图 12-4　滨海公共空间提升价值分布图

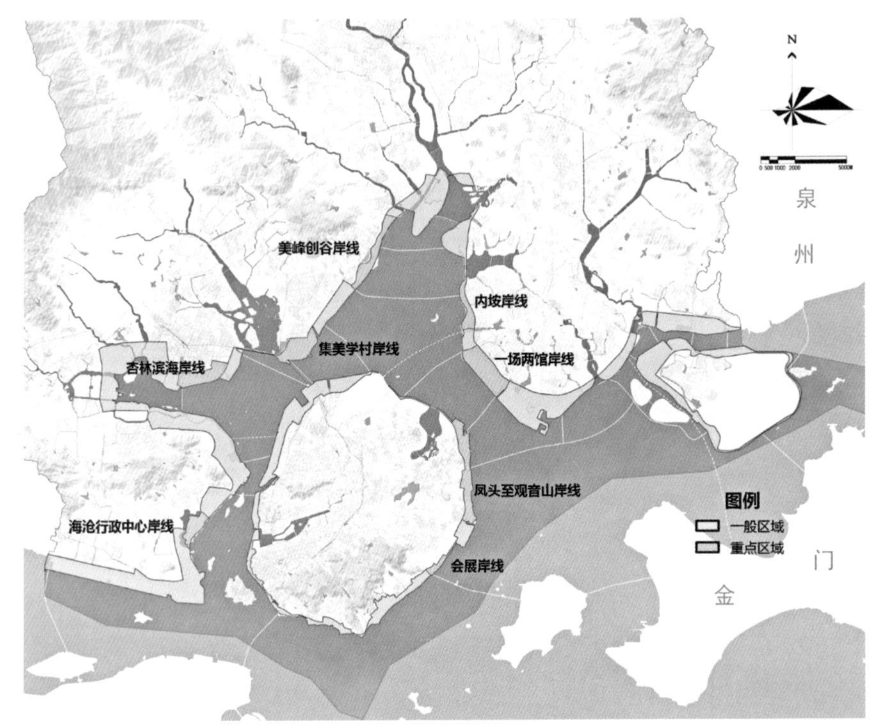

图 12-5　滨海公共空间重点规划区

2. 重点区域管控通则

在上述划分生活、旅游、生态滨海带基础上，针对现状特点从总体控制、绿化植被、活动场所、交通设施、配套设施、特色营造等方面进行设计引导（图 12-6），按照旅游滨海带与生活滨海带、生态滨海带分类明确具体要求。

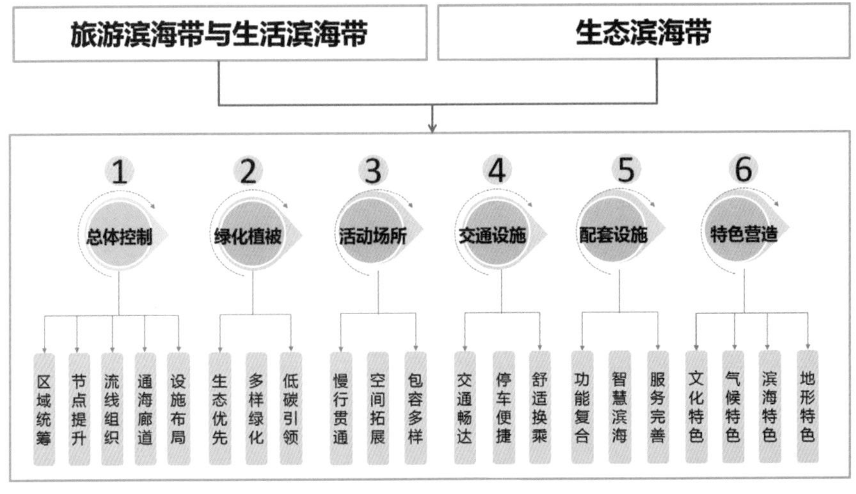

图 12-6　重点区域管控导则设计引导

12.3.6 制定滨水空间实施计划

为确保规划能够落地实施，面向管理，制定分期实施计划，分步推进，分期实施，实现滨水空间精细化更新建设。

实施策划在时间上按照中期实施计划和远期实施计划两条路线。中期（2026—2030 年）实施计划为重点完成 7 处重点区域的方案设计和滨海地带公共空间建设工作其中凤头至观音山岸线、会展岸线、海沧行政中心岸线、杏林滨海岸线、集美学村岸线等 5 处以精细化优化和完善为主；内垵岸线、一场两馆岸线等 2 处以方案征集、施工设计和建设实施为主（表 12-2 和图 12-7）。远期（2031—2035 年）实现规划范围内的滨海地带公共空间的建设与提升的全覆盖。

中期策划项目一览表　　　　表 12-2

所属片区	名称	长度（km）	措施
思明区/湖里区	凤头至观音山岸线	8.4	精细化优化和完善
思明区	会展岸线	2.5	
海沧区	海沧行政服务中心岸线	2.3	
集美区	杏林滨海岸线	2.3	
	集美学村岸线	4.5	
翔安区	内垵岸线	2.3	方案征集、施工设计和建设实施
	一场两馆岸线	3.3	

在区域上实施策划分区推荐提升项目策划。首先是主体功能区划。以行政区划为基础划分多彩画廊环、活力都市区、嘉庚风情区、体育文化区、生态休闲区等多个主题功能区域，突出滨海空间各区段风格特色，便于引导管控（图 12-7）。其次，在各区划定重要的重点节点和次要节点（图 12-8）。再次，分区分岸段提出规划定位和主要提升内容（表 12-3）。

图 12-7　滨海公共空间的主体功能区划

图 12-8　滨海公共空间的节点分布图

各区提升岸段的定位及提升内容（示例）　　表 12-3

区段名称	功能定位	主要提升内容
思明海湾公园—沙坡尾段	体现岛城特色和历史记忆的城市中心滨海公共岸线	1. 生态修复：鸿山林相改造，优化滨海景观形象； 2. 岸线提升：中山路路口西侧岸线强化该区段历史文化特色，可设置反映中山路骑楼、同文码头等厦门历史风貌的设施小品，与历史文化街区形成风貌呼应关系； 3. 节点提升：闽电轮总地块建设，围绕轮总项目，进一步强化滨海慢行系统与地块的横向、纵向联系，增加地块开放程度和绿量，使滨海绿色空间向腹地扩展
湖里海沧大桥段	体现山海交织风情的滨海公共游憩岸线	1. 生态修复：狐尾山林相改造，形成良好的视觉背景； 2. 节点提升： 海沧大桥节点：将桥下现有空置码头改建为码头公园，增设滨水栈道和眺望平台，与已有海沧大桥旅游区相呼应，形成多层次立体的景观节点； 东渡邮轮城节点：打通邮轮城滨海区域同海湾公园及健康步道的交通联系，增加地块开放程度和绿量
湖里高崎北段	体现海洋文化、海堤精神的城市门户滨海公共岸线	1. 生态修复：原港务杂货码头工业用地生态修复、水质改善； 2. 岸线提升：海洋文化公园提升：策划建设海洋文化公园，打造城市海洋文化门户形象，包括原老码头滩涂整治，恢复自然岸线，设立步行栈道引入滨水游憩功能；盐业码头设施优化，改造为亲水退台空间； 集美大桥桥下空间：石滩岸线修复及覆绿；桥下空间低矮狭窄处另辟滨海步道； 3. 节点提升： 闽台渔港节点：结合闽台渔港功能优化，打通慢行系统与地块的横、纵向交通联系，引入海洋文化、特色餐饮、婚纱摄影、精品酒店等功能，形成景观优美、功能多样的本岛北部门户节点
海湾公园段	海沧湾公园段：滨海带状公园，慢行生活岸线	1. 生态修复：蔡尖尾山林相改造； 2. 岸线形式：保留外延式护岸，丰富平台形式，增加优美曲线，符合滨海空间浪漫休闲气质； 3. 特色营造：保护海沧湾段红树林，提高生态岸线保有率； 4. 提升内容：围绕海沧行政中心节点设置体现本地文化和富有生气的雕塑小品；铺装材料以安全性为第一，优先选择有地域特色的铺装材料；设置海风琴、风铃等自然发声装置，或播放背景音乐“补声”等；设置音乐喷泉、钟声等标志音提升声环境品质。信王庙民俗广场节点拆除围合广场的栏杆，修建通往水边的道路，打造滨水旅游文化节点
马銮湾段	打造以集商业休闲、文化娱乐、酒店服务于一体的现代滨水综合区	1. 生态修复：大坪山林相改造； 2. 岸线形式：都市中心段多采用台阶式硬岸，生态段采用石头式软岸； 3. 提升内容：在马銮湾城市中心节点增加滨水商业休闲、文化娱乐设施，打造便捷交通，与腹地形成良好互动，打造城市副中心节点

续表

区段名称	功能定位	主要提升内容
同安滨海浪漫路段	滨海特色突出、多种功能融合的文娱康体岸线	1. 慢行系统：滨海区域打造贯通的国际级专业赛道； 2. 岸线提升：同安大桥西节点深化滩涂保育和红树林种植，打造滨海特色风貌； 3. 节点提升：美峰创谷节点结合酒店已建人造沙滩，新建渔人码头、眺望平台等对外开放的游憩设施，并结合体育赛道设置驿站服务点，优化岸线景观和功能
同安丙洲岛段	生态性突出的康体运动岸线	1. 生态修复：海岸线整治、滩涂修复； 2. 慢行系统：滨海区域打造贯通的国际级专业赛道； 3. 节点提升：丙洲节点与下潭尾湿地公园遥相呼应，整治修复河口湿地，串连体育赛道，增设配套的滨海公共空间和观景平台，并结合体育赛道设置驿站服务点，形成兼具生态、康体、游憩功能的滨海湿地公园节点
翔安东部综合中心段	环境优质、氛围大气、体现新城风貌的滨海公共游憩岸线	1. 生态修复：海岸线整治、滩涂清淤； 2. 岸线提升： 东坑湾、垵山等港汊：在未来建设时，应避免大规模填海和侵占水体，硬质工程岸线应与自然式驳岸结合，并全程以滨水步道连通； 3. 节点提升： 下潭尾湿地公园：结合下潭尾湿地公园二期建设，串连体育赛道，增设观景设施、体育服务设施和必要的游客服务建筑，形成自然亲水、功能多样的 滨海湿地公园带； 琼头节点：结合琼头村改造、新城建设，串连体育赛道，打通滨海慢行系统，并引入游憩设施，优化岸线景观和功能； 内垵节点：应扩展滨海空间宽度，增设滨海公共空间和观景平台，打造符合市级综合中心形象的滨海景观带。同时，结合体育赛道设置驿站服务点，优化岸线景观和功能； 一场两馆节点：结合一场两馆建筑，采用覆土建筑、多层地表、架空连廊等新技术理念，提升地块绿量并进一步强化慢行系统横向、纵向联系，打造体现环东海域新城面貌的滨海公共空间
翔安南部新城段	水绿交织、生态休闲的滨海公共游憩岸线	1. 生态修复：九溪入海口、大嶝桥北侧互花米草整治； 2. 岸线提升：南部港汊、九溪口岸线：整治修复河口湿地，维持、扩大红树林面积，增设配套的滨海公共空间和观景平台，形成兼具生态、游憩功能的河口湿地岸线； 3. 节点提升：欧厝节点：结合渔港地块，在滨水空间引入体现闽台文化、国际元素的设施、景观小品，打造国际贸易文化交流的海港岸线
翔安大嶝岛段	围绕大嶝岛和厦门新机场的滨海公共游憩岸线	1. 生态修复：大嶝岛北部互花米草整治； 2. 节点提升：新机场配套用地景观：结合厦门新机场及其配套地块，在两处人工岛建立空港花园大地景观，并增设游步道及游憩设施，打造空中与地上双重景观

12.4 实践小结

本项目属于公共事业和公共服务类海岸带相关规划。项目在梳理厦门市滨海地带公共空间现状的基础上，借鉴国外优秀的案例经验，查找厦门滨海空间短板，提出滨海地带公共空间具体管控对象、管控范围、管控标准和管控分区，并根据分区编制具体的管控导则，同时策划分期实施计划以及分行政区推荐提升项目。项目进行了全面、系统的基础研究，分区分类提出管控要求与提升策略，为厦门市滨海公共空间的管控和发展提供了有效的参考和指引。

1. 首次将城市设计精细化管控理念应用于滨海空间

为体现城市设计精细化管控理念，落实高颜值特色要素空间专项提升要求，推进滨海地带公共空间充分平衡发展，满足人民美好生活需要，实现“两个一百年”奋斗目标，本规划以滨海第一层建设用地为规划主体，按照专项规划编制要求，对上位规划进行了传导和细化，再对规划范围内滨海绿地公共空间进行了分区分类划分，并有针对性地提出了生态保护修复的要求，对各分区内滨海公共空间的提升提出引导和建议。

2. 滨海空间管控体系构建完成

本规划从宏观、中观、微观三个层面，构建了完整的滨海空间管控体系，宏观层面开展总体规划，实施全域谋划，并提出管控标准；中观层面开展规划实施指引，落实分区引导，分别对一般区域和重点区提出管控要求；微观层面开展实施策划，从时间和空间两方面提出项目策划，这种逐级传导、分级施策、定性与定量管控相结合的规划思路，契合当下滨海空间精细化管理需求，为规划方案落地实施提供了有力抓手，具有一定的借鉴意义和指导作用。

该项目未来还有以下三个方面需要进一步开展深化细化工作。

（1）进一步加强陆海统筹衔接

滨海公共空间链接海陆，如何将关注点从刚性的陆域城市建设中解放出来，立足陆海生态安全格局，通过整治、修复、保育、设施干预、合理利用等规划措施，提高滨海公共空间生态服务功能。将陆域基本生态控制线与海洋生态红线进行无缝对接，突出陆海生态空间的融合共生，并于此基础上融合富于韧性的城市公共空间开发利用，强调海上活动开发与海域保护利用，实现海与陆、生态保护与城市建设、人与自然全要素统筹兼顾与平衡发展，构建全域全要素生态系统，是需要深入研究的重要课题。

（2）进一步细分量化有效的指标指引

因城市滨海空间发展所面临的各种不确定性，以目前规划掌握的滨海公共空间要素和数据，在支撑滨海公共空间的管控上仍然单薄，需要结合海洋生态保护、国土空间发展、人民生活需求等要求，进一步挖掘、细分，提出科学和有效的分析方法，在指标的量化评价和指引上提供更有针对性的结论。

（3）进一步探讨空间的混合利用与活力建设

在国土空间现有地类的基础上，在滨海公共空间规划控制中，进一步研究塑造混合多元和弹性活力的城市公共空间，通过类似模式化的控制，应对城市滨海公共空间发展中的诸多不确定性，为未来的发展预留弹性，创建新兴的城市活力空间。

第 13 章 总体规划层面海岸带空间规划*

13.1 规划背景

2019 年，市级国土空间总体规划编制工作拉开帷幕。随着新一轮国土空间规划的编制，以往的主体功能区规划、土地利用总体规划、城镇体系规划、城市（镇）总体规划、海洋功能区划等规划将不再编制并批复。国土空间总体规划编制的技术指南首次将海洋空间与陆域纳入统一的体系进行统筹管理，并要求沿海城市国土空间总体规划要“统筹陆海空间：按照陆海统筹原则确定生态保护红线，并提出海岸带两侧陆海功能衔接要求，制定陆域和海域功能相互协调的规划对策”。作为东南沿海重要的港口及风景旅游城市，厦门的国土空间总体规划从陆海统筹角度出发，对海岸带空间作出科学合理的保护和利用。

13.2 规划思路

按照《市级国土空间总体规划编制指南》（试行，2020 年 9 月）的要求，规划充分贯彻“陆海统筹”理念进行海岸带空间规划，第一，依据“资源观景环境承载能力及国土空间开发适应性评价”（以下简称“双评价”），结合“两空间内部一红线”划定、“自然保护地整合优化”等工作成果，确

* 本章内容为课题研究中间成果，仅作示意。

定海洋生态保护红线，划定生态底线；第二，结合部门管控要求和实际情况，确定核心管控指标；第三，从陆海一体的角度出发，根据国土空间总体格局，确定海域功能分区，提出海岸带空间布局优化方向，制定海域、岸线管控规则和无居民海岛保护和开发利用导向；第四，贯彻陆海统筹理念，制定优化海岸带空间布局、建立陆海联通的生态廊道、统筹防治污染、加强岸线和无居民海岛分类管控等策略；第五，提出海洋生态修复实施措施，最终形成国土空间总体规划层面的海岸带规划。

13.3 主要规划内容

13.3.1 底线管控

依据“双评价”结果，衔接《福建省海洋“两空间内部一红线”划定成果（2021—2035）》（图 13-1）、《厦门市海洋“两空间一红线”划定》《厦门市自然保护地整合优化预案》，划定厦门的海洋生态保护红线，作为海岸带的管控底线（图 13-2）。

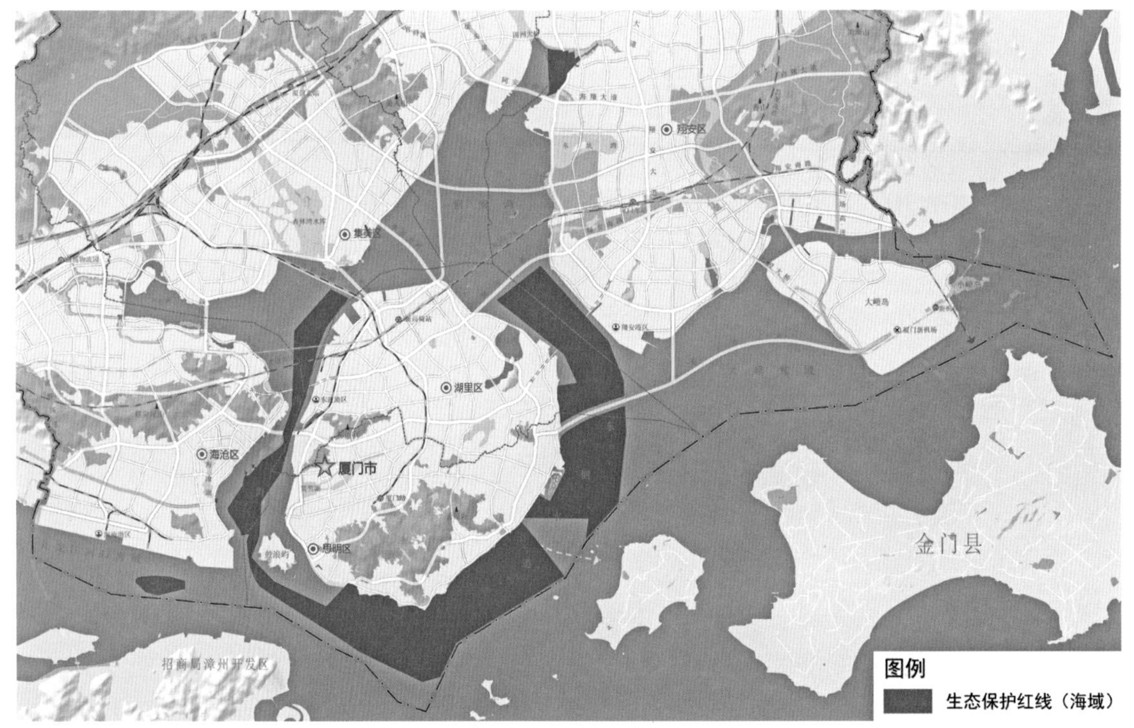

图 13-1 《厦门市海洋“两空间内部一红线”》划定阶段研究成果

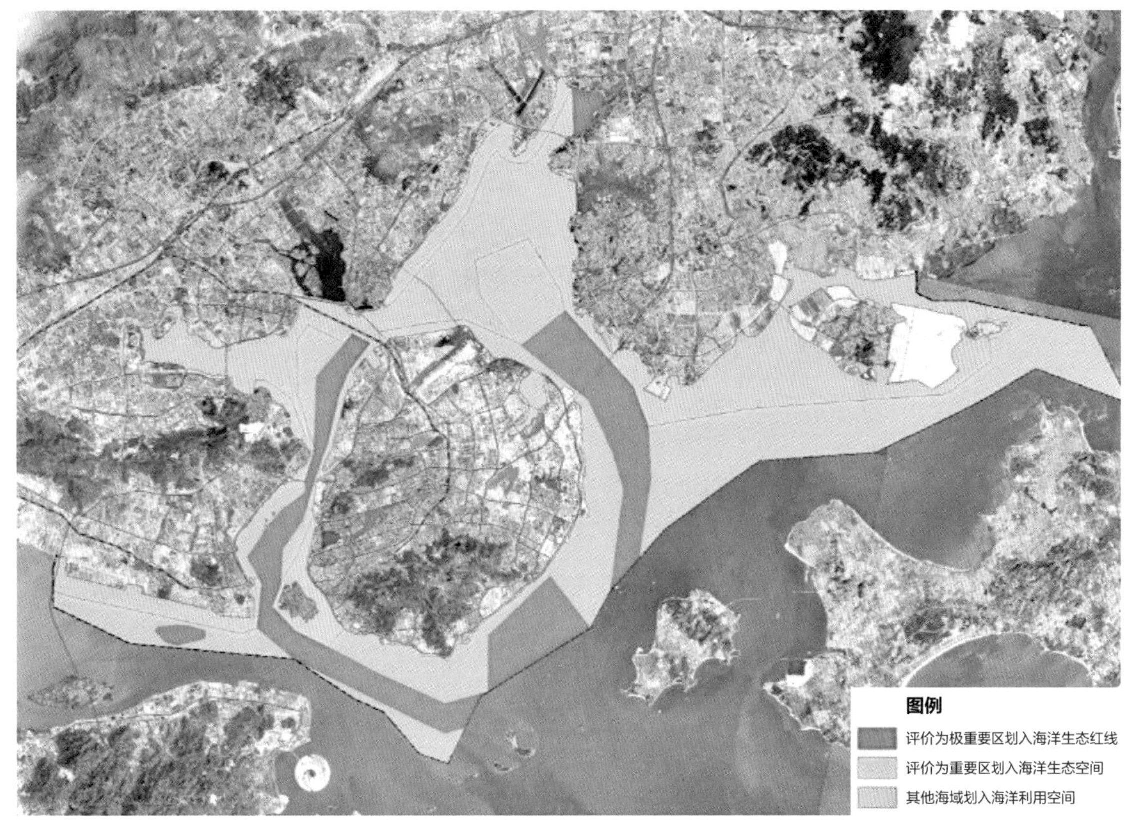

图 13-2 《厦门市国土空间总体规划（2021—2035 年）》海洋生态保护红线划定图（阶段性研究成果）

13.3.2 核定控制指标

根据第三次国土调查中的湿地分布、预留大嶝机场用海，确定湿地保护面积；综合考虑现状基岩岸线、砂质岸线、生态恢复岸线情况，以及其他相关的部门管理考核要求，最终确定大陆自然海岸线保有率。具体的指标分配见表 13-1。

厦门市国土空间总体规划海岸带相关规划指标(阶段性研究成果)　表 13-1

编号	指标项	指标值			指标属性
		基期年	2025	2035	
空间底线					
1	生态保护红线面积（km^2）	303.69	303.69	303.69	约束性
2	湿地面积（km^2）	114.56	107.34	107.34	约束性
3	大陆自然海岸线保有率（含厦门岛，%）	18.3	18.3	18.3	约束性

13.3.3 划定海域分区

1. 确定滨海岸线

以《福建省海底地形图编绘》作为基础，结合第三次国土调查（图 13-3）、海域动态监管、围填海现状（图 13-4）调查数据和海岸线修测工作成果，将已确权已实施的填海区域作为陆域，统一陆海边界，确定滨海岸线。

2. 划定海域分区，确定管控规则

依据总体规划确定的总体格局（图 13-5），衔接省级国土空间规划等上位规划、相关专业部门规划、总规配套的相关专题研究等，如《基于陆海统筹的厦门市海岸带及海岛空间协同规划研究》（图 13-6）、《厦门市海洋经济发展“十四五”规划》（图 13-7）等，通过“多规合一”，整合相关涉海专项规划的空间需求（图 13-8），确定海域分区（图 13-9）为海洋生态保护区、海洋生态控制区和海洋发展区。

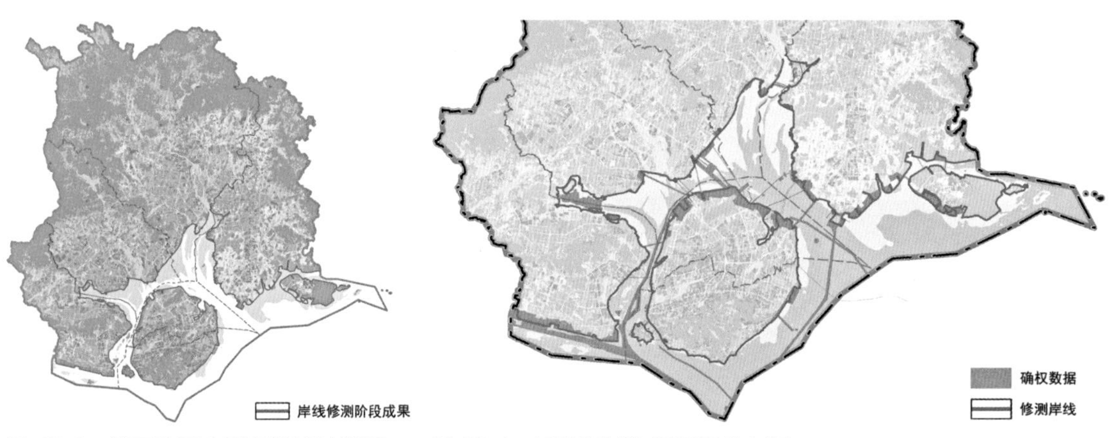

图 13-3 第三次国土调查现状地类图　　图 13-4 已批海域使用项目分布图

图 13-5 厦门市国土空间总体规划总体格局规划图

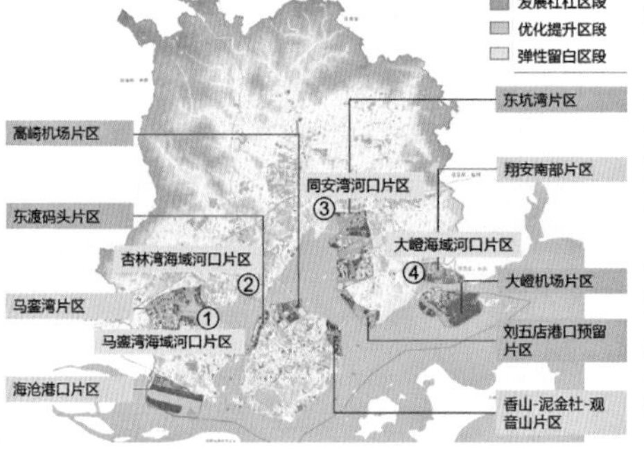

图 13-6 基于陆海统筹的厦门市海岸带及海岛空间协同规划研究—陆海统筹关键区段分类

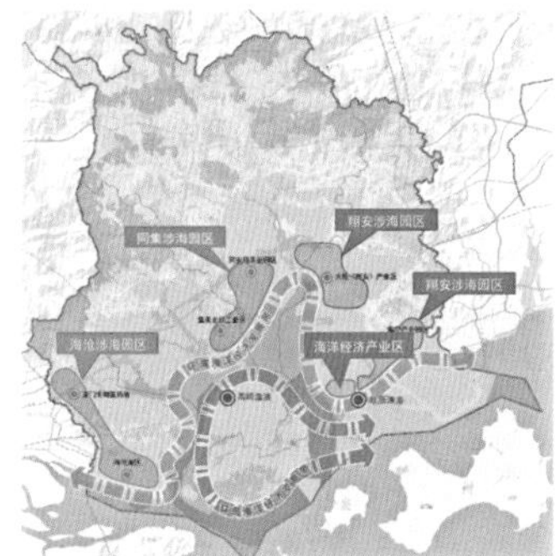

图 13-7 厦门市海洋产业空间布局规划图——“三园两带两港一区”[①]

① 来自厦门市海洋经济发展“十四五”规划。

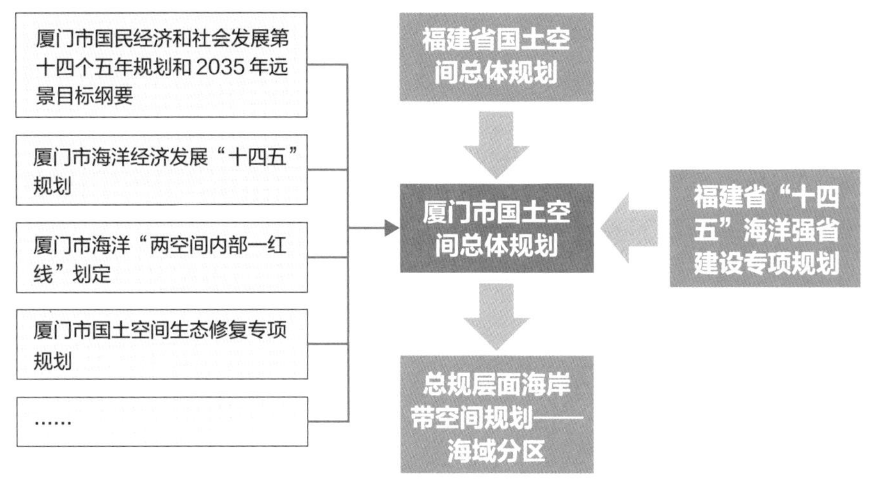

图 13-8　海域分区划定技术路线示意框图

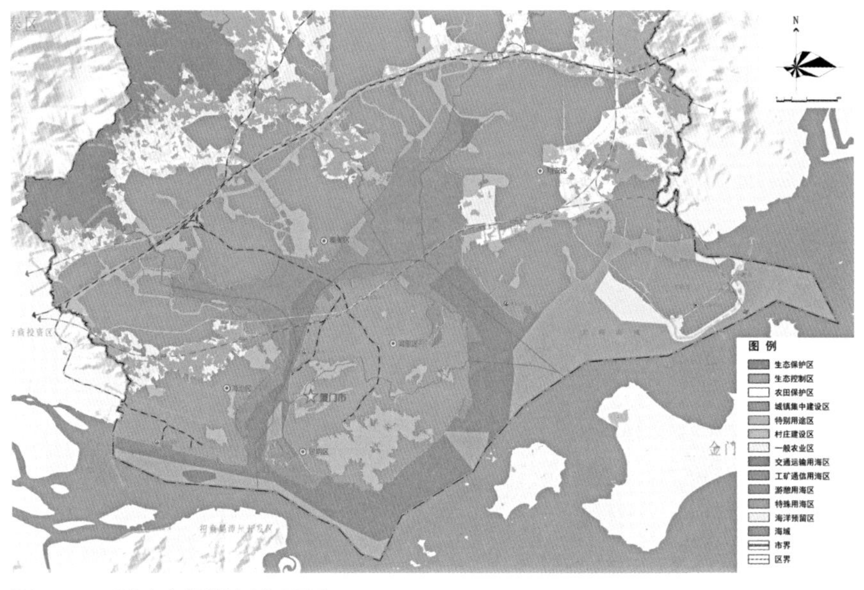

图 13-9　国土空间规划分区图

海洋生态保护区即海洋生态保护红线，生态保育和生态建设、限制开发建设的海域纳入海洋生态控制区，海域其他区域划定为海洋发展区。根据海域使用功能，将海洋发展区细化为渔业用海区、交通运输用海区、工矿通信用海区、游憩用海区、特殊用海区和海洋预留区。

按照自然资源部生态环境部关于生态保护红线、海域使用的相关文件和技术规范，确定海域各分区的管控规则。如海洋生态保护区按照生态保护红线管理办法实施管理；生态控制区实行“约束指标＋名录管理＋详细规划”相结合的管制方式，以保护为主，在不降低生态功能，不破坏生态系统的前提下，依据相关法定程序，开展适度开发利用。海洋发展区内按照国家和自然资源部相关规定统筹安排各类用海活动：如游憩用海区以风景旅游、文体休闲娱乐用海为主导功能，兼容渔业基础设施、捕捞生产、陆岛交通码头、公务码头、旅游码头、游艇码头、航道、锚地、污水达标排放、路桥隧道、科研教学、海岸防护、防灾减灾、取排水、生态修复等用海。

13.3.4　明确海岸带统筹协调策略

海岸带统筹协调策略包括优化海岸带空间布局、强化陆海连通的生态廊道建设、统筹陆海污染防治、实施岸线和无居民海岛分类管控等几方面。

1. 优化海岸带空间布局

海岸带空间布局优化包括：加强用地用海主体功能融合，推进渔港经济区建设和优化提升滨海活力节点三个方面。用地用海主体功能融合，重点是加强用地用海融合，统筹产业空间布局和基础设施建设，协调临海渔业、港口航运、滨海旅游、临海工业等开发利用活动；保障用海空间，实现陆海功能协调、资源互补等内容。推进渔港经济区建设主要是推动渔港提升改造，完善集疏运体系。优化提升滨海活力节点：重点是拓展滨海空间，优化提升内湾、重大滨海公共设施、溪流入海口等重要滨海活力节点。

2. 强化陆海联通的生态廊道建设

明确提出重点保护流域与入海生态廊道的完整性、实施生态修复工程、加强对沿海重要生态功能区的保护、设置建筑退缩线、修复滨海湿地、保育海岸带自然生境，增强生态抗灾韧性等策略。

3. 统筹陆海污染防治

包括完善陆源污染物防治、分类防治海上污染等两方面。其中陆域要全面提升城镇污水收集和处理能力，加强重点直排海污染源整治和监管；实施海洋环境分级控制区划，分类整治海上污染。

4. 实施岸线分类管控

将全市海岸线按严格保护、限制开发和优化利用三个类别实施分类管控，如明确严格保护的自然岸线分布，制定限制开发的旅游和休闲渔业岸线、优化利用的城镇和港区岸线的管控措施。

5. 加强无居民海岛分类管控

将全市范围内的无居民海岛按生态保护类和发展类实施分类管控，提出分类管控措施。

13.3.5 制定海洋生态修复措施

根据海域生态现状提出了岸线、海域和无居民海岛的生态修复单元划分（图 13-10～图 13-12）和生态修复措施。包括：

（1）岸线综合整治和修复：重点是推进岸线生态保护修复等重大工程。加强沙滩监测和保护养护工作。开展海岸生态恢复、实施湾区环境综合整治等。

（2）实施局部海域清淤整治，扩大水域面积，增强水动力条件，增加海域纳潮量，改善海域生态环境。

（3）积极推进无居民海岛生态修复。提出加强无居民海岛生态环境整治，明确无居民海岛生态修复方式以自然修复为主的策略。

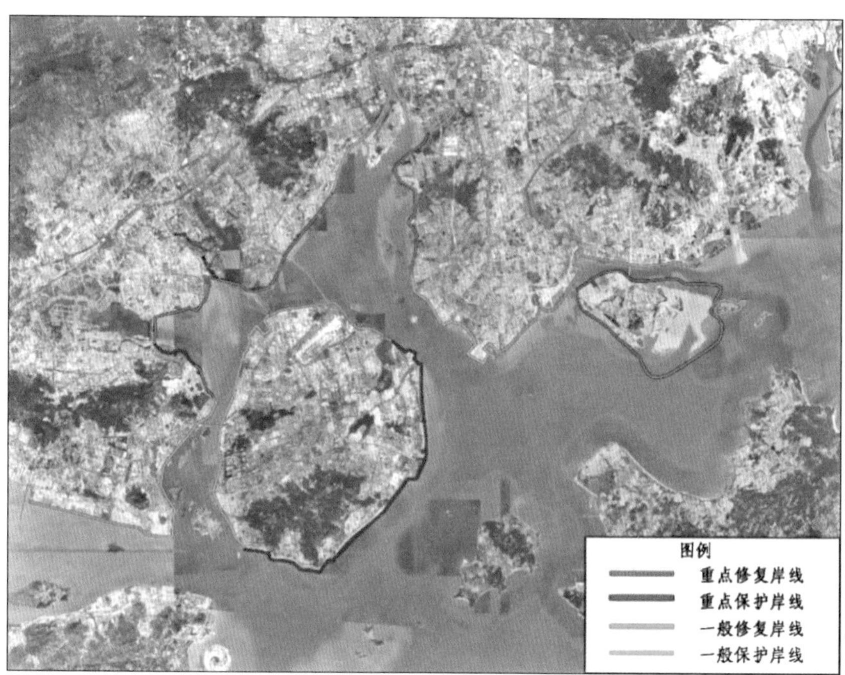

图 13-10 海岸线生态修复单元分布图

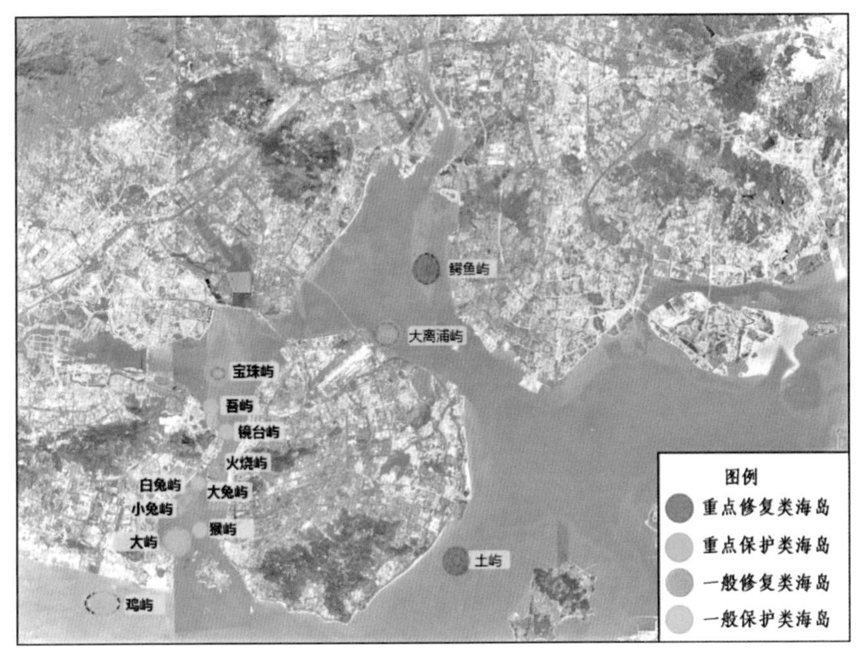

图 13-11　无居民海岛生态修复单元分布图

图 13-12　无居民海岛生态修复单元分布图

13.4 实践小结

1. 搭建了海岸带综合保护与利用的整体框架

厦门市国土空间总体规划中的海洋空间规划严格遵循了《市级国土空间总体规划编制指南（试行）》的要求，确定了陆海分界线，实施底线管控，制定湿地和大陆自然海岸线保有率等重要指标，进行海域空间规划分区并初步确定管控规则，提出海岸带统筹协调策略等，从总规层面确定了海岸带综合保护与利用的整体框架。

2. 总规层面的海岸带规划不足以支撑海域使用项目的审批

在新一轮国土空间规划体系建构的大背景下，已经明确原有的土地利用规划、城乡规划、海洋功能区划不再编制，统一为国土空间规划。海域是国土的重要组成部分，从目前的总规编制的技术指南中，更倾向于将海域作为"特定区域"，而不是与陆域并重。现有指南中，海岛、海岸线分类体系缺失，部分分区分类体系与现有的海域行政管理规章制度不衔接，且用途管控没有明确要求，导致在现有管理规章制度下，依据国土空间总体规划难以开展涉海项目行政审批工作，因此仍然需要编制海岸带综合保护和开发利用规划以及详细规划，对总规层面的海域分区和管理要求进行深化和细化。

3. 规划传导有待进一步深入研究

国土空间规划体系与海洋部分相应的法律法规、技术标准指南等存在许多不一致，概念、表述等存在许多差异。由于市级层面的海岸带规划深度和内容尚没有专门的技术规范，也没有对海洋空间规划的传导提出标准，因此目前仅通过分区指引，将国土空间总体规划中确定的海洋生态红线、大陆自然海岸线保有率等以指标形式分解到各区，是否能够有效地将国土空间总体规划关于海洋的管控规则向下传导还需要进一步论证，因此更无法指导具体的涉海项目的实施，应进一步研究并构建海岸带空间规划的传导体系和内容。

第14章 海岸带保护利用专项规划*

14.1 项目背景

2017年“金砖会议”上习近平总书记提出了厦门“两高两化”（高素质、高颜值、现代化、国际化）的城市发展目标，海岸带区域成为海岛型城市建设提升的重要战略空间，其对于提升城市高颜值、提高城市品质、促进城市现代化建设等方面具有非常重要的作用。在此背景下，厦门市于2019年启动《厦门市海岸带保护与利用规划》编制工作，以期进一步协调海岸带地区资源开发、生态保护、港口建设、产业发展、人居环境提升等发展要求，推进海岸带科学、合理、可持续开发。

14.2 规划思路

本规划的总体思路是在现状评估、政策法规法律要求梳理、上位相关规划分析等基础上，识别厦门市海岸带保护的核心问题。以保住生态底线、协调陆海矛盾和提升岸线功能为规划策略，按照规划分析→资源分类管控→生态保护修复→高质量发展引导的思路开展规划，最后提出规划的管理保障机制，具体的规划思路见图14-1。

* 本章内容为课题研究中间成果，仅作示意。

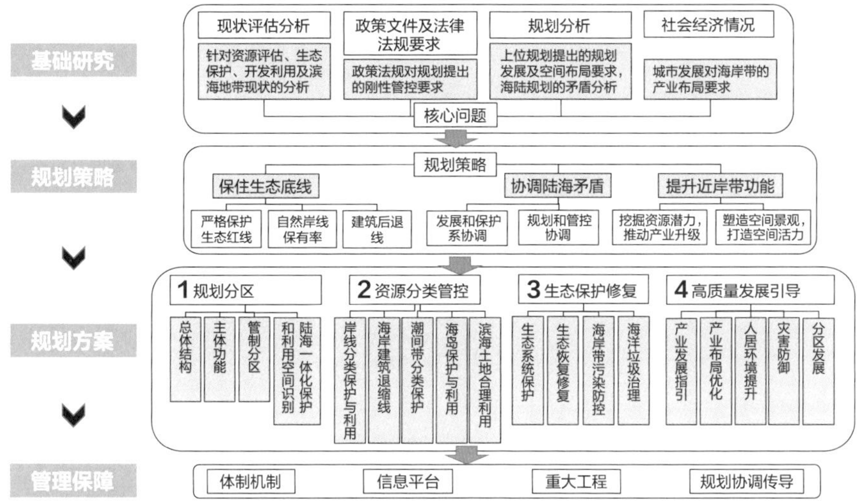

图 14-1　规划技术路线示意图

为利于协调陆海空间统筹，本次规划划定两个层次的范围开展规划。其中第一层次的规划范围与国土空间规划相衔接，综合考虑厦门现状实际各类要素以及规划情况，以 2019 年厦门市海岸线修测数据为基线，向陆域一侧延伸至滨海干道或城市较完整功能区，约 200～1500m；向海一侧延伸至厦门市管辖海域（图 14-2）。同时为了适应厦门城市型海岸带空间的特点，以注重规划管理的实施性和便利性为原则，强调近岸区域陆海主要功能的协调及引导，划定第二层次的空间作为重点范围深入研究，陆域部分重点关注影响海洋生态、海岸带景观的区域划定，结合城市建设现状划定范围；向海一侧重点关注与近岸陆地城市功能息息相关的海域划定。

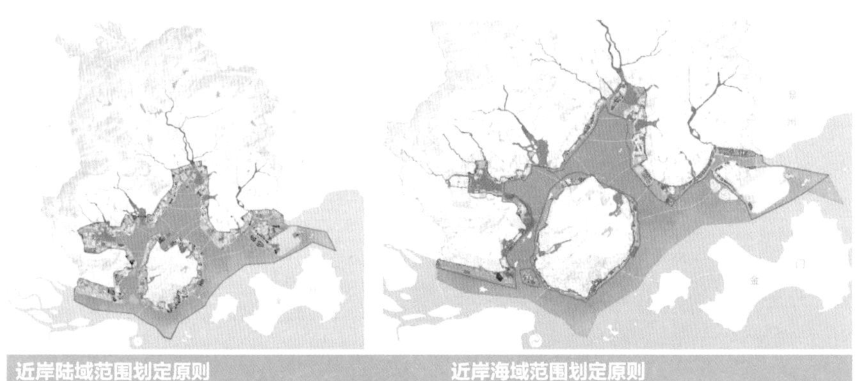

近岸陆域范围划定原则

① 已建成区及规划明确区控制至沿岸第一层滨水 建设地块；规划未明确区段控制至滨水主要功能区块；
② 考虑与海岸线密切程度的产业、公共空间、配套等；
③ 考虑项目空间的完整性；
④ 考虑景观管控的可行性

近岸海域范围划定原则

① 与行政管理界线衔接；
② 与海洋生态保护红线衔接；
③ 与海域使用权属现状相衔接；
④ 与海洋功能区划衔接；
⑤ 考虑生态保护、整治修复；
⑥ 其他区域划定

图 14-2　规划范围

14.3 主要规划内容

14.3.1 全面分析识别海岸带发展条件

通过对空间区位、自然资源现状、景观资源现状、开发利用现状（图 14-3）等主要构成元素的分析，综合判断厦门海岸带的显著特征，识别其核心问题；特别是运用大数据、百度热力图等技术，识别滨海空间岸线资源的分布情况、开发均匀度、滨水活力度等，有效找到城市型海岸带的核心问题。

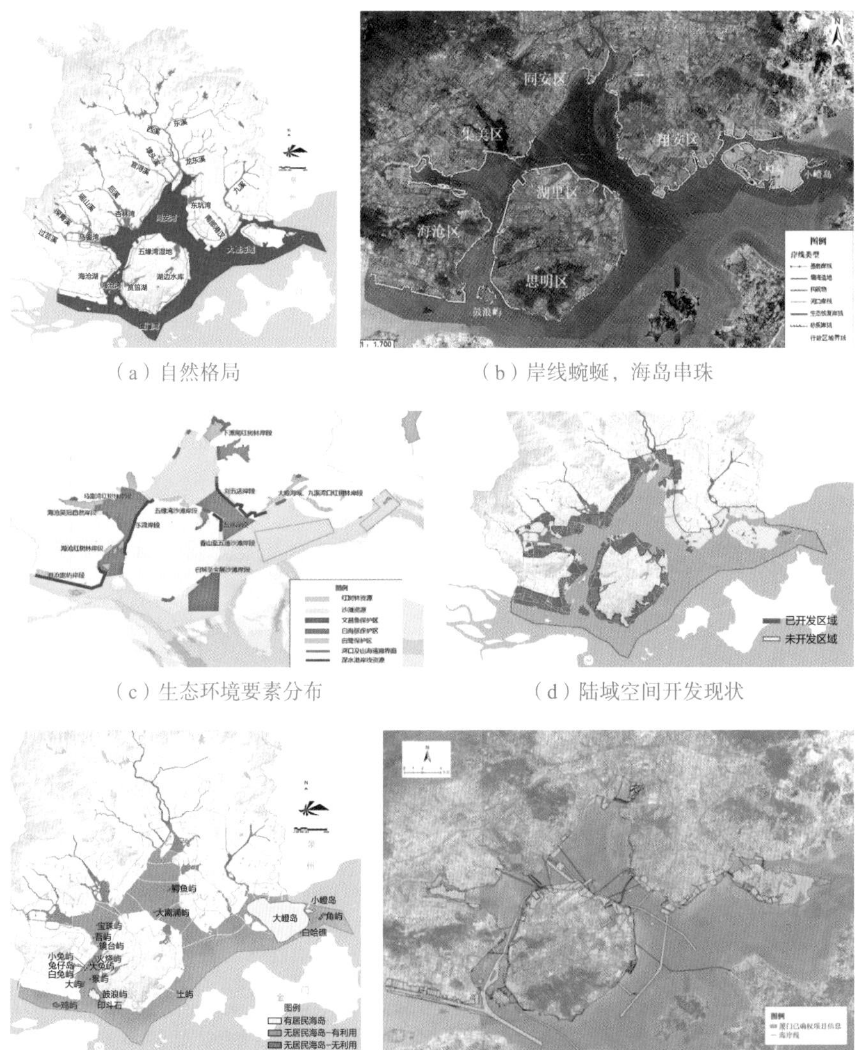

（a）自然格局　（b）岸线蜿蜒，海岛串珠

（c）生态环境要素分布　（d）陆域空间开发现状

（e）海岛空间分布　（f）海域使用情况

图 14-3　厦门市海岸带资源利用与保护现状

14.3.2 整体统筹规划布局

根据厦门城市型海岸带的自然特征，围绕海湾型城市的发展定位，以打造充满活力创新的海湾经济带为目标，架构海岸带的功能发展结构，即“一环一带，六区七心”（图 14-4）。

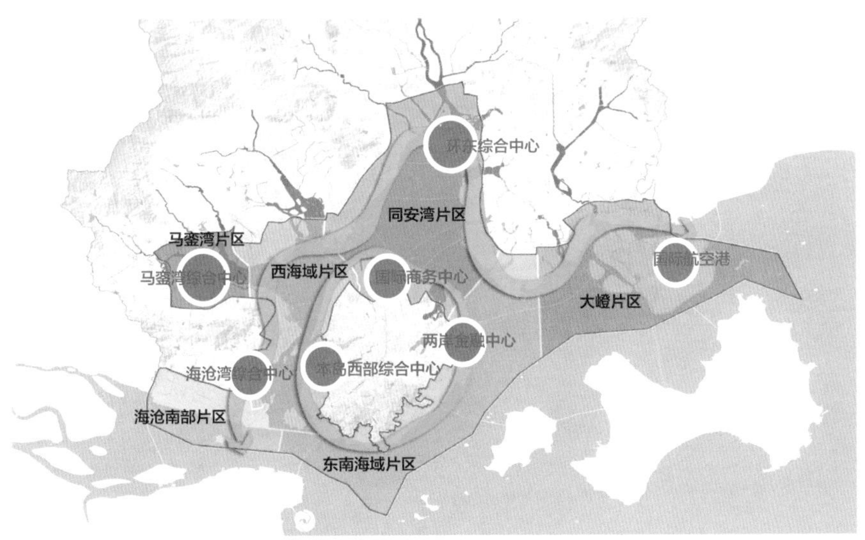

图 14-4 厦门市海岸带功能发展总体结构

一环一带：包括本岛近岸环和岛外近岸带，汲取滨海风貌特征，打造环湾旅游产业，塑造滨海活力。

“六区七心”：结合陆域海域主要发展方向、生态功能、资源利用等将厦门海岸带划分为六个区，统筹海陆空间；根据城市产业发展定位，构建海岸带发展核心，促进产业发展集群，加快海岸带产业升级。

14.3.3 划定空间利用主导功能分区

以陆海统筹为主导思维，划定各分区功能（图 14-5），包括生态保护区、生态控制区、农田保护区、城镇集中建设区、特别用途区、海洋发展区等二级类为主，局部细化至三级类，并制定详细的管控要求；落实上位规划各项指标要求，包括大陆自然岸线保有率、生态保护红线等约束性指标和新增生态修复空间面积、公共亲海岸线等预期性指标。

同时，针对海上空间，采用“图＋表”的形式，制定详细的管控引导细则（图 14-6，表 14-1）。

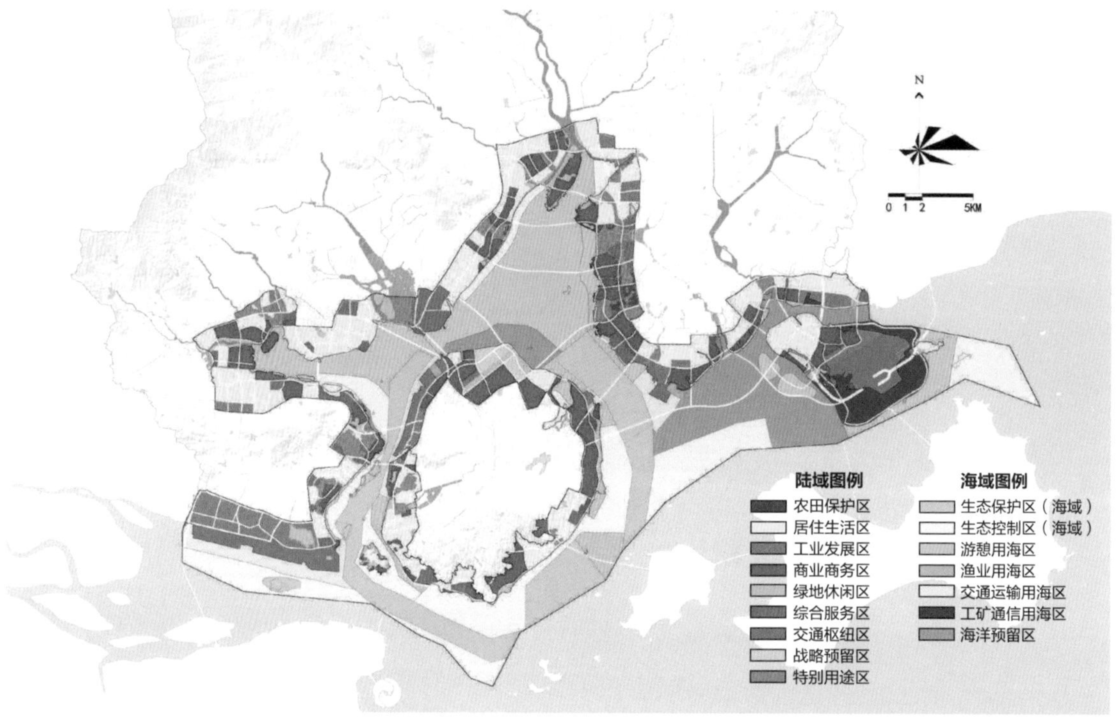

图 14-5　空间利用主导功能分区

名称	中华白海豚国家级自然保护区核心生态保护区		代码		
功能区类型	生态保护区		位置	118° 11' 51.603"，24° 32' 19.813"	
地理范围	五缘湾口				
空间资源现状	岸线长度（千米）	/			
	潮间带面积（公顷）	/			
	海域面积（公顷）	1423.14			
	海岛数量（个）	有居民海岛	/	无居民海岛	/
开发利用现状	厦门珍稀海洋物种国家级自然保护区（中华白海豚）				
岸线类型	严格保护岸段	位置（列出岸段序号）	/	长度（千米）	/
	限制开发岸段		/		/
	优化利用岸段		/		/
有居民海岛主体功能		/			
无居民海岛名称	生态保护区内	/			
	生态控制区内	/			
	海洋发展区内	/			
管控要求	空间准入	保障中华白海豚生境，兼容经科学论证后对中华白海豚保护无重大影响的必要的船舶通行、海底管道、路桥隧道等用海，兼容适度的风景旅游用海			
	利用方式	禁止改变海域自然属性，严禁影响中华白海豚保护的一切非必要保护开发活动			
	保护要求	严格执行国家和地方关于自然保护地、海洋生态红线的法律法规。禁止污水和工业废水入海			
	其他要求				

图 14-6　海域分区管控图表

海岸带规划指标体系　　　　表 14-1

<table>
<tr><th>指标类型</th><th>序号</th><th colspan="2">指标名称</th><th>性质</th></tr>
<tr><td rowspan="9">生态保护修复</td><td>1</td><td colspan="2">大陆自然岸线保有率（%）</td><td>约束性</td></tr>
<tr><td>2</td><td colspan="2">自然保护地面积占比（%）</td><td>约束性</td></tr>
<tr><td>3</td><td colspan="2">生态保护红线面积（hm^2）</td><td>约束性</td></tr>
<tr><td rowspan="3">4</td><td rowspan="3">新增生态修复空间</td><td>修复岸线长度（km）</td><td>预期性</td></tr>
<tr><td>修复滨海湿地面积（km^2）</td><td>预期性</td></tr>
<tr><td>修复无居民海岛个数（个）</td><td>预期性</td></tr>
<tr><td>5</td><td colspan="2">优质砂质岸线保有量（km）</td><td>约束性</td></tr>
<tr><td>6</td><td colspan="2">红树林面积（km^2）</td><td>预期性</td></tr>
<tr><td>7</td><td colspan="2">近岸海域优良水质比例（%）</td><td>约束性</td></tr>
<tr><td rowspan="2">资源开发利用</td><td>8</td><td colspan="2">海岸建设后退线管控（m）</td><td>约束性</td></tr>
<tr><td>9</td><td colspan="2">产业园区工业用地固定资产投入强度（万元）</td><td>预期性</td></tr>
<tr><td rowspan="4">人居环境提升</td><td>10</td><td colspan="2">公共亲海岸线长度（km）</td><td>预期性</td></tr>
<tr><td rowspan="3">11</td><td rowspan="3">海岸带生态文明创建</td><td>美丽海湾（个）</td><td>预期性</td></tr>
<tr><td>美丽渔村（个）</td><td>预期性</td></tr>
<tr><td>和美海岛（个）</td><td>预期性</td></tr>
</table>

分区管控与兼容功能制定了管控措施和兼容功能的内容，促进海域空间资源的综合利用、复合利用（表 14-2）。

分区管控与兼容功能　　　　表 14-2

<table>
<tr><th>一级分区</th><th>二级分区</th><th>三级分区</th><th>管控措施</th><th>兼容功能</th></tr>
<tr><td>生态保护区</td><td></td><td></td><td>保障海洋生态保护区用海</td><td>兼容海底管线、船舶通航等用海</td></tr>
<tr><td>生态控制区</td><td></td><td></td><td>控制陆源污染，清淤整治，提高环境容量，改善水环境，保障城市景观水域</td><td>兼容生态湿地公园，旅游娱乐用海，海底工程用海，但须专题论证确定用海位置和范围</td></tr>
<tr><td rowspan="3">海洋发展区</td><td rowspan="3">交通运输用海区</td><td>路桥区</td><td>保障桥梁用海，根据海域使用权证或海籍调查结果确定用海位置、范围、面积</td><td>兼容取水口、温排水、污水达标排放等不损害港口和锚地功能的用海</td></tr>
<tr><td>海底隧道区</td><td>保障海底隧道用海，须经专题论证，确定用海位置、范围</td><td>兼容船舶通航、取水口、温排水、污水达标排放</td></tr>
<tr><td>港口、锚地区</td><td>保障船舶通航用海，禁止其他影响航行安全的用海活动</td><td>兼容取水口、温排水、污水达标排放等不损害港口和锚地功能的用海</td></tr>
</table>

续表

一级分区	二级分区	三级分区	管控措施	兼容功能
海洋发展区	交通运输用海区	航道区	保障船舶通航用海，禁止其他影响航行安全的用海活动	兼容取水口、温排水、污水达标排放用海
	工业用海区		保障工业与城镇建设用海，允许适度改变海域自然属性，控制填海规模，填海范围不得超过功能区前沿线，优化人工岸线布局，尽量增加人工岸线曲折度和长度	兼容取水口、温排水、污水达标排放等不损害工业与城镇建设功能的用海
	矿产与能源用海区		保障矿产与能源利用，禁止一切破坏矿产资源与能源的用海活动	
	旅游休闲娱乐用海区		保障旅游基础设施、人造沙滩、水上运动、游乐设施等的用海活动	兼容跨海桥梁、海底工程、排污管道、休闲渔业用海，但须专题论证确定用海位置和范围
	特殊利用区	海底管线区	保障海底管道用海，根据海域使用权证或海籍调查结果确定用海位置、范围、面积，确保不影响毗邻海域功能区。海底电缆管道要合理增加埋设深度，并采取一定保护措施	兼容取水口、温排水、污水达标排放
		排污区	保障污水达标排放混合区及排污管道用海，尾水处理达到一级排放标准后于该功能区进行深水排放，须经专题论证确定其用海位置、范围、面积，确保不影响毗邻海域功能区	兼容船舶通航
	无居民海岛利用区		保护海岛生态环境	兼容跨海桥梁用海
	海洋预留区		现状保护海洋生态环境，规划期内为重大项目用海用岛预留后备发展区域	兼容船舶通航、海底管道用海

针对岸线，明确其类型分成四大类（生产岸线、生活岸线、生态岸线、其他岸线），分类分段制定详细保护与利用的要求（图 14-7）。

针对管辖海域共有 49 个无居民海岛，采取清单式管理，“以清单形式逐岛（岛群）明确海岛功能、管控要求和保护措施”（表 14-3）。

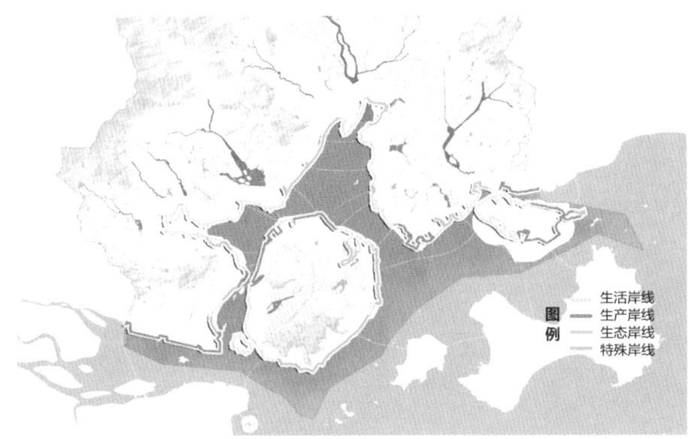

图 14-7　岸线分类及管控引导

无居民海岛“清单式”管理表　　表 14-3

序号	名称	功能	保护及开发要求
1	角屿	生态控制区	保护海岛及其周边海域的生态环境，加强绿化造林
2	白哈礁	游憩用海区	开发海岛观光旅游，保护海岛自然生态环境及周围海域环境
3	大离浦屿	特殊用海区	岛上已建有导航标志，被机场征用为“海上救护基地”。保留开发利用现状。同时应采取有效措施进行岸滩侵蚀防护，加强植被保护
4	鳄鱼屿	游憩用海区	结合红树林生态恢复、滨海浪漫线三期工程的建设，发展海岛观光旅游、休闲渔业度假村等生态旅游建设
5	宝珠屿	游憩用海区	已开辟为海岛观光旅游，规划配合周边海域开发水上娱乐、水上运动等旅游项目。保护岛上人文古迹、导航标志，保护岛上植被
6	吾屿	生态控制区	保护海岛自然生态环境和周围海域环境
7	镜台屿	生态控制区	保护海岛自然生态环境和周围海域环境
8	火烧屿	游憩用海区	已开发海岛观光、科教旅游等旅游项目。控制岛上大型和钢筋混凝土建筑物、餐饮设施的建设；增台岛上和周围边海域的生态环境系统的保护和恢复措施
9	大兔屿	游憩用海区	以火烧屿为依托，发展海岛观光等串岛旅游项目。保护岛上植被及妙湛和尚的舍利塔，强化海岸防护
10	小兔屿	游憩用海区	以火烧屿为依托，发展海岛观光等串岛旅游项目。整治恢复岛上生态环境、恢复周边滩涂红树林湿地生态系统。加强海岸防护
11	兔仔岛	游憩用海区	以火烧屿为依托，发展海岛观光等串岛旅游项目。保护海岛自然生态环境，加强海岸防护。保护岛上导航标志
12	白兔屿	游憩用海区	以火烧屿为依托，发展海岛观光等串岛旅游项目。加强周围海域环境保护。整治恢复岛上生态环境、恢复周边滩涂红树林湿地生态系统。加强海岸防护。保护坡顶测量标志

续表

序号	名称	功能	保护及开发要求
13	猴屿	交通运输用海区	岛上已建有电力塔、导航灯塔。保留现有开发利用现状，恢复岛上被破坏的植被，保护海岛自然生态环境
14	海沧大屿	生态保护区	严格执行国家和地方关于自然保护地、海洋生态红线的法律法规。种植红树林，保护白鹭及其生境。保护岛上植被；保护导航标志及周围红树林生态系统
15	鸡屿	生态保护区	
16	印斗石	生态控制区	保护海岛自然生态环境和周围海域环境
17	土屿	生态控制区	实施海岛水资源保护与利用、土壤改良、植被修复等生态岛礁工程，保护海岛生态系统。保护海岛周围海域的环境。可兼容发展海岛景观生态旅游

14.3.4 制定各湾区发展指引

根据现状调查、规划传导分析、规划总体布局、资源分类管控措施，结合各湾区的战略定位和主导功能，提出各湾区的产业发展目标和生态保护目标发展指引，如图 14-8、图 14-9 所示。

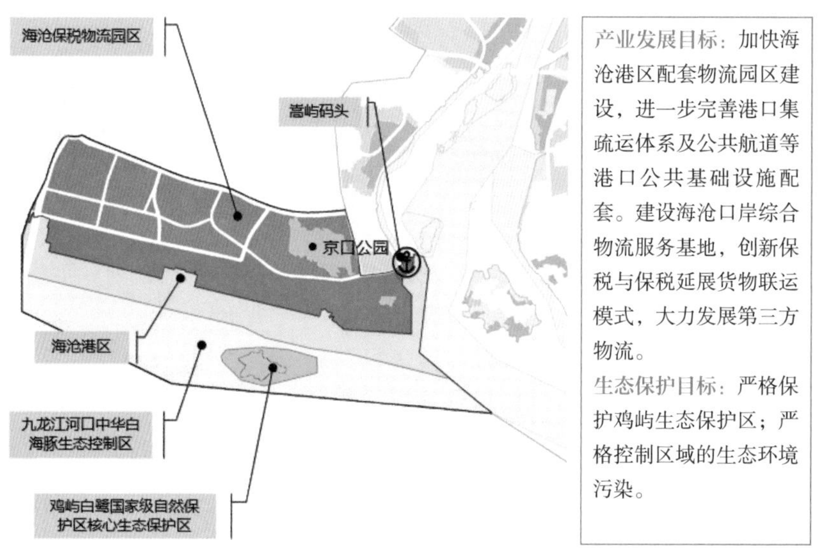

图 14-8　以港口产业为主导的湾区发展指引（海沧湾南部港区）

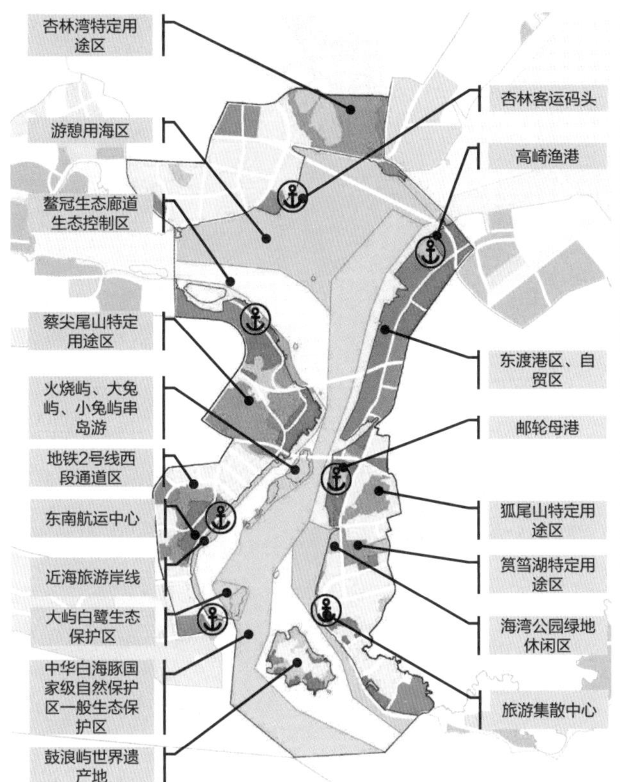

产业发展目标：依托自贸区优势，发展现代航运服务企业总部经济中心（包括海沧湾 CBD 及东渡港区）；以无居民海岛为支撑点发展生态休闲观光旅游。
生态保护目标：保障白海豚生存环境；加强岸线的整治修复；保护山海通廊的呼吸通道，控制建设高度，增加绿地及滨海公共开放空间。
人居建设目标：完善新城建设和老城更新，发展海洋文化创意、科教产业，保护城市风貌，提升人居环境和生活品质。保障海沧湾栈道、亲水平台等旅游基础设施用海。

图 14-9　以城市生活、生态为主导的湾区发展指引（西海域）

14.3.5　制定生态保护与修复策略

1. 生态保护目标

以恢复本底海岸的原生风貌，提高近岸海域水体交换和自净能力，改善海水和沉积物的环境质量，保护生态多样性，保障海洋食品安全为目标的基础上，结合城市发展需求，实施海洋生物多样性保护、海域生态环境综合整治。包括珍稀濒危生物资源保护与生态修复和海域生态环境综合整治。

2. 生态保护修复格局

分类提出岸线修复，包括：

重点修复岸线：主要位于集美至同安、翔安海岸线；

重点保护岸线：主要位于厦门岛东部和南部岸线；

一般修复岸线：主要位于翔安南部岸线及厦门岛北部岸线；

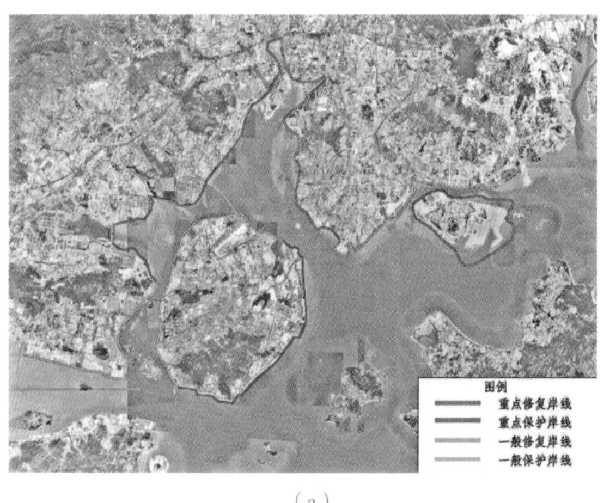

（a）

（b）

图 14-10　厦门海岸带岸线和海域生态保护修复格局

一般保护岸线：主要位于厦门岛西部岸线，以及海沧东部和南部岸线（图 14-10a）；

重点修复海域：主要位于马銮湾至集美大桥海域、同安湾口、九溪口至大嶝大桥海域；

重点保护海域：主要位于西海域、黄厝和刘五店附近海域（图 14-10b）。

3. 生态保护修复措施

首先，开展海岸带保护修复工作。通过侵蚀海岸防护、海堤生态化建设改造等措施，逐步修复受损岸线，提升抵御台风、风暴潮等海洋灾害的能力，要注重改变现有海岸的硬质结构情况，制定软质的生态化修复方案，使海岸线更加弹性。在不改变滨海原生地貌、不破坏海洋生态系统功能的前提下，结合陆地功能布局需求，适当拓展公众亲海空间，满足人们观赏旅游、近海亲水的需求，使海岸线更加具有活力。

其次，开展海岸带污染防控。针对海域污染严重的西海域、同安湾和大嶝海域分别开展生态修复，改善海水水质。具体的修复措施包括：开展滨海湿地修复、岸线生态化改造、种植红树林等。对于海蚀地貌区段，采用保护自然岸线、海蚀地貌，修复沙滩，清除垃圾等措施。对于海岸村庄的脏乱差情况，开展村庄截污、垃圾治理，护岸生态化改造，拆除海堤、堤内修复成沙滩等措施，同时清理近海养殖设施和海滩垃圾；开展滩涂清淤，增加海域纳潮量，增强水动力，改善并逐步修复海域生态环境，美化自然景观，同时拓展中华白海豚的生存空间等。对于入海口的互花米草入侵，控制互花米草蔓延趋势，开展九溪入海口、大嶝桥北侧及大嶝岛北部互花米草综合整治工程，通过人工方式清除互花米草等。

14.3.6 优化滨海产业规划与布局

1. 优化海洋产业布局

作为城市型海岸带，湾区发展成为带动城市高质量发展的重要空间支撑，因此本次规划特别针对环绕湾区的各个片区提出发展指引，重点围绕其战略定位、主导功能、产业发展目标、生态保护目标、人居建设目标等要素。

落实《厦门市海洋经济发展“十四五”规划》，重点发展海洋生物医药与制品产业、海洋高端装备制造业与材料业、海洋信息与数字产业、海洋高技术服务业、涉海金融服务业等，以及港口物流、滨海旅游、海洋文化创意产业等；在空间上进行整合、优化；同时在未开发区域补足产业短板，提升产业配套。

2. 策划近岸产业功能

近岸空间是海岸线两侧生态环境、资源和人类活动联系紧密的带状国土空间，包括海域空间和陆域空间。近岸功能融合主要分为以下三种情况：海域生态控制区同陆域生态控制区融合、海域文体休闲娱乐用海同陆域具有滨水旅游休闲功能的各类用地融合、围填海区域同陆域具有工业、港口、物流和交通枢纽功能的各类用地融合。本规划对近岸空间的主导功能作了划分，主要分为城镇生活（包括生活区、旅游休闲区等）、港口与工业（包括港口及工业）、生态保护保留（包括自然保留区与特殊用途区）三大块功能，策划了适宜近岸空间的发展利用业态及配套服务设施，促进产业发展（图 14-11～图 14-16）。

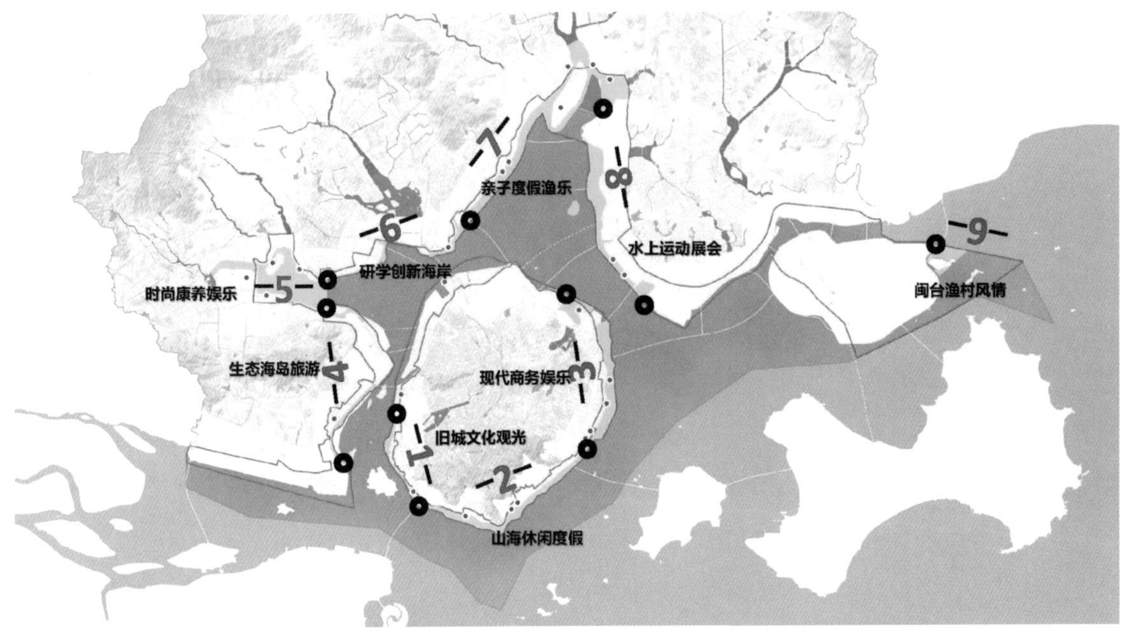

图 14-11　近岸保护与开发引导策划

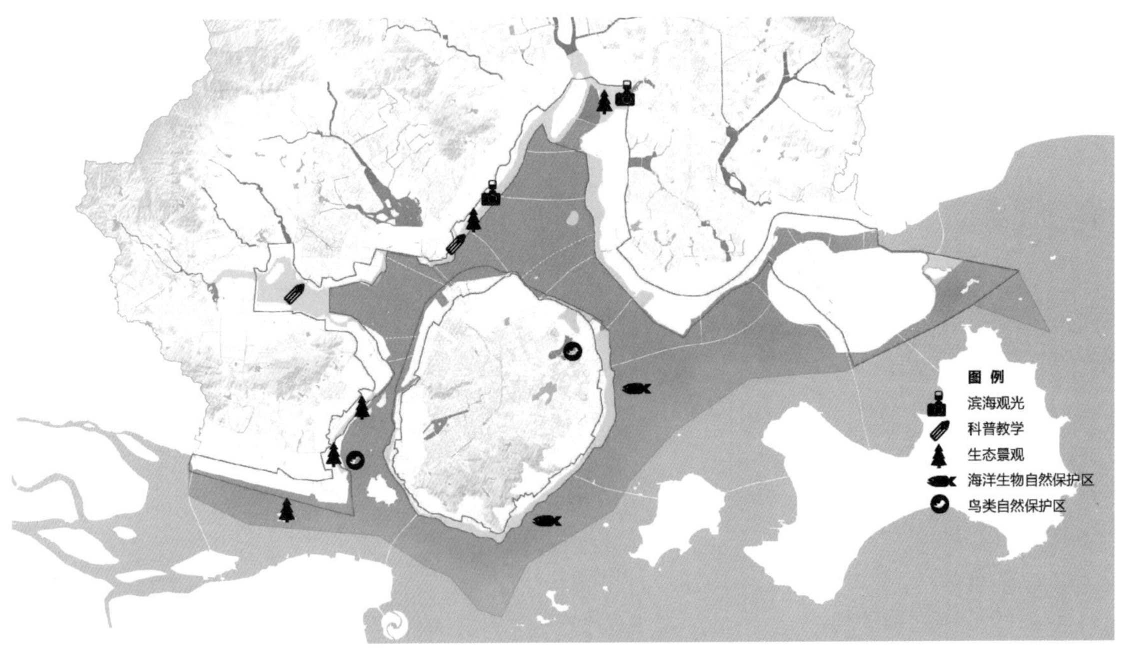

图 14-12　滨海生态保护与观光策划

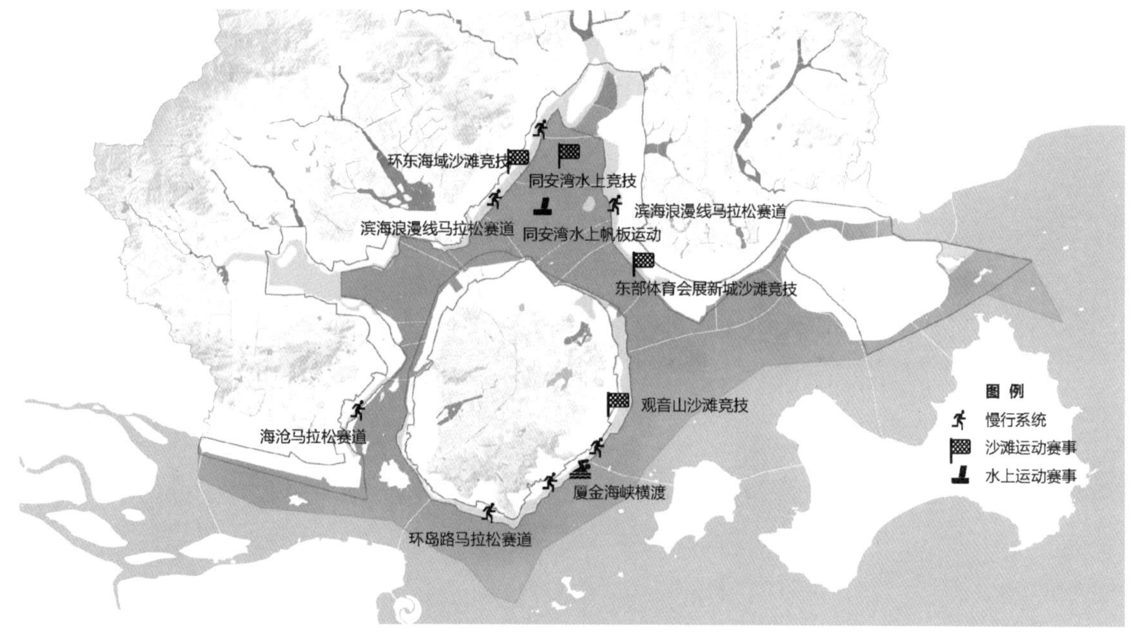

图 14-13　滨海竞技运动项目策划

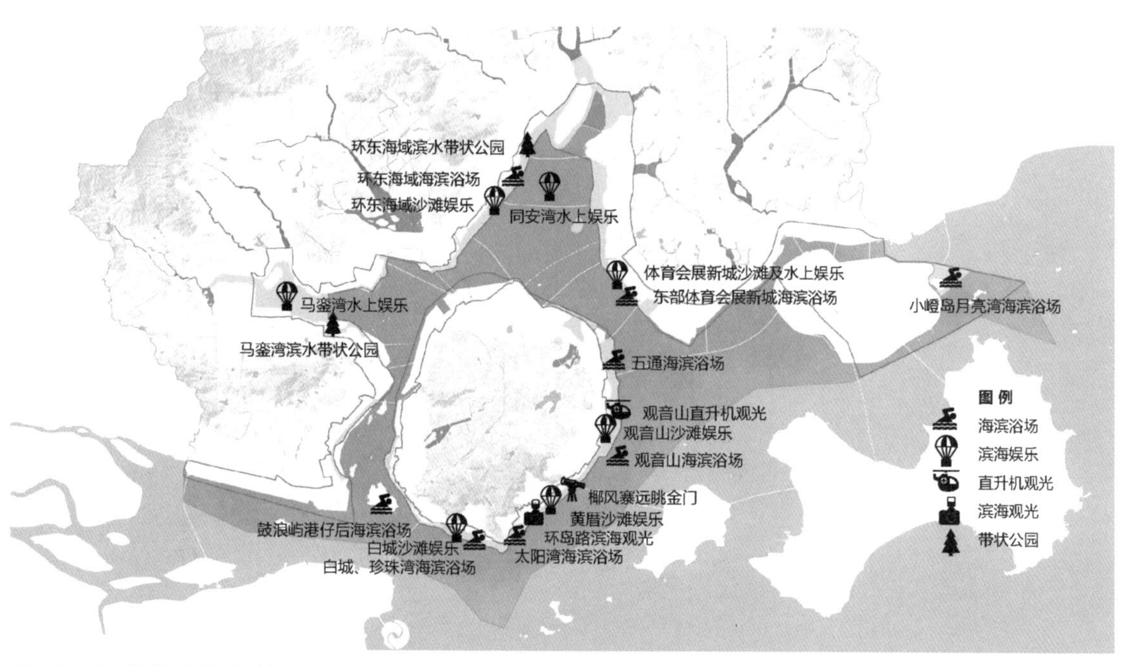

图 14-14　滨海休闲活动策划

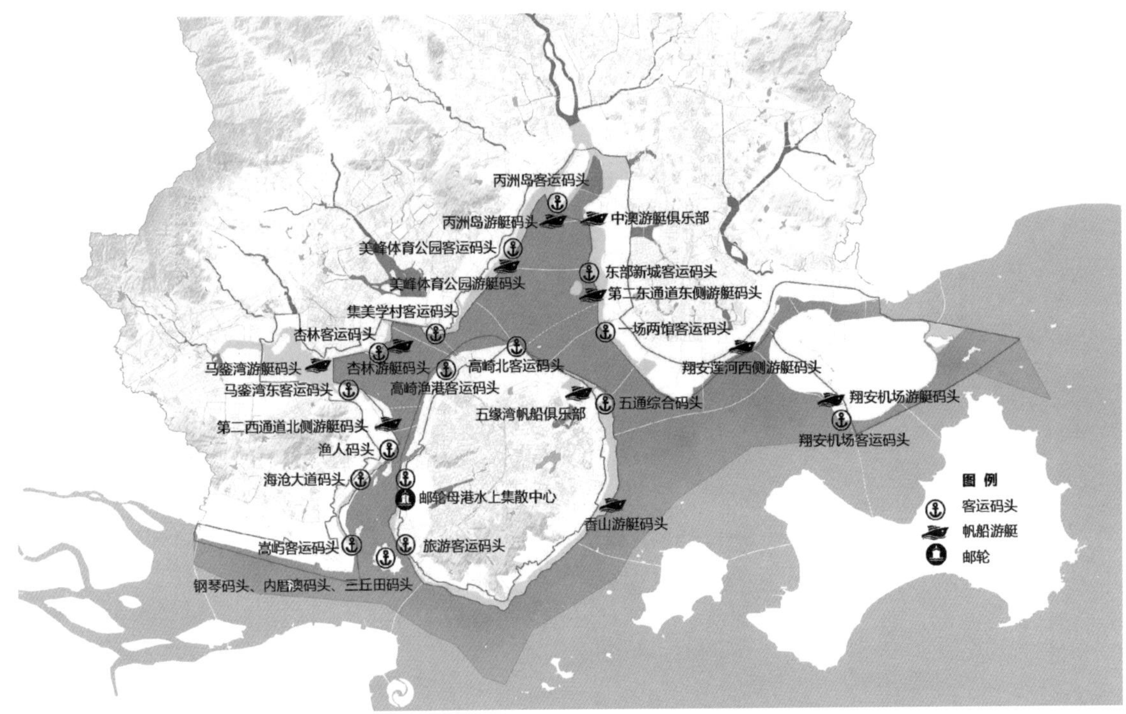

图 14-15　海上旅游客运码头及游艇活动策划

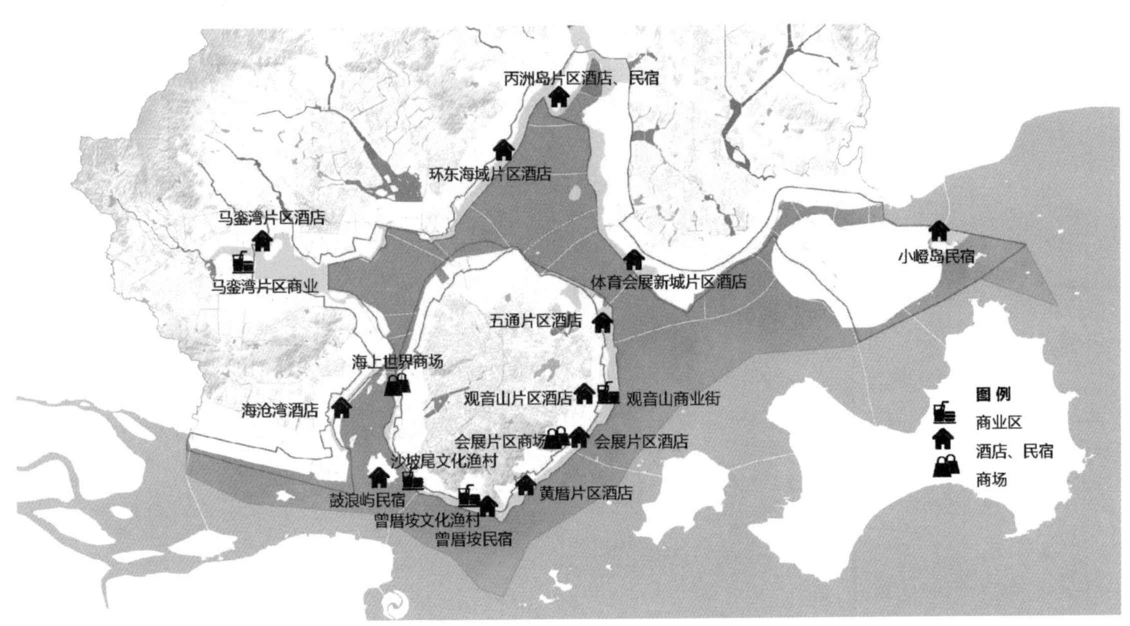

图 14-16　陆域配套设施项目策划

14.3.7 提升近岸人居环境品质

重点聚焦近岸空间的管控和滨水岸线活力再造，提升环境品质，促进城海融合。近岸空间的管控：陆海统筹，海陆相依，将近岸带海陆功能定位一致的相存的主体功能细化融合（图 14-17）。

滨水岸线活力再造：场所活力主要表现为吸引力强、人群愿意前往聚集，关注度高、具有名片作用。本次规划根据城市热力数据并结合岸线实际状况，分析得出现状已有较强活力的区段，再将具备活力可能的空间要素如高密度的公建地块、城市公园或旅游目的地、交通枢纽节点、大量人口聚集的居住片区、开阔高质量的滨海景观空间等要素，在空间上进行叠加，形成全市滨海公共空间提升价值分布图，结合相关规划，得出滨海活力塑造节点分布，并根据节点特点分成重要节点和一般节点（图 14-18）。针对节点的不同特性，分别提出活化措施（图 14-19）。

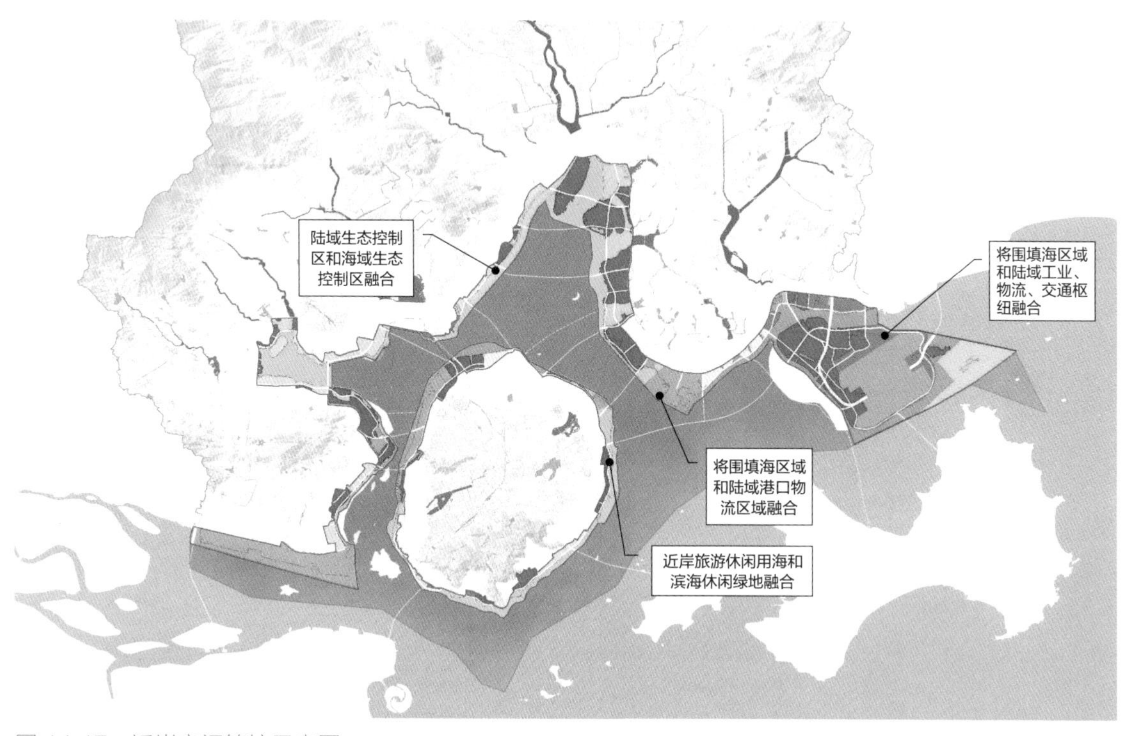

图 14-17　近岸空间管控示意图

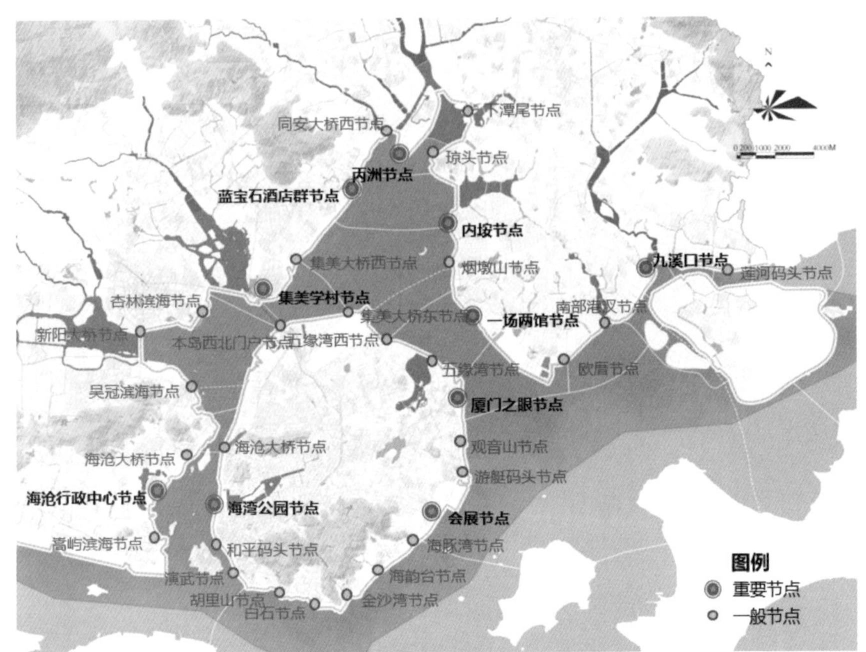

图 14-18　厦门市滨海公共空间节点图

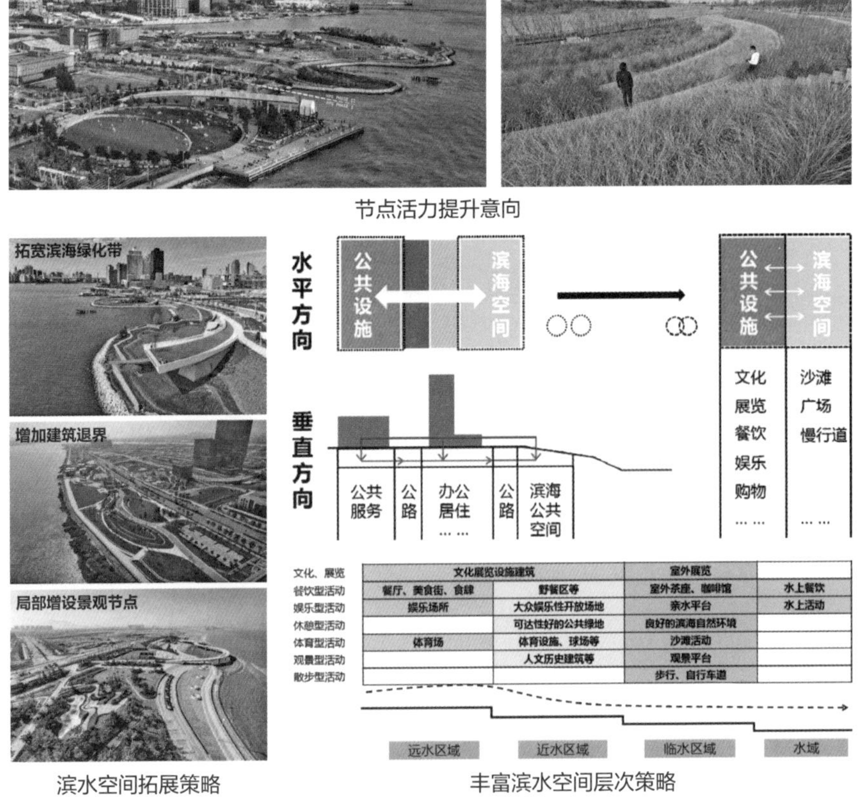

图 14-19　厦门市滨海公共空间热力节点活化措施

14.4 实践小结

1. 先行探索“全域全要素”思维在海岸带地区的应用

本项目是在2019年启动编制，当时的《厦门市国土空间总体规划（2021—2035年）》尚在编制中，省级海岸带编制指南还未出台，福建省海岸带规划尚未编制，在上位规划或标准未明确的情况下，先行探索按照“全域全要素”思维，按照“海陆统筹、生态优先、集约利用、规划延续、整体统一、综合利用”的原则，推动“陆海统筹、陆海联通、陆海联动、陆海协同”的发展。

2. 有效探索规划体系中专项规划的作用与内容

按照国家“五级三类”规划体系的构建，本项目作为特殊领域的专项规划，提出本项目定位为“总体规划阶段的城市专项规划”，对上衔接国土空间总体规划，落实国土空间规划对专项提出的指导要求和约束指标；对下指导控制性详细规划，为详细规划的编制和实施操作提供技术支撑。因此，在空间范围分级划定、编制内容各有侧重、管控要素分级分类上进行了创新性的探索，重点针对海岸带资源利用、海岸带生态保护、海岸带产业空间发展、滨海人居环境提升等方面进行了系统性的谋划布局，规划成果同步反馈、纳入在编的国土空间总体规划以及后续启动的省级海岸带规划、自然保护地划定等，充分体现了规划的前瞻性、引领性。

3. 探索新兴技术方法在专项规划中应用

该项目编制团队由城市规划、海洋科学等方面的技术人员联合组成，融合了海、陆空间的发展思维与技术方法，同时针对厦门独特的城市型海岸带特点，创新性应用了双评价、大数据等技术手段探索编制，特别是针对近岸空间开发利用方面，紧密结合城市发展诉求，运用城市设计手法，提出具有针对性、可实施、便于管理的策略或方法，具有一定的创新性，对市级海岸带空间专项规划的开展有较强的借鉴性。

提升篇

自2018年自然资源部组建以来，我国开始了国土空间规划体系的改革工作，出台了一系列政策与技术文件，用以指导国土空间规划的编制，对国土空间用途管制提出了一定的要求。在实践中，针对海岸带，尤其是海洋空间和陆海统筹方面，关注度有待进一步提升，相关政策文件仍存在待细化落实的内容，试行的技术文件仍存在提升的空间。

如何按照国土空间规划“五级三类”的构建要求，完善海岸带空间的规划体系，明确各层级管理事权；海洋功能区划不再报批，作为实施国土空间用途管制法定依据的详细规划，在海岸带区域如何编制；在城镇开发边界内和边界外建设的管制方式已明确的背景下，海岸带空间的用途管制形式和流程如何制定和优化，是海岸带空间管理亟需解决的内容。

提升篇主要基于厦门市数十年的海岸带空间规划管理实践，充分结合国土空间规划体系改革要求，面向管理需求，对海岸带空间规划体系、详细规划编制和用途管制，针对性地进行了思考，从管理实操的角度给出了具体的内容，以供广大管理、规划以及相关人员参考。

第15章 国土空间规划背景下的海岸带空间规划体系

海洋空间规划和用途管制的构建是推进海洋治理能力和治理体系现代化，助力海洋生态文明建设的重要举措。对于滨海城市而言，新时期海岸带空间规划体系应在坚持陆海统筹的基础上，衔接国土空间规划体系以及“三区三线”的格局，协调陆海发展定位、产业布局和资源环境等，结合原有的海洋空间规划体系的特点，强化海洋空间规划体系建构和用途管制，形成统一的规划目标、管制要求、核心内容和空间基准体系，积极融入“五级三类”的国土空间规划体系。

15.1 海岸带空间规划体系构建的意义

15.1.1 落实陆海统筹战略

近年来，党和国家将陆海统筹置于更高的战略地位。作为覆盖全域的空间布局与保护利用顶层设计，国土空间规划既囊括陆域，也包含管辖的海域。国家战略层面的顶层设计对海岸带空间规划提出了一系列要求。2017 年 8 月中共中央、国务院印发了《关于完善主体功能区战略和制度的若干意见》，意见中明确，到 2020 年我国符合主体功能定位的县域空间格局基本划定，陆海全覆盖的主体功能区战略格局精准落地。2018 年 11 月《中共中央 国务院关于建立更加有效的区域协调发展新机制的意见》在建立区域统筹机制中提出，推动陆海统筹发展，“以规划为引领，促进陆海在空间布局、产业发展、基础设施建设、资源开发、环境保护等方面全方位协同发展。编制实施海岸带保护与利用综合规划，严格围填海管控，促进海岸地区陆海一体化生态保护和整治修复。”

海岸带作为联通陆海的桥梁，全球经济、工业和人口的集聚地，是解决陆海统筹问题的关键带。关注新形势下海岸带空间规划的需求、内容与编制重点具有重要意义。

15.1.2 健全国土空间规划体系

2019 年 5 月,《中共中央 国务院关于建立国土空间规划体系并监督实施的若干意见》提出将主体功能区规划、土地利用规划、城乡规划等空间规划融合为统一的国土空间规划。要求“强化国土空间规划对各专项规划的指导约束作用。海岸带等专项规划及跨行政区域或流域的国土空间规划，由所在区域或者上一级自然资源主管部门牵头组织编制，报同级政府审批”，在该意见的编制要求中提出“坚持陆海统筹……优化国土空间结构和布局。”

2020 年 10 月自然资源部网站公布的《海域使用权设立（自然资源部审核后报国务院批准且涉及填海造地项目）审核服务指南》，明确“项目用海符合国土空间规划和海岸带等海洋专项规划”。2021 年 7 月,《关于开展省级海岸带综合保护与利用规划编制工作的通知》明确了海岸带规划作为专项规划，是对国土空间总体规划的补充和细化，需在国土空间总体规划确定的主体功能定位及规划分区的基础上，统筹安排海岸带保护和开发活动，并有效传导到下位总体规划和详细规划。

海岸带空间用途管制的基础由原有的城市总体规划、海洋功能区划转换为国土空间规划。海岸带规划作为唯一的海洋空间类专项规划，将继承和代替原来的海洋功能区划和海岛保护规划的管控作用。海岸带空间的管控规则和依据要充分结合国土空间规划“五级三类”的事权划分原则，聚焦解决海岸带地区的陆海矛盾冲突，起到对海岸带地区进行陆海统筹综合管控的作用。因此，在“五级三类”的国土空间规划体系中，海岸带空间如何规划，是国土空间规划改革的重要内容。

15.1.3 管理事权的要求

《现代汉语词典》对事权的定义是：处理事务的权力。政府事权是依据政府职能产生的，通过法律授予的，管理国家具体事务的权力，是政府部门在行政行为中承担的任务和责任。政府事权划分的过程涉及利益群体多，划分过程比较复杂。

2015年9月国务院发布《生态文明体制改革总体方案》中明确提出“建立全国统一、责权清晰、科学高效的国土空间规划体系”“明确各级国土空间总体规划编制重点”是国土空间规划体系改革的重要任务，理顺央地事权、推进央地协同、充分发挥央地在国土空间治理中的两个“积极性”则是关键所在，国土空间审查的要点见表15-1。

国土空间规划审查要点[1] 表15-1

级别	审查要点
省级	① 国土空间开发保护目标； ② 国土空间开发强度、建设用地规模，生态保护红线控制面积、自然岸线保有率，耕地保有量及永久基本农田保护面积，用水总量和强度控制等指标的分解下达； ③ 主体功能区划分，城镇开发边界、生态保护红线、永久基本农田的协调落实情况； ④ 城镇体系布局，城市群、都市圈等区域协调重点地区的空间结构； ⑤ 生态屏障、生态廊道和生态系统保护格局，重大基础设施网络布局，城乡公共服务设施配置要求； ⑥ 体现地方特色的自然保护地体系和历史文化保护体系； ⑦ 乡村空间布局，促进乡村振兴的原则和要求； ⑧ 保障规划实施的政策措施； ⑨ 对市县级规划的指导和约束要求等
市级（国务院审批）	除对省级国土空间规划审查要点的深化细化外： ① 市域国土空间规划分区和用途管制规则； ② 重大交通枢纽、重要线性工程网络、城市安全与综合防灾体系、地下空间、邻避设施等布局，城镇政策性住房和教育、卫生、养老、文化体育等城乡公共服务设施布局原则和标准； ③ 城镇开发边界内，城市结构性绿地、水体等开敞空间的控制范围和均衡分布要求，各类历史文化遗存的保护范围和要求，通风廊道的格局和控制要求；城镇开发强度分区及容积率、密度等控制指标，高度、风貌等空间形态控制要求； ④ 中心城区城市功能布局和用地结构等
其他市、县、乡镇级	由各省（自治区、直辖市）根据本地实际，参照上述审查要点制定

① 资料来源：《自然资源部关于全面开展国土空间规划工作的通知》。

《中共中央 国务院关于建立国土空间规划体系并监督实施的若干意见》指出分级分类建立国土空间规划，提出了"谁组织编制、谁负责实施""谁审批、谁监管"等原则，"分级建立国土空间规划审查备案制度""精简规划审批内容，管什么就批什么""优化现行建设项目用地（海）预审"等对事权的具体要求。

《自然资源部关于全面开展国土空间规划工作的通知》响应要求进一步明确了不同层级国土空间规划审查的权限与内容：按照"管什么就批什么"的原则，对省级和市县国土空间规划，侧重控制性审查，重点审查目标定位、底线约束、控制性指标、相邻关系等。

空间规划作为空间治理的重要手段，理顺中央和地方各级政府事权的平衡，厘清权责边界，是空间规划体系改革的重要内容。海岸带空间规划结合了陆域和海域双重特征，其与政府事权层级的衔接，各级政府事权内容与边界的清晰程度，是海岸带空间规划体系构建与优化的关键。

海岸带空间规划事权分配方式应对应国土空间规划体系的不同层级，各级海岸带规划的管控方式宜与事权相对应。涉及上级事权的应列为强制性内容，归属上级管控和监督。省级事权聚焦海岸带规划对"两空间内部一红线"的落实，市级关注上位规划中海岸带生态空间的落实，作为市级管制海岸带空间的主体的决策依据；县级作为海岸带空间规划体系的底层规划，重点审查海岸带可开发利用空间的审批。

15.2 海岸带空间规划体系构建原则

15.2.1 承接统筹

中共中央、国务院和自然资源部发布的系列文件，明确提出要"分级分类建立国土空间规划体系"。海岸带应充分承接国土空间规划体系的框架，明确海岸带空间在国土空间各级各类规划中如何落实。

同时海岸带涉及陆域和海域，在此空间存在大量保护利用规划，如港口、旅游、生态修复、基础设施、公共服务设施相关规划。要充分统筹此类规划，采用"多规合一"的方法以及陆海统筹的理念，构建适宜的海岸带空间规划体系。

15.2.2 权责一致

"管什么就批什么，批什么就编什么"是国土空间规划改革的要求，是提升国土空间治理能力和实现治理体系现代化的重要举措。应充分考虑海岸带空间用途管制的行政管理事权，注重不同层级和类型规划间的传导与衔接，构建相应的海岸带规划体系。

15.2.3 管用好用

海岸带空间规划体系的建构，应有利于海岸带空间用途管制的顺畅进行，推动建立好用的陆海联动管理机制和陆海共享的自然资源监管信息平台。规划体系应有助于构建陆域、海域、海岛、岸线全要素立体覆盖的"一张蓝图"，有效保障海岸带空间的开发与保护。

15.3 海岸带空间规划体系构建设想

厦门市在海岸带空间规划上做了大量的探索，包括总体规划层面、详细规划层面和各专项规划层面。基于厦门的实践，结合国土空间规划体系构建要求，提出如下的海岸带空间规划体系构建的设想：海岸带空间规划体系由国家、省、市、县四级，以及总体规划层面、专项规划、市县级的详细规划三类组成。以综合统筹涉及海岸带区域相关规划的空间需求，协调相关专项规划的空间安排（图 15-1）。

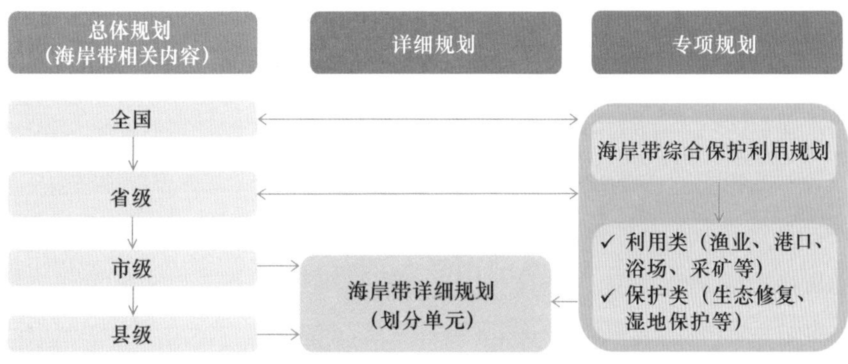

图 15-1 海岸带空间规划体系构想

15.3.1 总体规划层面

总体规划层面的海岸带空间规划作为本级国土空间总体规划的重要组成部分，按照国土空间总体规划分级分类编制和管控的总体要求，编制相应的内容。

1. 国家级

全国国土空间总体规划侧重战略性，是全国国土空间保护、开发、利用、修复的政策和总纲，相应的海岸带规划以体现政策性和战略性为主。一是衔接全国国土空间规划纲要，划分海岸带的主体功能区，并且在省级及以下国土空间规划中必须确定为相同的主体功能。二是确定相应底线要求，如“两空间内部一红线”等涉及空间格局、资源环境承载力等方面的约束性要求。

2. 省级

省级国土空间总体规划是对全国国土空间总体的落实，侧重协调性。根据《省级国土空间规划编制指南（试行）》，省级国土空间规划重点管控性内容包括目标与战略、开发保护格局、资源要素保护与利用、基础支撑体系、生态修复和国土综合整治和区域协调与规划传导六大部分内容。按照指南要求，原则上以县级行政区划分主体功能区，明确省级城市化发展区、农产品主产区和重点生态功能区，以及自然保护地、战略性矿产保障区、特别振兴区等重点区域名录。

因此，省级国土空间规划层面的海岸带空间规划，一是要对接上位规划，划定对应的主体功能。实际操作中可按照陆海统筹原则，将原海洋主体功能定位为重点生态功能区或海洋渔业保障区，陆域主体功能定位为农产品主产区或重点生态功能区，资源环境承载能力和国土空间开发适宜性评价结果具有生态功能导向的优先划定为生态功能区，具有农业功能导向的优先划定为农产品主产区；原海洋主体功能定位为重点生态功能区或海洋渔业保障区，陆域主体功能定位为城市化发展区的，依据海洋生态保护主要对象和布局、陆域开发内容布局和强度，综合确定现域主体功能定位，明确重点生态保护功能或海洋渔业保障管控要求。原海洋主体功能定位为重点开发区，陆域主体功能定位为农产品主产区或重点生态功能区的，优先判定为农产品主产区或重点生态功能区。

二是落实细化上位的约束性要求。落实海洋开发保护空间，提出海域、海岛与岸线资源保护利用目标，确定大陆自然海岸线保有率。划定海洋生态保护红线，确定海洋生态修复目标、区域和重大工程项目。提出存量围填海的利用方向。明确无居民海岛保护利用的底线要求，加强特殊用途海岛保护。

3. 市县级

市县国土空间规划是本级政府对上级国土空间规划要求的细化落实，是对本行政区域开发保护作出的具体安排，侧重实施性。根据《市级国土空间总体规划编制指南（试行）》，市级总规一般包括市域和中心城区两个层次。市域要统筹全域全要素规划管理，侧重国土空间开发保护的战略部署和总体格局；中心城区要细化土地使用和空间布局，侧重功能完善和结构优化；市域与中心城区要落实重要管控要素的系统传导和衔接。

市级海岸带间总体规划依据上级国土空间规划，要体现综合性、战略性、协调性、基础性和约束性，因此通过海洋专题落实“多规合一”和主体功能定位要求，原海洋功能区划、海岛保护规划、海洋主体功能区规划等内容，与陆地相关规划的基础性内容进行衔接，框定出海洋国土空间发展总体格局。

一是陆海统筹方面，提出海岸带两侧陆海功能衔接要求，从基础设施、产业、环境等方面制定陆域和海域功能相互协调的规划对策。二是指标约束方面，落实省级规划分解的自然岸线保有率、海洋生态保护红线等约束性指标。三是功能分区方面，将海洋“两空间”中的开发利用空间进一步细化为渔业、交通运输、工矿通信、游憩、特殊、预留等二级分区，明确各分区管控规则。四是岸线管控方面，依据修测后的海岸线，划定严格保护、限制开发、优化利用三类功能管控岸线，并明确功能管控要求。

规划分区应落实上位国土空间规划要求，坚持陆海统筹、城乡统筹、地上地下空间统筹和海域立体统筹的原则，以国土空间的保护与保留、开发与利用两大功能属性作为规划分区的基本取向。其中涉海的分区主要包括生态保护区、生态控制区和海洋发展区，海洋发展区应细化至二级规划分区，规划分区建议见表 15-2。

规划分区建议[①] 表 15-2

一级规划分区	二级规划分区		含义
生态保护区			具有特殊重要生态功能或生态敏感脆弱、必须强制性严格保护的陆地和海洋自然区域，包括陆域生态保护红线、海洋生态保护红线集中划定的区域
生态控制区			生态保护红线外，需要予以保留原貌、强化生态保育和生态建设、限制开发建设的陆地和海洋自然区域
农田保护区			永久基本农田相对集中需严格保护的区域
城镇发展区			城镇开发边界围合的范围，是城镇集中开发建设并可满足城镇生产、生活需要的区域
	城镇集中建设区	居住生活区	以住宅建筑和居住配套设施为主要功能导向的区域
		综合服务区	以提供行政办公、文化、教育、医疗以及综合商业等服务为主要功能导向的区域
		商业商务区	以提供商业、商务办公等就业岗位为主要功能导向的区域
		工业发展区	以工业及其配套产业为主要功能导向的区域
		物流仓储区	以物流仓储及其配套产业为主要功能导向的区域
		绿地休闲区	以公园绿地、广场用地、滨水开敞空间、防护绿地等为主要功能导向的区域
		交通枢纽区	以机场、港口、铁路客货运站等大型交通设施为主要功能导向的区域
		战略预留区	在城镇集中建设区中，为城镇重大战略性功能控制的留白区域
	城镇弹性发展区		为应对城镇发展的不确定性，在满足特定条件下方可进行城镇开发和集中建设的区域
乡村发展区	特别用途区		为完善城镇功能，提升人居环境品质，保持城镇开发边界的完整性，根据规划管理需划入开发边界内的重点地区，主要包括与城镇关联密切的生态涵养、休闲游憩、防护隔离、自然和历史文化保护等区域； 农田保护区外，为满足农林牧渔等农业发展以及农民集中生活和生产配套为主的区域
	村庄建设区		城镇开发边界外，规划重点发展的村庄用地区域
	一般农业区		以农业生产发展为主要利用功能导向划定的区域
	林业发展区		以规模化林业生产为主要利用功能导向划定的区域
	牧业发展区		以草原畜牧业发展为主要利用功能导向划定的区域； 允许集中开展开发利用活动的海域，以及允许适度开展开发利用活动的无居民海岛
海洋发展区	渔业用海区		以渔业基础设施建设、养殖和捕捞生产等渔业利用为主要功能导向的海域和无居民海岛

① 资料来源：《市级国土空间总体规划编制指南（试行）》。

续表

一级规划分区	二级规划分区	含义
海洋发展区	交通运输用海区	以港口建设、路桥建设、航运等为主要功能导向的海域和无居民海岛
	工矿通信用海区	以临海工业利用、矿产能源开发和海底工程建设为主要功能导向的海域和无居民海岛
	游憩用海区	以开发利用旅游资源为主要功能导向的海域和无居民海岛
	特殊用海区	以污水达标排放、倾倒、军事等特殊利用为主要功能导向的海域和无居民海岛
	海洋预留区	规划期内为重大项目用海用岛预留的控制性后备发展区域
矿产能源发展区		为适应国家能源安全与矿业发展的重要陆域采矿区、战略性矿产储量区等区域

15.3.2 专项规划

专项规划要以国土空间总体规划作为基础，可在国家、省和市县层级编制，不同层级、不同地区的专项规划可结合实际选择编制的类型和精度，以支撑辅助国土空间总体规划，为详细规划的编制提供指导。专项规划中，海岸带综合保护和利用规划作为自然资源部有明确发文的关于海岸带的专项规划，应发挥统筹和衔接其他海岸带相关规划的重要作用，支撑国土空间规划对其他相关专项规划的空间需求的统筹协调。

1. 海岸带综合保护与利用规划

《自然资源部办公厅关于开展省级海岸带综合保护与利用规划编制工作的通知》下发了《省级海岸带综合保护与利用规划编制指南（试行）》，其中对于海岸带空间规划的总体要求、编制要求等归纳见表 15-3。作者认为，除省级按要求编制外，市级应结合自身情况并与详细规划协调，明确是否编制，县级及以下不建议编制海岸带综合保护与利用规划。

《省级海岸带综合保护与利用规划编制指南（试行）》要求 表 15-3

内容和要求	省级海岸带专项规划
规划定位	省级海岸带规划是对全国海岸带规划的落实，是对省级国土空间总体规划的补充与细化，在国土空间总体规划确定的主体功能定位以及规划分区基础上，统筹安排海岸带保护与开发活动，有效传导到下位总体规划和详细规划
编制原则	陆海统筹、生态优先；底线思维、科学管控；问题导向、集约发展；目标导向、以人为本；因地制宜、突出特色

续表

内容和要求	省级海岸带专项规划
编制涉海内容	1. 明确划定规划分区；2. 明确资源分类管控；3. 生态环境保护修复；4. 高质量发展指引
规划衔接	海岸带专项规划要落实省级国土空间总体规划的主体功能区战略；落实三条控制线的要求
规划指标要求	4 个约束性指标为海洋生态空间面积、生态保护红线面积、大陆自然岸线保有率和近岸海域优良水质比例；9 个预期性指标为修复岸线长度、修复滨海湿地面积等
管控要求	需提出海洋功能分区、陆海一体化空间识别、海岸线分类管控、海岸建筑退缩线、潮间带分类和公众亲海空间等多项管控要求

在规划分区方面，省级海岸带综合保护与利用规划起着承上启下的作用：一方面是基于国土空间规划分区体系，继承和优化原海洋功能区划，从保护和利用两类目标，在国土空间总体规划明确的“三区三线”基础上，落实全国海岸带规划区域指引中保护修复要求和发展导向。结合海洋“两空间内部一红线”典型生境识别等结果，将海洋空间划分为生态保护区、生态控区和海洋发展区，实现岸线向海一侧功能全覆盖。按照陆海统筹、人海和谐原则，识别陆海相互关联的特殊空间，提出协调管控要求。另一方面是向下指导衔接市县海岸带综合保护与利用规划。探索将陆海一体化利用空间纳入详细规划编制单元，强化海岸带专项规划约束性内容的传导落地。

海洋功能区类型[①] 表 15-4

目标	序号	一级区	序号	二级区	序号	三级区
保护与保留	1	生态保护区	1	生态保护区		
	2	生态控制区	2	生态控制区		
开发与利用	3	海洋发展区	3	渔业用海区	1	渔业基础设施区
					2	增养殖区
					3	捕捞区
			4	交通运输用海区	4	港口区
					5	航运区
					6	路桥隧道区

① 资料来源：《省级海岸带综合保护与利用规划编制指南（试行）》。

续表

目标	序号	一级区	序号	二级区	序号	三级区
开发与利用	3	海洋发展区	5	工矿通信用海区	7	工业用海区
					8	盐田用海区
					9	固体矿产用海区
					10	油气用海区
					11	可再生能源用海区
					12	海底电缆管道用海区
			6	游憩用海区	13	风景旅游用海区
					14	文体休闲娱乐用海区
			7	特殊用海区	15	军事用海区
					16	水下文物保护区
					17	海洋倾倒区
					18	其他特殊用海区
			8	海洋预留区	19	海洋预留区

《省级海岸带综合保护与利用规划编制指南（试行）》评价

《指南》对海岸带综合保护与利用、陆海统筹方面做出了具体的指导，但编者认为在如何融入“五级三类”的国土空间规划体系构建方面，存在以下不足：

一是省级专项规划的分区比市级国土空间规划分区细。《市级国土空间规划编制指南（试行）》中规划分区达到二级（表 15-2），《省级海岸带综合保护与利用规划编制指南（试行）》中的分区在二级的基础上达到了三级（表 15-4）。按照规划事权的划分，省级应该承担的是承接国家级指导市县级，在分区上细于市级规划或影响市县级的主观能动性。

二是混淆海洋的规划分区与用海分类。省级专项规划指南中的海洋三级分区与《国土空间调查、规划、用途管制用地用海分类指南（试行）》中用海分类一致。一般情况用地用海分类应在市中心区或详细规划编制中才明确，《省级海岸带综合保护与利用规划编制指南（试行）》这一指导专项规划编制的指南，直接用分区代替用海分类。省级管理权限直接到市级或详细规划尺度，缺乏分级规划的思维。

自然资源部目前尚没有发布市级海岸带规划编制内容和要求。通过分析浙江省自然资源厅印发的《市级海岸带综合保护与利用规划编制指南（试行）》以及其他城市关于市级层面海岸带规划的相关标准和管理条例，编者认为市级层面的海岸带综合保护与利用规划应侧重实施性，一是落实上位规划，协同总体规划明确海岸带开发保护战略目标、指标体系，构建海岸带开发与保护总体格局，协调好海岸带生态生产生活空间功能布局。二是落实细化功能分区，海洋发展区划定至三级（表 15-4），明确各功能区具体管制要求和优先开发利用次序。三是落实资源分类管控。涉及岸线占用、海域使用的区域，划分陆海一体海岸带重点管控单元，实现国土空间陆海统筹全域全要素覆盖的空间单元“一张蓝图”；划定海岸建筑退缩线及其协调带、控制带，并明确管控措施；加强海岛严管严控。四是制定陆海统筹的基础设施协调建设措施、生态环境保护与修复措施、产业布局优化措施、景观功能设计措施、综合防灾措施等。

2. 其他专项规划

其他专项规划包括渔业、港口、旅游、工矿、生态修复等涉及海岸带区域空间保护与利用的规划，此类规划均有各自主管部门的要求，可在各行政层级按需编制。在编制该类专项规划时，应与海岸带规划充分衔接，保证空间的保护利用方面符合国土空间规划的统一安排。

15.3.3 详细规划

详细规划是对具体地块和海洋用途和开发建设强度等作出的实施性安排，是开展国土空间开发保护活动、实施国土空间用途管制、核发城乡建设项目规划许可、进行各项建设等的法定依据。《中共中央 国务院关于建立国土空间规划体系并监督实施的若干意见》中明确，在城镇开发边界内的详细规划，在城镇开发边界外的乡村地区，以一个或几个行政村为单元，由乡镇政府组织编制“多规合一”的实用性村庄规划，作为详细规划。

海岸带详细规划在市县级编制，主要在于海域详细规划体系与编制方法的构建。陆地上原有的城乡规划已有成熟的体系，其中详细规划的编制已有翔实的技术体系与经验。海洋原来以海洋功能区划为主要依据，以单个项目论证审批的形式进行空间用途管制，没有目前国土空间要求的详细规划。

详细规划是海岸带空间用途管制的基础，是具体保护和利用项目开展的法定审批依据，应明确规划单元内的具体管控要求并附图则进行表达。对于常规的项目，应对照规划单元的具体管控要求，判定是否可以落入对应单元，可将海域使用论证等工作融入详细规划制定过程中的管控要求的制定，优化精简后续审批手续，保障用地用海要素的科学、快速供给。对于重点、重大或其他特殊项目，可参考原海域使用管理方法，进行专题论证，经论证后按照程序修订具体单元的详细规划，作为项目审批的依据。

第16章 海岸带详细规划编制研究

现阶段总规、海岸带专项规划均有相关的政策要求和技术指南用以指导。在海岸带详细规划层面，特别是涉及海域方面，如何编制详细规划缺乏经验。有必要通过海岸带空间详细规划的编制，提高市县级海岸带空间使用审批管理的灵活性和精细化程度，以有效指导海岸带空间的用途管制实施及各项保护与开发活动。

16.1 编制思路

海岸带空间详细规划的编制思路是：在掌握现状，分析规划需求的基础上，以生态底线控制、海岸带开发利用提升、主导功能规划和强度控制为策略，通过编制单元到管理单元的划分，充分传导、落实上位规划要求（图 16-1）。

陆地上现有的详细规划以一定空间单元为基础进行编制，在技术上主要根据编制单元内人口情况，配套相关设施等建设内容。编制单元划分的依据和原则各地略有不同，但一个编制单元内均包含多种用地类型，用以打造功能完善、综合配套的空间。同时陆地的规划分区与用地分类并非一一对应，规划分区内可由多种用地分类构成。

海岸带地区由于陆海交错的特殊性，且目前海岸带范围尚无统一的划定标准，单元划分首先识别陆海一体化单元，对一体化单元按陆海统筹的要求制定相应的规划条件。在识别陆海一体化单元后，陆域部分可参考原城乡规划的详细规划的方法进行编制。海域的详细规划应根据海洋的地形、洋流、潮汐、水质等自然环境，结合海洋保护利用现状，衔接海岸带专项规划，合理划分详细规划编制单元。

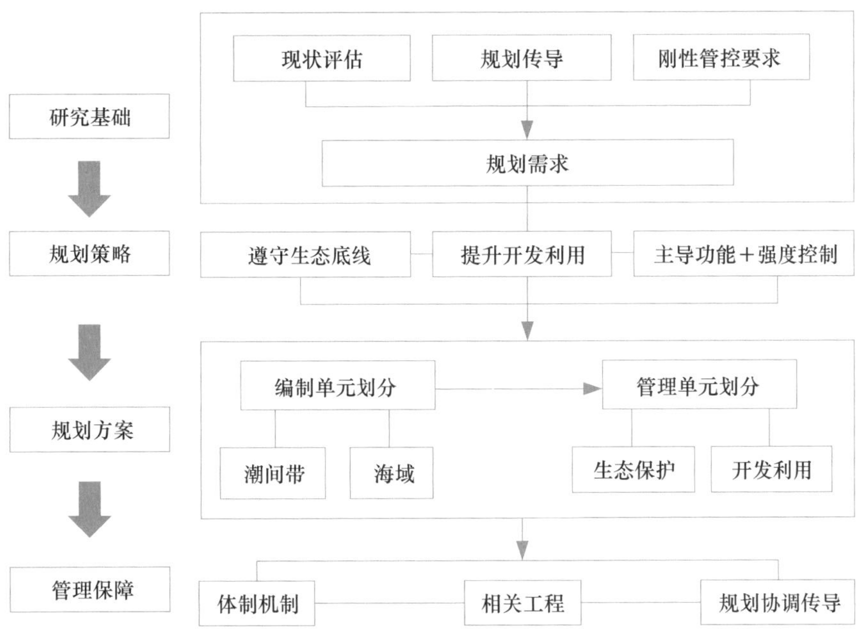

图 16-1　海岸带空间详细规划思路

不同于陆地以人为服务主体，海洋空间少有人类居住，详细规划编制单元划分应侧重保护优先。同时海洋具有流动性和立体性较强的特征，详细规划编制单元的划分应“粗细结合”，在人类活动密集、保护利用对象复杂的区域划定面积较小的编制单元，以实现精细化管控，在人类活动少、保护利用对象简单的区域划定较大的编制单元，有的放矢。

16.2　编制内容

16.2.1　现状资料收集

（1）划定海岸带规划范围，收集海岸带的现状资料，包括地形地貌、水文动力、海洋资源、海水水质、海洋环境、湿地等自然资源和环境，岸线利用现状、港口航运、滨海旅游等使用情况，公共管理与公共服务设施和市政公用设施及管网等资料。用以分析海域、海岸线及紧邻一定范围内陆域空间等的开发利用现状、产业经济、社会资源、生态保护修复情况等。

（2）相关规划分析。收集规划范围内的相关规划，识别提炼其中对编制单元的相关控制要求及需进一步落实传导的内容；梳理编制单元内用地用海批复情况，并列出详尽的分类调查统计表。在上述资料的基础上，分析总结现状存在的主要问题。

（3）资源环境承载力分析。在资料收集的基础上开展编制单元资源承载力评价，明确编制单元的生态保护目标，支撑确定编制单元的主体功能。

16.2.2 编制单元划分与编制内容

海域编制单元划分需综合考虑行政区边界、海底地形、现有桥隧、海洋主体功能区边界和“双评价”结果等。可考虑在市级总体规划编制指南的分区基础上，结合省级海岸带综合保护利用规划指南中的三级区，在市县层面以三级分区甚至自行细化四级分区作为编制单元（表 16-1）。

海域开发利用单元四级划分建议　　表 16-1

一级区	二级区	三级区	四级区
海域开发利用单元	渔业用海区	渔业基础设施区	
	交通运输用海区	港口区	
		航运区	分为锚地区、航道
		路桥隧道区	细分为海底隧道用海、跨海桥梁用海、其他路桥用海
	工矿通信用海区	工业用海区	视情况可细分：船舶工业用海、电力用海、石化工业用海等
		海底电缆管道用海区	视情况细分：供水、供电、通信、油气等管道用海（线性工程，可穿越多区）
	游憩用海区	风景旅游用海区	旅游码头、生态旅游
		文体休闲娱乐用海区	海滨浴场、海上康体娱乐
	特殊用海区	其他特殊用海区	细分为排污区、生态整治修复区、海岸防护工程用海区、历史遗留问题处置区
	海洋预留区	海洋预留区	

编制内容应落实总体规划和专项规划具体要求，主要包括总体功能定位、空间管制、用海规划和规划实施引导4个方面。

1. 总体功能定位

落实上位规划的目标要求，综合考虑编制单元的特点，进一步细化明确编制单元的发展目标和功能定位；结合未来陆域用地主导功能和海域岸线利用情况，海陆统筹功能分区，优化编制单元空间结构。

2. 空间管制

落实国家、省、市国土空间总体规划中的生态保护红线、“两空间内部一红线”等的限制性管控要求，根据海岸带国土空间保护与开发强度的不同，细化管控分区，核定严格保护区、限制开发区、优化利用区的空间范围；提出用海方式和强度、自然岸线保护、建筑后退范围等约束性指标要求。

3. 用海规划

（1）落实国土空间规划对于编制单元的传导要求，进一步细分明确用海空间的使用功能、规模比例、空间布局、岸线类型、设施配套等。

（2）根据岸线资源条件、海域功能布局、陆域空间功能导向，明确各岸段的类型、长度、空间等，提出自然岸线保育建设要求。

（3）明确海岛的保护与利用方向，划定海岛空间范围与缓冲保护范围，进一步细化海岛陆域用地使用功能，明确地块的建筑密度、容积率、绿地率等指标。

（4）依据相关规划，结合编制单元的特征要素，如防灾减灾、地质、立体利用等要素，对特定意图区提出特殊控制要求。

（5）依照生态环境保护规划，对滨海湿地、水质、洋流、垃圾处理率等环保指标提出质量标准要求。

（6）根据管理需求提出正（负）面项目清单、管控措施等。

4. 规划实施引导

结合单元发展目标与实际情况，提出规划实施建议，提出包括可开发空间、公共服务设施配套、基础设施配套、生态保护修复等方面的实施计划、项目清单等，引导规划有序实施。

16.2.3 管理单元划分与编制内容

管理单元可根据海域编制单元的划分，结合实际使用情况和管理需求进一步细分。内容主要落实编制单元的开发强度、指标等控制要求，确定各单元的用地用海分类。根据管理单元的类型差异，控制指标可不同。

用地用海分类和代码应执行《国土空间调查、规划、用途管制用地用海分类指南（试行）》，确定管理单元内用地用海结构，形成一览表，明确各类用地用海比例。管理单元主要可划分为生态保护、海域开发利用、可利用海岛和海岸线管理 4 种。

1. 生态保护单元

划定生态保护红线区，原则上禁止海洋生态保护红线内的开发利用。红线外的海洋生态空间实施空间准入制度，采用“用海准入＋规模控制”的方式管理，对准入项目在规模、强度、布局和环境保护等方面的要求。

2. 海域开发利用单元

落实国土空间规划对于编制单元的传导要求，进一步细分明确用海空间的使用功能、兼容功能、立体用海规模比例、空间布局、设施配套等，细化用地用海分类。

3. 可利用海岛单元

海岛是重要的海洋资源，针对海岛陆域、海岛岸线和周边海域开展规划编制。

（1）海岛陆域：参考城乡规划中控制性详细规划编制方法，针对地块制定建筑密度、容积率、绿地率、环卫、市政基础设施、码头船舶、生态修复及保护和防灾减灾等指标。

（2）海岛岸线：明确范围，以面状保护取代线状保护；划分岸线利用分段，疏堵结合，满足赖水功能的岸线使用需求；海岸线建筑后退线，可结合防灾、自然岸线保护的要求进行制定；岸线保护修复规划，针对具体的实施工程开展的修建性规划。

（3）周边海域：按照陆海统筹思维，对于周边海域范围未开展详细规划的，提出海域功能的划定建议；对于已经编制海域详细规划的，应统筹衔接周边海域的规划，或提供优化调整的建议。

4. 海岸线管理单元

根据《海岸线保护与利用管理办法》中岸线保护的基本原则和要求，不同海岸线实施分类管控的要求（表 16-2）。包括界定岸线保护控制范围、岸线功能规划、岸线保护规划和岸线设计管控等内容。

海岸带岸线分类管控要求 表16-2

岸线类型	陆域	海域分区	岸线功能分类	分类管控
自然岸线	设立建筑退缩线	《海岸线保护与利用管理办法》	生态岸线	严格保护
生态修复岸线		生态保护区、生态空间或开发利用空间	生态岸线、生活岸线	限制开发、生态整治修复
人工岸线		生态保护区、生态空间或开发利用空间	生产岸线、生活岸线、生态岸线	优化利用、生态整治修复
河口岸线	/	生态保护区、生态空间或开发利用空间	生态岸线	严格保护、生态整治修复

（1）界定岸线保护控制范围：统筹考虑近岸陆海功能协调区域。向陆一侧重点关注影响海洋生态、海岸带景观的区域划定，结合城市建设现状划定范围；向海一侧涵盖潮间带范围。

（2）岸线功能规划：统筹海陆功能，细化岸线分段及岸线功能，提出岸线功能的兼容性规划，提出岸线范围内相关设施布局，提出项目准入清单。

（3）岸线保护规划：根据岸线功能和景观生态适宜性分析，延续上位规划的岸线分类管控要求，确定岸线保护强度及岸线生态保护修复措施，提出生态保护岸段的控制性指标。延续上位规划中潮间带的生态保护要求及用途管控要求。

（4）岸线设计管控：深化岸线结构设计、护岸管控等设计内容，结合防洪防潮规划提出对岸线的防潮和防洪标准以及堤岸建设等级。从环境卫生，水域水深、水质保持，岸线现有自然、人文资源维系等角度，提出对岸线日常维护的要求。提出建筑退缩线内建（构）筑物、景观、道路交通等管控要求。

16.2.4 单元图则

包括确定各用地用海分类、落实保护修复要求、开发利用强度、交通、市政等控制要求。

1. 用海分类

根据《国土空间调查、规划、用途管制用地用海分类指南（试行）》以及参考《省级海岸带综合保护与利用规划编制指南（试行）》，确定海岸带区域用地用海分类。明确管理单元内各海域的立体用海性质，明确使用兼容性。说明立体用海中各用海的比例划分与控制原则。

2. 保护修复要求

依据上层次规划、生态保护、防灾减灾及相关规定，结合“两空间内部一红线”，明确海岸带需要保护修复的区域；明确具体保护修复的方式。

3. 开发利用强度

结合编制单元资源环境承载力分析，明确海岸带发展区各子分区的利用强度。提出海洋倾倒区等特殊用海区的具体要求，其他用海区建筑形式等要求。

4. 海域图则

海岸带图则包含海岸带的功能划分、用地用海规模、岸线保护、生态修复、水体保护等控制指标，以及立体用海、建筑材料和形式等控制要求，建筑体量、体型、色彩等城市设计指导原则。

第17章 海岸带空间用途管制

《中共中央 国务院关于建立国土空间规划体系并监督实施的若干意见》指出要以空间规划体系为基础，国土空间用途管制为手段，实现国土空间治理体系与治理能力的现代化。国土空间用途管制的主要管制对象是空间，管制内容是用途，管制途径主要是行政管理。我国空间用途管制内容丰富，包括计划管理、规划分区、空间准入、用途转用、实施许可和监督管理等，但其本质核心是行政审批。海岸带用途管制要统筹陆域、海域两类国土空间，差别化管理建设与非建设两种活动，重要要解决“批什么”即事权划分和“怎么批”及如何实施的问题。

17.1 海岸带空间用途管制简析

《海域使用管理法》明确国家实行海洋功能区划制度，海域使用必须符合海洋功能区划。陆域以《城乡规划法》和《土地管理法》为依据对空间进行用途管制。2018 年机构改革前，国土空间的管制职责分散在规划、国土、环保等不同部门，形成“九龙治水”模式。管制权限在空间重叠、相互交叉，带来了管制效率低等一系列问题。此阶段海岸带空间范围和海岸线长期没有统一的界定规则，导致各部界定的陆海区域重叠，地方政府拥有较大的自由裁量空间，可根据自身的利益考量来选择重叠区适用《海域使用管理法》还是《土地管理法》。

国土空间规划改革要求，各地不再新编和报批主体功能区规划、土地利用总体规划、城镇体系规划、城市（镇）总体规划、海洋功能区划等。要求以国土空间规划为依据，对所有国土空间分区分类实施用途管制。强调详细规划是对具体地块用途和开发建设强度等作出的实施性安排，是开展国土空间开发保护活动、实施国土空间用途管制、核发城乡建设项目规划许可、进行各项建设等的法定依据。陆域原有的城乡规划体系与国土空间规划体系较为一致，因此国空间规划体系下，海岸带用途管制要充分借鉴原有海洋和陆域空间用途管制的经验，主要将海洋空间用途管制与国土空间用途管制方式进行衔接，构建起海岸带的用途管制方法。要合理科学地进行海岸带空间用途管制，现阶段还存在以下不足。

17.1.1 法律基础待优化

目前海岸带管制目标和内容相对单一，具有陆海统筹理念的管制制度大多集中在《海洋环境保护法》《防治陆源污染物污染损害海洋环境管理条例》《防治海岸工程建设项目污染损害海洋环境管理条例》等海洋环境领域，其管制目标以海洋环境保护为主，管制内容一般为对邻岸陆域和入海河流开发建设、排污等活动的管控，在资源利用、滨海景观风貌保护与协调、防灾减灾等方面的管控力度相对薄弱。近年来出台的海岸带保护管理地方性法规或海岸带规划具有综合性管制的理念，但由于海岸带立法与规划发展尚不成熟，多目标的海岸带空间用途管制体系仍未形成。

各省市开展了一系列的涉海相关规划探索，如深圳开展了《深圳市海洋空间发展战略规划》，作为加强海洋空间保护利用的总体战略指导。青岛开展了《青岛西海岸国家级海洋公园总体规划》《青岛胶州湾国家级海洋公园总体规划（2016—2025年）》，皆对海洋保护区提出规范化建设管控要求。然而，这些规划均是总体层次的战略性指导文件，并不是权责清晰的法定规划体系，无法作为具体的海域使用审批法定依据。

现阶段，亟需按照国土空间规划改革的要求，制定相关上位法律以作为用途管制的依据。特别是海岸带区域是《城乡规划法》《土地管理法》和《海域使用管理法》都覆盖的区域，对统一空间管制法规依据的需求更加急迫。

17.1.2 管理事权需明晰

一是用途管制事权的横向交叉，即部门责权交叉。海岸带涉及陆海交叉部分，众多部门在此空间均有涉及各自职责的内容，如自然资源、生态环境、交通港口等部门。

二是用途管制事权的纵向交叉，以及不同层级间的权限不明晰，主要体现在用海审批上。《海域使用管理法》明确海洋功能区划实行分级审批。全国海洋功能区划，报国务院批准；沿海省、自治区、直辖市海洋功能区划，经该省、自治区、直辖市人民政府审核同意后，报国务院批准；沿海市、县海洋功能区划，经该市、县人民政府审核同意后，报所在的省、自治区、直辖市人民政府批准，报国务院海洋行政主管部门备案。

实际海域用途管制过程，由于各种原因，省级海洋功能区划与市县级海洋功能区划基本一致，功能区划事权实质上是以省级层面为事权主体。以省级海洋功能区划作为审批依据，导致市县级海洋功能区划的作用被限制，不能对用海起到更细更严格的控制作用。近期发布的《省级海岸带综合保护和利用规划编制指南（试行）》依然沿用海洋功能区划的思路，未体现明晰的管理事权分级。

17.1.3 规划分区不完善

用途管制过程中，规划分区是行政审批的重要前提。国土空间规划改革前，涉及海岸带管理的各部门依据自身职责和管理需求建立了不同分区管控体系，例如海洋功能分区、海岛分类体系、土地用途分区、林地分类管理、城乡规划的“三区四线”及详细规划的用地分类管控等。

以上分区缺少对海岸带空间利用的整体考虑，如海洋功能区划以指导和约束海域开发利用为目的，土地用途分区以指导土地合理利用、控制用途转变为目的，而详细规划的用地分类则是以控制建设用地性质、使用强度和空间环境为目的。各类分区的出发点不一样，增加了陆海空间功能、管制措施协调的难度。在地方实践中，常出现陆海相邻空间功能冲突的现象。

现阶段市级规划分区为两级，省级海岸带综合保护与利用规划中的关于海洋的分区为三级，与用地用海分类中的用海分类一致。未明晰分区与用海分类二者间的区别，从技术上不能支撑详细规划编制。

根据国土空间规划要求，详细规划是海岸带用途管制的前提和依据，需基于海岸带的规划分区，结合用地用海分类，合理划定海岸带详细规划编制单元。在详细规划编制时需注意统筹陆地与海洋，使陆海衔接，以更好地保护开发自然资源。

海洋功能区划

以厦门市为例，目前市人民政府与海洋行政主管部门对于海域使用的审批依据主要参照现行《厦门市海洋功能区划》(2013—2020)，将海洋基本功能划分为港口航运区、工业与城镇用海区、矿产与能源区、旅游休闲娱乐区、海洋保护区、特殊利用区和保留区七大类，并分段提出各海洋功能区海域管理要求（含用途管制、用海方式控制、整治修复）和海洋环境保护要求（含生态保护重点目标、环境保护）(图 17-1)。

随着社会经济发展，国土空间治理越来越需要精细化手段。海洋功能区划明确了海洋资源保护与利用的方向，但在图中可见功能分区的空间尺度较大，根据需求在更精细的空间明确用途，以满足高质量发展和精细化管理的要求（图 17-2)。

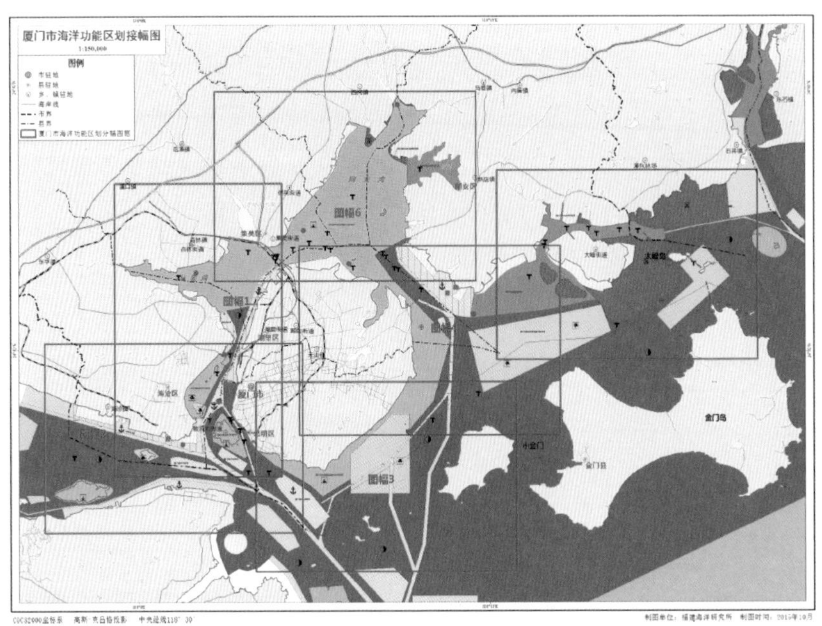

图 17-1　厦门市海洋功能区分布图

功能区序号：[1]

功能区名称		大嶝生态整治区			功能区位置图
功能区类型		生态整治区	功能区代码	A7-13-06-01	
所属一级类功能区名称		大嶝特殊利用区	一级类功能区代码	A7-13	
地理范围		大嶝岛周围海域，东至 118° 22′ 37.5″ E、西至 118° 14′ 09.1″ E、南至 24° 31′ 15.4″ N、北至 24° 35′ 40.6″ N			
面积（公顷）		2574/2614（功能区总面积 2614，其中厦门市所辖面积 2574）	岸线长度（米）	18640	
开发利用现状		正在实施大嶝周边清淤整治工程；周边已建海底管线和跨海通道；有少量养殖（属已退养海域）			
海域管理要求	用途管制	控制陆源污染，清淤整治，提高环境容量，改善水环境，保障城市景观水域、生态湿地公园、旅游娱乐用海，兼容交通运输用海、海底供水电缆等管道用海			功能区范围图
	用海方式控制	严格限制改变海域自然属性			
	整治修复	结合城市景观开展海域整治，进行加固和保护防洪防潮堤岸及其他丰富海岸景观设施建设的岸线整治活动，美化海岸景观			
海洋环境保护要求	生态保护重点目标	重点保护防洪防潮堤岸			
	环境保护	改善海洋景观和生态环境			
其他管理要求					

图 17-2　厦门市海岸基本功能区登记表（大嶝生态整治区）

17.1.4　使用论证可精简

根据相关法规，申请使用海域的，申请人应当提交海域使用申请书、资信证明材料、海域使用论证报告书（表）、经批准的环境影响评价报告书（表）或者海洋环境影响评价报告书（表）以及法律、法规规定的其他材料。

一方面，海域使用论证报告和环境影响评价报告虽然各自侧重点不同，但存在一定比例内容相似的部分。在“放管服”和营造优良营商环境的背景下，二者如何有效融合，是海域使用审批手续精简优化的重要内容。

另一方面，对于报告本身，由于海域的自然条件的特殊性、海洋功能区划精细度不足，分区准入条件和约束指标均不够具体，导致编制海域使用论证报告书等论证材料的过程中，对项目用海基本情况、项目所在海域情况、项目用海资源环境影响分析、海域开发利用协调分析、用海与海洋功能区划及相关规划符合性分析、项目用海合理性分析、海域使用对策措施等内容面面俱到、详细分析，论证材料篇幅量大、内容繁琐。

可采用详细规划，提前明晰相关约束性指标或准入条件，促进对报告的精简。

再者，海域使用论证以单个项目为基础，名义虽有报告书和表的区分，但实际操作存在报告表的复杂化，趋同于报告书的现象。采用的水动力、水质、海底地形等资料尺度偏大。国土空间规划体系下，应在“双评价”的基础上，从区域层面就进行总体论证，再通过详细规划层面完善海域管控要求，可更加清晰地判断项目的准入条件，有效减少用海审批中不必要的论证。

海域使用论证报告

以厦门某内湾绿化工程海域使用论证报告书为例，该工程内容为岸线整治和景观绿化，工程总用地面积仅 1.67 ha^2（图 17-3），论证报告书共 95 页。其中第二章项目用海基本情况、第三章项目所在海域情况和第四章项目用海资源环境影响分析共占 40 页，报告大部分内容是对海域现状和用海准入的分析和论证，基本不涉及工程自身情况，且所用基础资料尺度相对于 1.67 ha^2 的工程来说偏大。

虽然该报告只是单个工程的情况，但可从侧面反映详细规划对海域使用论证工作进行精简优化的作用。待海岸带空间规划体系完善，约束指标与分区准入条件明确后，可优化用海审批中的流程，缩减海域使用论证报告的篇幅和工作量。

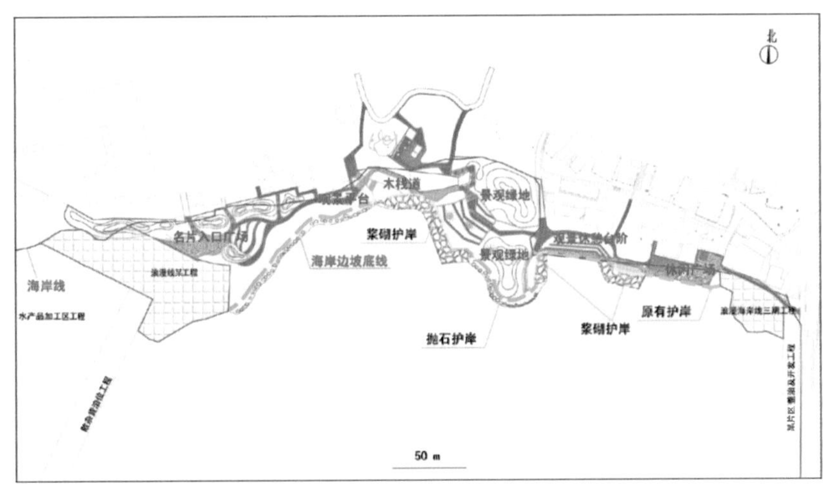

图 17-3　厦门某内湾绿化工程总平面布置图

17.2 海岸带空间用途管制的事权划分

17.2.1 事权划分的必要性

空间具有尺度性，需要建立多层级用途分区的管制体系。自然资源部门的组建基本解决了横向部门之间的规划管理重叠问题，除了自然资源部各司局的职能衔接外，对于纵向的各级规划事权的清晰界定也是规划体系改革的重要内容。国土空间规划体系改革过程，目前对海岸带用途管制事权的划分还不够清晰。

用途管制是一个从中央到地方逐级落实的过程，需适当下放中央权力，建立利益补偿机制，并根据不同地区经济发展水平实施差异化政策，充分调动地方政府开展国土空间用途管制的积极性；在统一行使全民所有自然资源资产所有者职责的前提下，区分中央政府和地方政府行使所有权的资源清单、重点内容、空间范围等。

17.2.2 各层级事权的具体划分

按照国土空间规划审查备案制度，国家层面只审查统筹管控的内容，侧重战略性，主要起到掌控全局的作用，搭建起全国海岸带地区保护、利用和修复的基础。结合陆域国家层面的管控审批内容，在海岸带空间规划的事权划分上国家层面应聚焦海岸带区域底线的管控、编制与审批，遵循中央政府战略指引、底线管控和局部聚焦的职责，确保国家重大决策部署和战略规划在海岸带空间落实。主要职责应包括制定海岸带空间规划的目标定位，审批全国各大海域的规划功能定位；指导海岸带空间规划边界划分，审核我国各区域海岸带规划的边界范围；审批海岸带生态保护区划定和落实情况，包括陆域的生态保护红线，近海的生态空间划分；审核海岸带开发利用空间的格局和功能的划定；审查近海生态空间内的生态红线的划定和落实。

省级政府在海岸带规划的职责主要是国家与省级规划协调性，肩负承上启下的作用。按照“管什么就批什么”原则，省级海岸带规划事权应侧重控制性审查，重点审查海岸带“两空间内部一红线”分解落实情况，省级海岸带空间规划分区合理性，横向关注与其他涉及海岸带空间的规划统筹，纵向聚焦各层级之间规划的协调情况，并对规划程序和报批成果形式做合规性审查。规划指标、分区、登记表等规划数据和成果应通过海域海岛动态监管系统进行上报。

市级海岸带规划（如确定编制）其主要职责是根据市级实际情况对省级海岸带空间规划的细化和落实，侧重实践性。按照“批什么编什么”的原则，市级政府在海岸带空间规划中应重点关注上位规划的海岸带生态空间在市级的落实情况。包括落实省级海岸带规划的约束性要求，确定海洋空间开发保护的量化指标，如海洋生态保护红线面积、滨海湿地面积、自然海岸线保有率等；明确市级海洋空间总体格局，划定海水养殖、海洋牧场、海洋自然和人文资源保护区、海洋预留空间等格局。管控和审查市域内海岸带及海洋开发利用空间的深度细化，包括用海方式、用海强度管控、海岸带建设项目准入、基础设施建设等方面，因地制宜地细化上位规划的内容，提高市级规划的针对性和可操作性。

17.3 海岸带空间用途管制的实施

17.3.1 海岸带空间用途管制的形式

海岸带空间用途管制应改变原来的单个项目论证形式，以国土空间规划体系为依据，创新用途管制制度，重新架构海岸带用途管制模式。借助详细规划实现效力法定、分区定线、指标定量，通过规划许可和分区准入的形式对项目进行审批，逐步摆脱“区划指导编制审批、过度依赖论证报告”的传统思维方式，实现精细管理、落地实施的海岸带空间管控目标。

一方面要划定平面规划分区，制定保护利用要求。对所有海洋空间分区分类实施用途管制，充分结合现有的海域、海岛、岸线、陆地，生态保护红线、永久基本农田等方面的空间管控要求，在海洋开发利用空间内的建设，实行“详细规划＋规划许可”的管制方式；在海洋生态空间的建设，按照主导用途分区，实行“详细规划＋规划许可”和“约束指标＋分区准入”的管制方式。对重要海域和海岛实行特殊保护制度。

另一方面在海域立体利用，要明确海域空间立体化利用原则，如重点保障海底交通、管线的底土空间用海；积极推进旅游娱乐、交通航运等的水面与水体用海；稳定维持底播养殖的海床用海、保护区和锚地的开放式全覆盖用海；从严管控填海造地、跨海桥梁等海上工程的贯穿式全覆盖用海。在明确原则的基础上从底土空间、水面与水体空间、海床空间、开放式全覆盖空间、贯穿式全覆盖空间五个层次建立海域空间立体化利用的基本布局，并提出主要的利用方式和准入条件等。

17.3.2 海岸带空间用途管制流程优化

一方面是用地用海申请材料的优化，特别是涉及海域部分，可采取“打捆”的形式将类似的材料进行整合。从区域角度进行“双评价”和海域使用的论证，根据详细规划明确准入条件，特别是需要单独编制相关论证材料的项目。同时简化海域使用论证报告书（表）的编制，参照“详细规划＋规划许可”和“约束指标＋分区准入”的管制要求进行优化，精简在规划层面就应明确的内容。

现行版本海域使用论证报告书主要包含概述、项目用海基本情况、项目所在海域概况、项目用海资源环境影响分析、海域开发利用协调分析、用海与海洋功能区划及相关规划符合性分析、项目用海合理性分析、海域使用对策措施以及结论与建议九部分内容。待海域空间控制性详细规划完成后，论证报告书中项目用海基本情况、项目所在海域概况、项目用海资源环境影响分析在详细规划中已做出明确说明，可在论证报告书中弱化；海域开发利用协调性分析章节可在现行版本基础上适当简化；其余章节继续沿用保留。

用海与海洋功能区划及相关规划符合性分析、项目用海合理性分析、海域使用对策措施三个章节，应区分海洋生态空间与海洋开发利用空间两种类型，采用不同的表述方式。

另一方面是审批流程的精简。现阶段市级层面审批流程为市自然资源部门在接到海域使用申请的全部材料后，提出初审意见，报市人民政府批准。未来在条件允许的情况下，可结合事权的不断明晰，适当下放权力，一般性用海项目考虑由市自然资源部门直接审批，报市人民政府备案；重大项目、特殊区域用海项目由市自然资源部门初审后，报市人民政府批准。同时对于特定类型的审批事项，如非透水构筑物等，可从省级下放至市县审批。

第18章 展　望

海岸带空间规划作为国土空间规划的重要内容，其与国土空间规划的“五级三类”体系衔接，为海岸带空间用途管制提供实用好用的依据是不容置疑的。要更好落实海岸带管理，还要加强以下几个方面的工作：

一是结合规划编制审批体系，补充完善法规政策、实施监督和技术标准体系。推进国土空间规划立法工作，明确海域详细规划、海岛详细规划的法定效力，以及不同行政层级的事权，明晰用地用海等审批的法定依据，使得规划、审批有法可依。在总体规划、专项规划和详细规划外，因地制宜编制相关行动计划，以滚动的方式落实相关保护利用活动。创新完善海岸带“双评价”、空间分区、用途管制、实施监督等方面的技术标准。

二是采用“多规合一”，构建海岸带空间“一张图”。要充分考虑社会、经济、人口等因素，将社会经济发展类规划、生态保护修复类规划与空间规划衔接，在空间规划中安排前者的空间需求，切实落实陆海统筹理念，促进海岸带的可持续发展。结合不同行政层级的管理事权，明确不同层级应编制的具体规划内容，以及汇交到“一张图”的具体信息，统筹协调形成能用、好用、管用的“一张图”。

三是提升基础数据监测收集与智能化管理建设。目前海洋的地形地貌、自然资源、洋流、潮汐、水质等基础数据监测的时间和空间分辨率，不能满足海岸带空间的精细化管理。同时应结合智慧化手段，构建智能监测、管理平台，促进海岸带的高质量发展。

四是积极开展海域海岛详细规划编制试点工作。在积极推进明确海域海岛详细规划的法定效力的同时，各地要积极开展海域海岛等单元的详细规划试点，探索国土空间规划体系下海岸带、海域、海岛的详细规划编制方法和技术。探索详细规划编制要充分结合海域海岛实际管理的需求，形成规划与管理联动，技术与管理配合的状态，服务于海岸带国土空间的高效治理。

参考文献

[1] 安太天，朱庆林，武文，等. 基于陆海统筹的海岸带国土空间规划研究［J］. 海洋经济，2020，10（2）：44-51.

[2] 蔡玉梅，高延利，张丽佳. 荷兰空间规划体系的演变及启示［J］. 中国土地，2017（8）：33-35.

[3] 曹端海. 从新加坡土地管理经验谈土地可持续利用［J］. 中国国土资源经济，2012，25（6）：20-21，23，54-55.

[4] 曹伟，李仁杰. 中国海岸带空间规划动态研究与规划展望［J］. 中外建筑，2021（3）：112-116.

[5] 陈成，龚文平，王路. 荷兰的海岸线管理［J］. 海洋开发与管理，1998（2）：69-72.

[6] 陈鑫婵. 广西海域闲置成因及对策研究［J］. 中国管理信息化，2019，22（6）：196-197.

[7] 陈易，徐小黎，袁雯，等. 陆海统筹规划的新问题、新视角、新方法——基于综合空间规划理念［J］. 国土资源情报，2015（3）：7-13.

[8] 大阪府和兵库县.《大阪海岸保全基本计划》［Z］. 2016.

[9] 戴林琳，吕晋美，冉娜・哈孜汉. 新加坡国土空间用途管制及其启示［J］. 中国国土资源经济，2021，34（3）：25-31.

[10] 党安荣，田颖，甄茂成，等. 中国国土空间规划的理论框架与技术体系［J］. 科技导报，2020，38（13）：47-56.

[11] 邓伟骥，陈志诚. 厦门国土空间规划体系构建实践与思考［J］. 规划师，2020，36（18）：45-51.

[12] 狄乾斌，韩旭. 国土空间规划视角下海洋空间规划研究综述与展望［J］. 中国海洋大学学报（社会科学版），2019（5）：59-68.

[13] 狄乾斌，韩旭．国土空间规划视角下海洋空间规划研究综述与展望［J］．中国海洋大学学报（社会科学版），2019（5）：59-68．

[14] 邸向红，侯西勇，吴莉．中国海岸带土地利用遥感分类系统研究［J］．资源科学，2014，36（3）：463-472．

[15] 方创琳，董锁成．中国沿海地区矿产资源态势与跨世纪可持续发展战略［J］．地理研究，1997（1）：85-91．

[16] 方春洪，刘堃，滕欣，等．海洋发达国家海洋空间规划体系概述［J］．海洋开发与管理，2018，35（4）：51-55．

[17] 傅金龙，沈锋．海洋功能区划与主体功能区划的关系探讨［J］．海洋开发与管理，2008（8）：3-9．

[18] 傅幸之，桑劲，矫鸿博．基于海洋空间特征的海洋空间规划技术路径［J］．中国土地，2020（1）：29-32．

[19] 高峰，曲建升，王雪梅．海岸带研究国际发展态势分析及我国对策［R］．中国科学院兰州文献情报中心战略情报研究部，2007．

[20] 葛瑞卿．海洋功能区划的理论和实践［J］．海洋通报，2001（4）：52-63．

[21] 管松，刘大海．美国海岸带管理项目制度及对我国的启示［J］．环境保护，2019，47（13）：64-67．

[22] 广东省人民政府和国家海洋局．《广东省海岸带综合保护与利用总体规划》［Z］．2017-12-12．

[23] 国家海洋局．我国近海海洋综合与评价［R］．2003．

[24] 何起祥，赵洪伟，刘健．荷兰海岸带综合治理［J］．海洋地质动态，2002（8）：29-33，2．

[25] 何子张．我国城市空间规划的理论与研究进展［J］．规划师，2006（7）：87-90．

[26] 赫尔曼•德沃尔夫，贺璟寰．荷兰土地政策解析［J］．国际城市规划，2011，26（3）：9-14．

[27] 洪小春．空间规划的历史沿革、现状与发展趋势［J］．西安建筑科技大学学报（社会科学版），2020，39（2）：20-30．

[28] 侯婉，侯西勇．考虑湿地精细分类的全球海岸带土地利用／覆盖遥感分类系统［J］．热带地理，2018，38（6）：866-873．

[29] 侯勃，岳文泽，马仁锋，等．国土空间规划视角下海陆统筹的挑战与路径［J］．自然资源学报，2022，37（4）：880-894．

[30] 胡宏，彼得•德里森，特吉奥•斯皮德．荷兰的绿色规划：空间规划与环境规划的整合［J］．国际城市规划，2013，28（3）：18-21．

[31] 胡序威．中国区域规划的演变与展望［J］．地理学报，2006（6）：585-592．

[32] 黄杰，王权明，黄小露，等．国土空间规划体系改革背景下海洋空间规划的发展［J］．海洋开发与管理，2019，36（5）：14-18．

[33] 孔昊，胡灯进，罗美雪．海域使用权价格评估实例研究［J］．海洋开发与管理，2017，34（8）：87-91.

[34] 李加林，田鹏，李昌达，等．基于陆海统筹的陆海经济关系及国土空间利用：现状、问题及发展方向［J］．自然资源学报，2022，37（4）：924-941.

[35] 李金红，罗江，林超，等．多地违法用海捅出海洋生态“窟窿”［N］．经济参考报，2017-11-13（A05）.

[36] 李孝娟，傅文辰，缪迪优，等．陆海统筹指导下的深圳海岸带规划探索［J］．规划师，2019，35（7）：18-24.

[37] 李修颉，林坚，楚建群，等．国土空间规划的陆海统筹方法探析［J］．中国土地科学，2020，34（5）：60-68.

[38] 李迅．海岸带空间规划和管理研究［D］．厦门：厦门大学，2014.

[39] 李彦平，刘大海，姜伟，等．国土空间规划视角下海洋空间用途管制的关键问题思考［J］．自然资源学报，2022，37（4）：895-909.

[40] 李彦平，刘大海．海域空间用途管制的现状，问题与完善建议［J］．中国土地，2020（2）：22-25.

[41] 李云，方晶．国土空间规划体系的海洋管理及规划发展研究［J］．南方建筑，2021（2）：45-50.

[42] 梁江，穆丹，孙晖．荷兰国家基础设施与空间规划战略的评估与启示［J］．国际城市规划，2014，29（6）：72-80，86.

[43] 林坚，武婷，张叶笑，等．统一国土空间用途管制制度的思考［J］．自然资源学报，2019，34（10）：2200-2208.

[44] 林静柔，陈蕾，李锋，等．国土空间规划海洋分区分类体系研究［J］．规划师，2021，37（8）：38-43.

[45] 林小如，吕一平，王绍森．基于时空弹性与陆海统筹的海岸带土地利用模式——以厦门市翔安区为例［J］．城市发展研究，2020，27（5）：10-17.

[46] 林小如，王丽芸，文超祥．陆海统筹导向下的海岸带空间管制探讨——以厦门市海岸带规划为例［J］．城市规划学刊，2018（4）：75-80.

[47] 刘大海，邢文秀，李彦平，等．海岸带规划的管制框架、核心管控边界及权责关系——以山东省为例［J］．城市规划学刊，2022（2）：20-26.

[48] 刘伟峰，刘大海，李晓璇，等．海域使用金与海洋生态环境损害成本的关系辨析简［J］．海洋环境科学，2018，37（2）：193-198.

[49] 刘瑀，马龙，李颖，等．海岸带生态系统及其主要研究内容［J］．海洋环境科学，2008（5）：520-522.

[50] 隆颜徽．我国海洋风能资源开发利用现状与前景分析［J］．低碳世界，2016（4）：194-195.

[51] 陆巽生，杨俊杰，王泽平，等．美国的海岸带管理［J］．海洋信息，1995（5）：16-18.

[52] 罗超，王国恩，孙靓雯. 中外空间规划发展与改革研究综述 [J]. 国际城市规划，2018，33 (5)：117-125.
[53] 孟伟庆，胡蓓蓓，刘百桥，等. 基于生态系统的海洋管理：概念、原则、框架与实践途径 [J]. 地球科学进展，2016，31 (5)：461-470.
[54] 内阁法制局.《海岸法》(2018 年第 95 号法令修订) [Z]. 2020-12-1. (日文)
[55] 牛慧恩. 国土规划、区域规划、城市规划——论三者关系及其协调发展 [J]. 城市规划，2004 (11)：42-46.
[56] 农林水产部，国土交通部.《海岸保全基本方针》[Z]. 2020-11-20. (日本)
[57] 乔艺波，罗震东. 集权与分权的平衡——荷兰市镇空间规划的编制与实施 [J]. 小城镇建设，2020，38 (12)：21-27.
[58] 丘乐毅，江璐明，刘军. 海岸带开发在经济建设中的作用 [J]. 海洋开发，1986 (4)：20-25.
[59] 全国海岸带办公室. 中国海岸带和海涂资源综合调查报告 [M]. 北京：海洋出版社，1990.
[60] 任美锷，吴平生. 加强我国海岸带立法工作 [J]. 海岸带开发，1985，2 (2)：5-10.
[61] 任致远. 关于城市规划发展成就的回想 [J]. 城市发展研究，2019，26 (12)：1-8.
[62] 荣冬梅，王佳佳. 荷兰国土空间用途管制制度探析 [J]. 国土资源情报，2021 (7)：41-46.
[63] 洪华生，薛雄志. 厦门海岸带综合管理十年回眸 [M]. 厦门：厦门大学出版社，2006.
[64] 深圳市规划和自然资源局.《深圳市海岸带综合保护与利用规划 (2018—2035)》[Z]. 2018-09-07.
[65] 孙磊. 胶州湾海岸带生态系统健康评价与预测研究 [D]. 青岛：中国海洋大学，2008.
[66] 汤潇洵. 荷兰的城市规划体系 [J]. 南方建筑，2006 (8)：70-72.
[67] 田海燕，李亚松，刘春雷，等. 海岸带："宝藏男孩" 的美与痛 [J]. 中华环境，2020 (8)：72-74.
[68] 田海燕，李杨帆，薛雄志. 填海造地的社会经济效益与生态环境影响及对策建议 [J]. 海洋开发与管理，2016，33 (10)：21-25.
[69] 田汝耕，张振克，朱大奎. 海岸带临港工业、海运物流与全球化大生产的探讨 [J]. 世界地理研究，2004 (2)：1-8.
[70] 田双清，陈磊，姜海. 从土地用途管制到国土空间用途管制：演进历程，轨迹特征与政策启示 [J]. 经济体制改革，2020 (4)：12-18.
[71] 万骁乐，邱鲁连，袁斌，等. 中国海洋生态补偿政策体系的变迁逻辑与改进路径 [J]. 中国人口·资源与环境，2021，31 (12)：163-176.

［72］王凯．国家空间规划体系的建立［J］．城市规划学刊，2006（1）：6-10.

［73］王鸣岐，杨潇．“多规合一”的海洋空间规划体系设计初步研究［J］．海洋通报，2017，36（6）：675-681.

［74］王倩，郭佩芳．海洋主体功能区划与海洋功能区划关系研究［J］．海洋湖沼通报，2009（4）：188-192.

［75］王倩．我国沿海地区的“海陆统筹”问题研究［D］．青岛：中国海洋大学，2014.

［76］王向东，龚健．“多规合一”视角下的中国规划体系重构［J］．城市规划学刊，2016（2）：88-95.

［77］王向东，刘卫东．中国空间规划体系：现状、问题与重构［J］．经济地理，2012，32（5）：7-15，29.

［78］王忠杰，王忠君，刘泉．山东省海岸带土地利用规划研究［J］．海洋开发与管理，2007（6）：48-50.

［79］文超祥，刘圆梦，刘希．国外海岸带空间规划经验与借鉴［J］．规划师，2018，7.

［80］文超祥，刘健枭．基于陆海统筹的海岸带空间规划研究综述与展望［J］．规划师，2019，35（7）：5-11.

［81］吴俊文，郑崇荣，董炜峰，等．海洋功能区划与海岸带综合利用和保护规划的协同效应［J］．国土与自然资源研究，2009（1）：6-7.

［82］吴延辉．中国当代空间规划体系形成、矛盾与改革［D］．杭州：浙江大学，2006.

［83］吴宇华．试论海岸带在地球系统中的地位和作用［J］．广西教育学院学报，2000（3）：1-5.

［84］吴志峰，胡伟平．海岸带与地球系统科学研究［J］．地理科学进展，1999（4）：346-351.

［85］夏晖，郑轲予，苏诚，等．国土空间规划体系下的青岛陆海统筹规划编制探讨［J］．规划师，2021，37（S2）：56-61.

［86］熊国平，沈天意．陆海统筹国土空间规划研究进展［J］．城乡规划，2021（4）：21-25.

［87］徐鹤，张玉新，侯西勇，等．2010—2020年中国沿海主要海湾形态变化特征［J］．自然资源学报，2022，37（4）：1010-1024.

［88］徐伟，董月娥，胡恒，等．海洋国土空间详细规划编制的必要性与可行性探讨［J］．海洋环境科学，2022，41（2）：272-275，282.

［89］薛婷婷，万元．国外海岸带综合管理经验与启示［J］．海洋经济，2021，11（3）：103-112.

［90］杨义勇．我国海岸带综合管理问题研究［D］．广州：广东海洋大学，2013.

［91］杨荫凯．国家空间规划体系的背景和框架［J］．改革，2014（8）：125-130.

[92] 杨壮壮，袁源，王亚华，等. 生态文明背景下的国土空间用途管制：内涵认知与体系构建［J］. 中国土地科学，2020，34（11）：1-9.
[93] 叶果，李欣，王天青. 国土空间规划体系中的涉海详细规划编制研究［J］. 规划师，2020，36（20）：45-49.
[94] 岳文泽王田雨. 国土空间用途管制几个基础性问题的思考［J］. 土地科学动态，2019（3）：1-6.
[95] 张聪义. 日本海岸带管理［J］. 海洋科学，1999（5）：2.
[96] 张芳怡. 国外围海造地实践对江苏沿海围垦开发的启示［J］. 江苏科技信息，2014（17）：49-50，52.
[97] 张京祥，林怀策，陈浩. 中国空间规划体系 40 年的变迁与改革［J］. 经济地理，2018，38（7）：1-6.
[98] 张书海，冯长春，刘长青. 荷兰空间规划体系及其新动向［J］. 国际城市规划，2014，29（5）：89-94.
[99] 张志卫，丰爱平，刘大海. 海洋主体功能区划与海洋功能区划的比较研究——基于海洋区域管理的新视角［C］//. 中国海洋学会 2007 年学术年会论文集（上册），2007：231-234.
[100] 长尾三义. 海岸带港湾空间利用计划手法展望［J］. 土木学会议论文，第 401 号/IV-10. 1989：1-12.
[101] 赵璐，胡业翠，张宇龙，等. 荷兰海岸带空间规划管理实践及启示［J］. 开发研究，2020（1）：78-85.
[102] 周建明，罗希. 中国空间规划体系的实效评价与发展对策研究［J］. 规划师，1998（4）：109-112.
[103] 周静，沈迟. 荷兰空间规划体系的改革及启示［J］. 国际城市规划，2017，32（3）：113-121.
[104] 周培. 国土空间规划背景下的海岸带空间规划思考［C］//. 面向高质量发展的空间治理——2021 中国城市规划年会论文集（20 总体规划）.
[105] 周鑫，陈培雄，黄杰，等. 国土空间规划的海洋分区研究［J］. 海洋通报，2020，39（4）：408-415.
[106] 周旭东. 国土空间规划再认识——我国空间规划演进与变革刍议［J］. 福建建筑，2021（11）：11-16，45.
[107] 朱佩娟，谢雨欣，周国华，等. 基于 CiteSpace 的国土空间用途分区研究进展［J］. 热带地理，2022，42（4）：519-532.
[108] 朱宇，李加林，汪海峰，等. 海岸带综合管理和陆海统筹的概念内涵研究进展［J］. 海洋开发与管理，2020，37（9）：13-21.
[109] 朱震龙，刘冰冰，苏茜茜. 新加坡规划编制管理经验及启示［J］. 城市建筑，2021，18（20）：10-15，31.
[110] 诹访达郎. 日本海域的管理和使用研究与实践［R］. 东京：内阁府海洋政策

综合推进事务局，2021.（日文）

[111] Calado H, Ng K, Johnson D, et al. Marine spatial planning：lessons learned from the Portuguese debate[J]. Marine Policy, 2010, 34 (6)：1341-1349.

[112] Congress of the United States. Coastal Zone Management Act Of 1972 [Z]. Pub. L. No. 109-58.

[113] Congress of the United States. Submerged Lands Act [Z]. 43 USC §§ 1301-1315 (2002).

[114] Dhiman R, Kalbar P, Inamdar A B. Spatial planning of coastal urban areas in India：current practice versus quantitative approach [J]. Ocean & Coastal Management, 2019, 182：104929.

[115] Dhiman R, Kalbar P, Inamdar A B. Spatial planning of coastal urban areas in India：current practice versus quantitative approach [J]. Ocean & Coastal Management, 2019, 182：104929.

[116] Domínguez-Tejo E, Metternicht G, Johnston E, et al. Marine Spatial Planning advancing the Ecosystem-Based Approach to coastal zone management：A review [J]. Marine Policy, 2016, 72：115-130.

[117] Douvere F, Maes F, Vanhulle A, et al. The role of marine spatial planning in sea use management：the Belgian case [J]. Marine Policy, 2007, 31 (2)：182-191.

[118] Ehler C N. Two decades of progress in Marine Spatial Planning [J]. Marine Policy, 2021, 132：104134.

[119] Ehler C, Douvere F. An international perspective on marine spatial planning initiatives [J]. Environments：a journal of interdisciplinary studies, 2010, 37 (3).

[120] Escandón-Panchana J, Elao Vallejo R, Escandón-Panchana P, et al. Spatial Planning of the Coastal Marine Socioecological System—Case Study：Punta Carnero, Ecuador [J]. Resources, 2022, 11 (8)：74.

[121] Eum J H. Vulnerability assessment to urban thermal environment for spatial planning-A case study of Seoul, Korea [J]. Journal of the Korean Institute of Landscape Architecture, 2016, 44 (4)：109-120.

[122] Foreshore and Marine Development Projects (COMET). https: //www.mpa.gov.sg/port-marine-ops/operations/marine-projects

[123] Fraser C, Bernatchez P, Dugas S. Development of a GIS coastal land-use planning tool for coastal erosion adaptation based on the exposure of buildings and infrastructure to coastal erosion, Québec, Canada [J]. Geomatics, Natural Hazards and Risk, 2017, 8 (2)：1103-1125.

[124] Halpern B S, Diamond J, Gaines S, et al. Near-term priorities for the science, policy and practice of Coastal and Marine Spatial Planning (CMSP) [J]. Marine Policy, 2012, 36 (1)：198-205.

[125] Kazumi Wakita, Nobuyuki Yagi. Evaluating Integrated Coastal Management

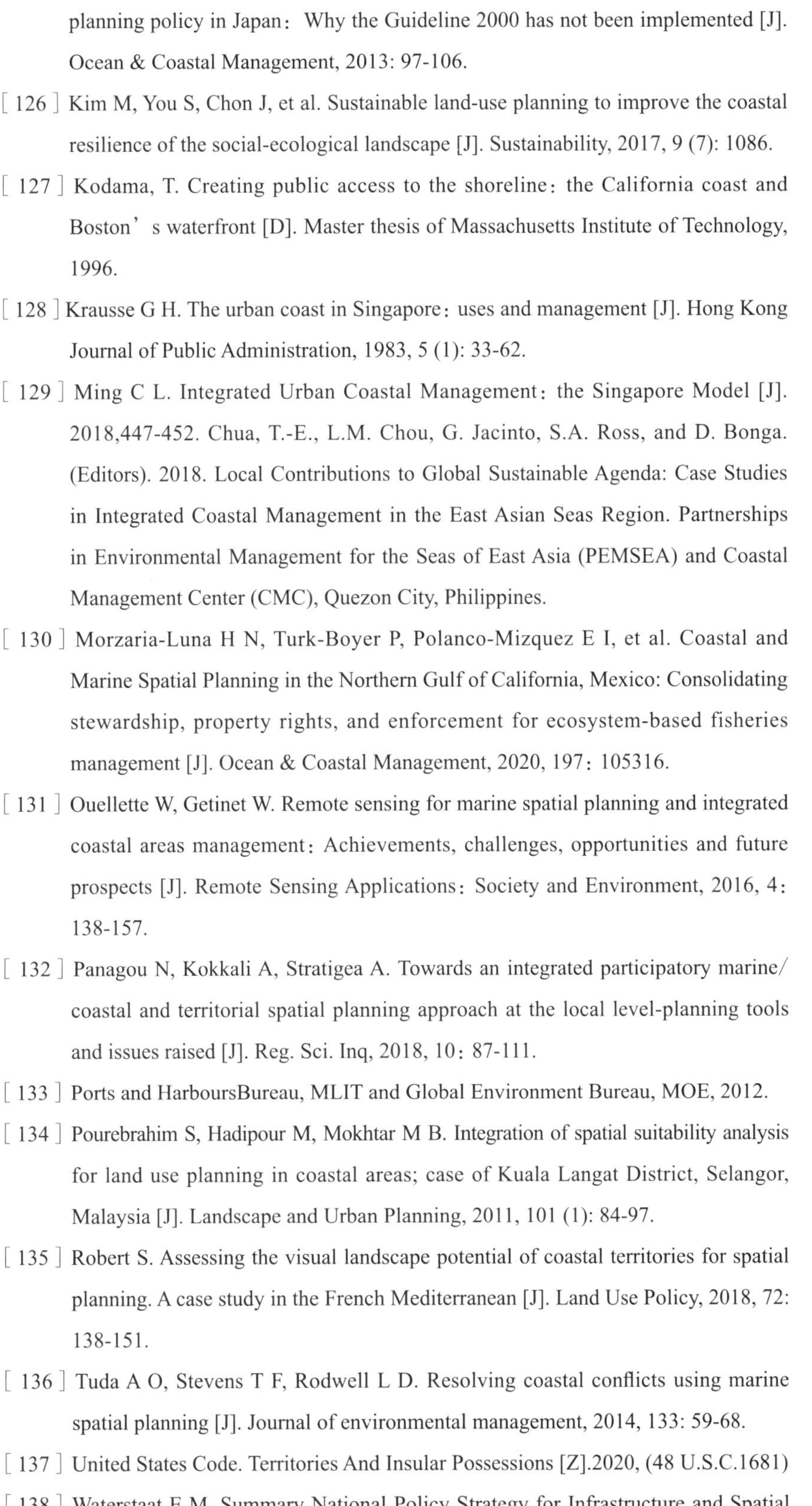

planning policy in Japan：Why the Guideline 2000 has not been implemented [J]. Ocean & Coastal Management, 2013: 97-106.

[126] Kim M, You S, Chon J, et al. Sustainable land-use planning to improve the coastal resilience of the social-ecological landscape [J]. Sustainability, 2017, 9 (7): 1086.

[127] Kodama, T. Creating public access to the shoreline：the California coast and Boston' s waterfront [D]. Master thesis of Massachusetts Institute of Technology, 1996.

[128] Krausse G H. The urban coast in Singapore：uses and management [J]. Hong Kong Journal of Public Administration, 1983, 5 (1): 33-62.

[129] Ming C L. Integrated Urban Coastal Management：the Singapore Model [J]. 2018,447-452. Chua, T.-E., L.M. Chou, G. Jacinto, S.A. Ross, and D. Bonga. (Editors). 2018. Local Contributions to Global Sustainable Agenda: Case Studies in Integrated Coastal Management in the East Asian Seas Region. Partnerships in Environmental Management for the Seas of East Asia (PEMSEA) and Coastal Management Center (CMC), Quezon City, Philippines.

[130] Morzaria-Luna H N, Turk-Boyer P, Polanco-Mizquez E I, et al. Coastal and Marine Spatial Planning in the Northern Gulf of California, Mexico: Consolidating stewardship, property rights, and enforcement for ecosystem-based fisheries management [J]. Ocean & Coastal Management, 2020, 197：105316.

[131] Ouellette W, Getinet W. Remote sensing for marine spatial planning and integrated coastal areas management：Achievements, challenges, opportunities and future prospects [J]. Remote Sensing Applications：Society and Environment, 2016, 4：138-157.

[132] Panagou N, Kokkali A, Stratigea A. Towards an integrated participatory marine/coastal and territorial spatial planning approach at the local level-planning tools and issues raised [J]. Reg. Sci. Inq, 2018, 10：87-111.

[133] Ports and HarboursBureau, MLIT and Global Environment Bureau, MOE, 2012.

[134] Pourebrahim S, Hadipour M, Mokhtar M B. Integration of spatial suitability analysis for land use planning in coastal areas; case of Kuala Langat District, Selangor, Malaysia [J]. Landscape and Urban Planning, 2011, 101 (1): 84-97.

[135] Robert S. Assessing the visual landscape potential of coastal territories for spatial planning. A case study in the French Mediterranean [J]. Land Use Policy, 2018, 72: 138-151.

[136] Tuda A O, Stevens T F, Rodwell L D. Resolving coastal conflicts using marine spatial planning [J]. Journal of environmental management, 2014, 133: 59-68.

[137] United States Code. Territories And Insular Possessions [Z].2020, (48 U.S.C.1681)

[138] Waterstaat E M. Summary National Policy Strategy for Infrastructure and Spatial

Planning-Publication-Government. nl [J]. 2013.

[139] Xu X G, Peng H F, Xu Q Z, et al. Land changes and conflicts coordination in coastal urbanization: a case study of the Shandong Peninsula in China [J]. Coastal Management, 2009, 37 (1): 54-69.

[140] Yuan H, He Y, Wu Y. A comparative study on urban underground space planning system between China and Japan [J]. Sustainable Cities and Society, 2019, 48: 101541.

[141] Zhou Y, Zhao J. Assessment and planning of underground space use in Singapore [J]. Tunnelling and Underground Space Technology, 2016, 55: 249-256.